"十三五"普通高等教育规划教材

电子技术及应用

主　编　张静之　余　粟
副主编　汪敬华　王艳新
参　编　刘建华　赵凌云　鲁璇璇

机械工业出版社

本书是按照教育部高等学校电子电气基础课程教学指导委员会颁布的"电工学"课程中"电子技术"部分的教学基本要求，在教育部"卓越工程师教育培养计划"中应用型创新人才培养、产学战略联盟等方面教学改革和实践要求的基础上编写而成的。书中模拟电子技术部分（第 1～4 章）介绍了半导体器件、基本放大电路、集成运算放大器、放大电路中的负反馈等内容；数字电子技术部分（第 5、6 章）介绍了基本逻辑门电路和组合逻辑电路、触发器和时序逻辑电路等内容；第 7 章为综合实践应用拓展。

本书可作为应用型本科电专业和需要进行工程实践学习的普通高校非电专业学生的学习用书，也可以作为广大工程技术人员自学用书，还可以作为高职学校学生的教材和拓展知识应用的参考书。

图书在版编目（CIP）数据

电子技术及应用/张静之，余粟主编 .—北京：机械工业出版社，2018. 9
"十三五"普通高等教育规划教材
ISBN 978-7-111-61338-1

Ⅰ. ①电…　Ⅱ. ①张…②余…　Ⅲ. ①电子技术-高等学校-教材
Ⅳ. ①TN

中国版本图书馆 CIP 数据核字（2018）第 259849 号

机械工业出版社（北京市百万庄大街 22 号　邮政编码 100037）
策划编辑：时　静　责任编辑：时　静
责任校对：王明欣　责任印制：孙　炜
天津嘉恒印务有限公司印刷
2019 年 1 月第 1 版第 1 次印刷
184mm×260mm · 18 印张 · 443 千字
0001—2500 册
标准书号：ISBN 978-7-111-61338-1
定价：49. 80 元

前　言

本书共有 7 章，其中，第 1~4 章为模拟电子技术部分，介绍了半导体器件、基本放大电路、集成运算放大器、放大电路中的负反馈等内容；第 5、6 章是数字电子技术部分，介绍了基本逻辑门电路和组合逻辑电路、触发器和时序逻辑电路；第 7 章为综合实践应用拓展。

第 1 章为半导体器件，主要内容有半导体的结构、性能；PN 结的构成和特性；二极管的结构、符号、伏安特性及参数的选择；晶体管的基本结构、电流放大作用、特性曲线和主要参数；绝缘栅场效应晶体管的结构、工作原理及参数；稳压管、常用特殊二极管和光敏晶体管简单介绍等。

第 2 章为基本放大电路，主要内容有放大电路的基本概念和基本组成；共发射极放大电路静态分析和动态分析；放大电路动态性能指标（放大倍数、输入电阻和输出电阻）的意义；放大电路波形失真的原因；放大电路的三种组态；多级放大器的耦合方式及参数计算；功率放大器和场效应晶体管放大电路等。

第 3 章为集成运算放大器，主要内容有电路中零点漂移；差动放大电路的工作原理及放大作用；集成运算放大器的基本组成、主要性能指标、电压传输特性；理想集成运算放大器的概念及特性；集成运算放大器线性和非线性应用等。

第 4 章为放大电路中的负反馈，主要内容有反馈的基本概念；反馈类型的判定方法；交流负反馈四种组态和负反馈对放大电路性能的影响等。

第 5 章为基本逻辑门电路和组合逻辑电路，主要内容有模拟信号和数字信号的区别；数字电路的概念及特点；数制及其转换方法；基本逻辑门电路的功能；"与非门""或非门""与或非门""异或门"和"同或门"电路的功能；TTL 门电路和 CMOS 门电路；逻辑代数运算规则和卡诺图化简逻辑函数的方法；组合逻辑电路的分析和设计方法；加法器、编码器、译码器、数显电路、数据选择器和数据分配器的工作原理等。

第 6 章为触发器和时序逻辑电路，主要内容有基本 RS 触发器、可控 RS 触发器、JK 触发器和 D 触发器的电路组成和逻辑功能；各触发器之间逻辑功能的转换；时序逻辑电路的分析和设计方法；寄存器和计数器的原理和功能；555 定时器的组成及应用等。

第 7 章为综合实践应用拓展，包含了三个实践课题：锯齿波发生器的组装与测试；单脉冲控制移位寄存器构成的环形计数器组装与调试；脉冲顺序控制器的组装与调试。

本书在内容编选方面充分考虑了内容的难易程度、工程实践、科技竞赛以及科技创新中的应用要求，在每章开始设置了教学导航模块，为广大读者提供学习内容的导引；每章后配知识点梳理与总结，用大量的习题检验学习效果；每章配有数量不等的实验，实验难度呈梯次深入，供不同学校的学生选做；综合实践应用拓展部分的内容，每个学校可以根据实际情况进行实践或设计类的教学。

本书由上海工程技术大学张静之老师、余粟老师主编。其中，第 1、5、6 章的理论部分由上海工程技术大学张静之老师编写；第 4 章的理论部分由上海工程技术大学余粟老师编写；第 2 章的 2.1 节、2.2 节、2.5 节、2.7 节的理论部分和全书的"思考与练习"由上海工程技术大学汪敬华老师编写；第 2、4、5、6 章的"实验"部分由上海工程技术大学王艳新老师编写；第 3、7 章的理论部分由上海市高级技工学校刘建华老师编写；第 1、3 章的"实验"部分由占忠（天津）光电科技有限公司鲁璇璇工程师编写；第 2 章的 2.3 节、2.4 节、2.6 节和全书的"知识点梳理与总结"部分由天津职业技术师范大学赵凌云老师编写。张静之老师负责全书统稿。

本书是上海市教委重点课程"电子技术"项目（S201724001）成果。在编写过程中，编者参考了一些书刊并引用了一些资料，难以一一列举，在此一并表示衷心的感谢。

由于编者水平有限，编写经验不足，而且时间仓促，书中错误在所难免，恳请广大读者提出宝贵的意见。

编　者

目　　录

第 1 章　半导体器件

教学导航

在相同条件下，物质的导电特性主要取决于其原子结构。铜、铁等金属为导体，其原子最外层电子极易挣脱原子核的束缚而成为自由电子，呈现较好的导电特性；橡胶、塑料等材料为绝缘体，其最外层电子难以摆脱原子核的束缚，不易成为自由电子，因此其导电性很差，称为绝缘体。此外，还有一类物质，其导电性能介于导体和绝缘体之间，称为半导体。

教学目标

1）了解本征半导体、杂质半导体的结构和性能，掌握半导体器件的核心结构——PN结的构成和特性。

2）理解由 PN 结构成的二极管的结构，了解常用二极管的结构及符号，重点掌握二极管的伏安特性及参数的选择，能够根据不同的应用场合分析和选择二极管。

3）初步理解稳压二极管和常用特殊二极管的应用。

4）理解晶体管的基本结构，重点掌握晶体管的电流放大作用和特性曲线，能够理解晶体管的主要参数，能够根据实际参数需求选择合适的晶体管；初步了解光敏晶体管。

5）了解绝缘栅场效应晶体管的结构、工作原理及参数。

1.1　PN 结的形成

1.1.1　本征半导体

自然界的半导体通常是 4 价元素，原子的最外层轨道上有 4 个价电子。每个原子周围有 4 个相邻的原子，原子之间通过共价键紧密结合在一起，两个相邻原子共用 1 对电子。

常用的半导体材料为硅和锗，其原子结构图如图 1-1a ~ b 所示。硅和锗的最外层有 4 个价电子，是 4 价元素。为便于讨论，常采用图 1-1c 所示的简化原子结构模型。

硅和锗材料经过高纯度的提炼后，形成不含杂质的单晶体，所有原子整齐排列，其空间排列结构如图 1-2 所示。

| a) | b) | c) |

图 1-1　硅和锗的原子结构及其简化模型
a）硅　b）锗　c）简化模型

图 1-2　硅晶体的原子空间排列

通常，半导体都具有这种晶体结构。本征半导体就是这种完全纯净、具有晶体结构的半导体。在本征半导体的晶体结构中，每一个原子与相邻的4个原子结合，每一个原子的1个价电子与另一原子的1个价电子组成1个电子对，形成晶体中的共价键结构，其平面示意图如图1-3所示。

在热力学温度 $T=0K$ 和无外界能量激发的条件下，每个价电子没有能力脱离共价键的束缚而成为自由电子，这时半导体不能导电，如同绝缘体。但当温度升高或受到光照时，某些共价键中的价电子从外界获得足够的能量，摆脱共价键的束缚而成为自由电子，同时在共价键中留下空位，称为空穴。当共价键中出现空穴后，邻近共价键中的价电子就会填补到这个空位上，而在该价电子的原来位置上会出现新的空穴，接着其他价电子又可能来到这个新的空穴，这个持续过程，就相当于一个空穴在晶体中移动，如图1-4所示。原子本来是电中性的，失去价电子的原子成为正离子，就好像空穴带正电荷一样。自由电子负电荷离开后，空穴可看成带正电荷的载流子。在外电场作用下，带负电荷的自由电子产生定向移动，形成电子电流；另一方面，价电子也按一定方向依次填补空穴，相当于空穴产生了定向移动，形成空穴电流。

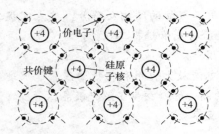
图1-3　硅的共价键结构示意图

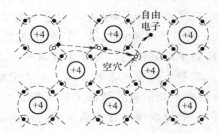
图1-4　硅晶体中的两种载流子

由此可见，半导体中存在两种载流子：自由电子和空穴。在本征半导体中，自由电子和空穴成对出现，同时又不断复合。在一定温度下，热激发产生的自由电子和空穴是成对出现的，电子和空穴又可能重新结合而成对消失，称为复合。在一定温度下，载流子的产生和复合达到动态平衡，自由电子和空穴维持一定的浓度。随着温度升高，载流子的浓度按指数规律增加。因此，半导体的导电性能受温度影响很大。

1.1.2　杂质半导体

1. N型半导体

在纯净半导体硅或锗中掺入磷、砷等5价元素，由于这类元素的原子最外层有5个价电子，故在构成的共价键结构中，因存在多余的价电子而产生大量自由电子，这种半导体主要靠自由电子导电，称为电子半导体或N型半导体，如图1-5所示。其中，自由电子为多数载流子，热激发形成的空穴为少数载流子。

2. P型半导体

在纯净半导体硅或锗中掺入硼、铝等3价元素，由于这类元素的原子最外层只有3个价电子，故在构成的共价键结构中，因缺少价电子而形成大量空穴，这类掺杂后的半导体的导电作用主要靠空穴运动，称为空穴半导体或 P 型半导体，如图 1-6 所示。其中空穴为多数载流子，热激发形成的自由电子是少数载流子。

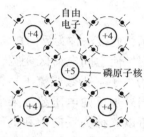

图 1-5　N 型半导体

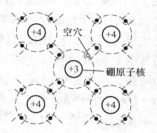

图 1-6　P 型半导体

无论是 P 型半导体还是 N 型半导体，都是中性的，对外不显电性。掺入杂质元素的浓度越高，多数载流子的数量越多。少数载流子是因热激发而产生的，其数量的多少取决于温度。

1.1.3　PN 结及其特性

1. PN 结的形成

将一块半导体的一侧掺杂成 P 型半导体，另一侧掺杂成 N 型半导体，在两种半导体的交界面将形成一个特殊的薄层——PN 结，如图 1-7 所示。

半导体中载流子有扩散运动和漂移运动两种运动方式。在半导体中，如果载流子浓度分布不均匀，因为浓度差，载流子将会从浓度高的区域向浓度低的区域运动，这种运动称为扩散运动，如图 1-8 所示。

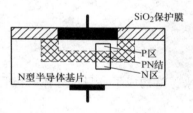

图 1-7　PN 结的形成

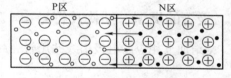

图 1-8　扩散运动

扩散运动在交界面的 P 区侧呈现出负电荷，N 区侧呈现出正电荷，所以形成了一个由 N 区指向 P 区的内电场，这个内电场阻挡了多数载流子的扩散运动，推动少数载流子越过空间电荷区进入对方区域，这种少数载流子在电场作用下的定向运动称为漂移运动，如图 1-9 所示。当扩散与漂移达到动态平衡后形成一定宽度的 PN 结。

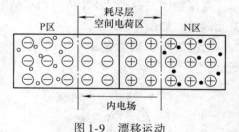

图 1-9　漂移运动

2. PN 结的特性

在 PN 结两端外加不同方向的电压，就可以破坏原来的平衡，从而呈现单向导电性。

（1）外加正向电压（亦称正向偏置，简称正偏）

将电源 E 的正极接 P 区，负极接 N 区，如图 1-10 所示，此接法称为正向接法或正向偏置。此时，外电场方向与 PN 结中内电场方向相反，削弱了内电场，使空间电荷区变窄，扩散动运增强，漂移运动减弱。因此，电路中形成一个较大的正向电流 I，PN 结处于导通状态。图中 R 的作用是限制正向电流 I 的大小。

（2）外加反向电压（亦称反向偏置，简称反偏）

将电源的正极接 N 区，负极接 P 区，如图 1-11 所示，此接法称为反向接法或反向偏置。此时，外电场与内电场方向一致，增强了内电场的作用，使空间电荷区变宽，扩散运动减弱，漂移运动增强，在电路中形成一个反向电流 I，因为少子（少数载流子）浓度低，所以反向电流很小，PN 结处于截止状态。在一定温度下，当外加反向电压超过某个值（零点几伏）后，反向电流不再随着反向电压的增加而增大，所以又称为反向饱和电流。正因为反向饱和电流是由少子产生的，所以对温度十分敏感，随温度的升高反向饱和电流会急剧增大。

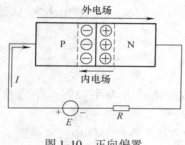
图 1-10　正向偏置

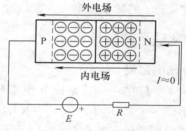
图 1-11　反向偏置

1.2　二极管

1.2.1　二极管的类型、结构及符号

一个 PN 结加上相应的电极引线并用管壳封装起来，就构成了一只半导体二极管，简称二极管。

二极管按其结构不同可分为点接触型、面接触型和平面型三类。

点接触型二极管的 PN 结面积和结电容都很小，多用于高频检波及脉冲数字电路中的开关元器件，如图 1-12 所示。

面接触型二极管的 PN 结面积大，结电容也大，多用在低频整流电路中，如图 1-13 所示。

图 1-12　点接触型二极管

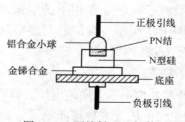
图 1-13　面接触型二极管

平面型二极管，当 PN 结面积较大时，可用作大功率整流；当 PN 结面积较小时，结电容也小，适合作数字电路中的开关二极管用。如图 1-14 所示。

普通二极管的图形符号如图 1-15 所示。

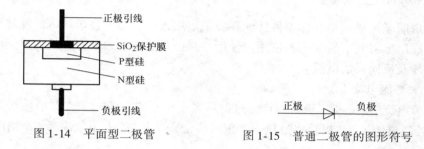

图 1-14　平面型二极管　　　　　图 1-15　普通二极管的图形符号

1.2.2　二极管的伏安特性曲线

硅二极管和锗二极管的性能可用其伏安特性来描述，如图 1-16 所示。特性曲线分为两部分：加正向电压时的特性称为正向特性（见图 1-16a 或图 1-16b 的右半部分）；加反向电压时的特性称为反向特性（见图 1-16a 或图 1-16b 的左半部分）。

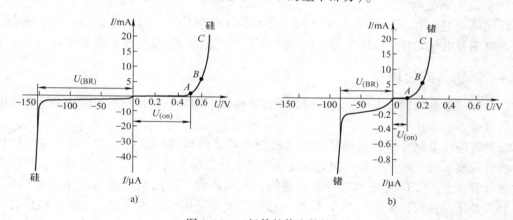

图 1-16　二极管的伏安特性

a）硅二极管伏安特性　b）锗二极管伏安特性

1. 正向特性

当外加正向电压较低时，正向电流很小。只有当正向电压超过某一数值时（见图 1-16 中的 A 点）才有明显的正向电流，该电压称为死区电压（或称导通电压），用 $U_{(on)}$ 表示，其高低与材料及环境温度有关。通常，硅二极管的死区电压 $U_{(on)}$ 约为 0.5V，锗二极管约为 0.1V。当正向电压超过死区电压后，随着电压的升高，正向电流迅速增大，即二极管处于导通状态，如图中 AB 段的伏安特性曲线，电压增加，电流也按指数规律增加。而 BC 段的伏安特性曲线，当电流迅速增加时，电压变化却很小，近似恒压源的特性，此时，二极管的正向电压基本为一常数，硅二极管为 0.6～0.7V，锗二极管为 0.2～0.3V。

2. 反向特性

当外加反向电压时，反向电流很小，硅二极管的反向电流在纳安（nA）数量级，锗二极管的反向电流较大些。当反向电压加大到一定值时，反向电流急剧增加，产生击穿，二极管不再具有单向导电性。普通二极管的反向击穿电压 $U_{(BR)}$ 一般为几十伏。

1.2.3　二极管的主要参数

为了简单明了地描述半导体器件性能和极限运用条件，每一种半导体器件都有一套相应的参数。生产厂家将其汇编成册，供用户使用。二极管的主要参数有：最大整流电流、最高反向工作电压及反向峰值电流。

（1）最大整流电流 I_{OM}

最大整流电流 I_{OM} 是指二极管允许通过的最大正向平均电流，工作时应使平均工作电流小于 I_{OM}，若超过 I_{OM}，二极管将过热，严重时会烧毁。I_{OM} 的大小取决于 PN 结的面积、材料和散热情况。

（2）最高反向工作电压 U_{BRM}

最高反向工作电压是指二极管允许的最高工作电压。当反向电压超过此值时，二极管可能被击穿。为保证二极管安全工作，通常取击穿电压 $U_{(BR)}$ 的一半作为最高反向工作电压 U_{BRM}。

（3）反向峰值电流 I_{RM}

反向峰值电流 I_{RM} 是指在二极管上加最高反向工作电压时的反向电流值。此值越小，二极管的单向导电性越好。反向电流是由少数载流子形成的，它受温度的影响很大。

1.2.4　二极管的应用

利用二极管的单向导电性，可以进行整流、检波、限幅、元件保护以及在数字电路中作为开关元件等。

二极管应用电路分析的关键是判断二极管是导通还是截止，方法之一是先将二极管拆去，然后观察二极管所加是加正向电压还是反向电压，加正向电压时二极管导通，加反向电压时二极管截止。二极管导通时，其两端的正向电压降，可用电压源 $U_D = 0.7V$（硅二极管，如果是锗二极管，则用 0.3V）代替，理想二极管可用短路线代替；二极管截止时，一般将二极管断开，即认为二极管反向电阻无穷大。

例 1-1　图 1-17a 为由硅二极管构成的限幅电路，输出电压 u_o 被限制在一定范围内。当输入电压 u_i 为正弦交流电压时，取 $u_i = 20\sin\omega t$ V，如图 1-17b 所示，直流电压源 $E = 10V$，试画出当二极管忽略正向电压降和不忽略正向电压降两种情况下，输出电压 u_o 的波形。

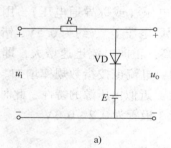

a)

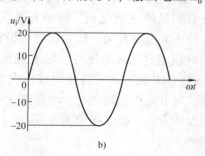

b)

图 1-17　二极管的限幅电路

解：当忽略硅二极管的正向电压降时，在输入电压 u_i 处于正半周且大于 10V 时，即 $u_i > 10\mathrm{V}$，二极管导通，$u_o = E = 10\mathrm{V}$。当 u_i 处于负半周或虽处于正半周但其数值小于 10V 时，即 $u_i < 10\mathrm{V}$，二极管截止，则 $u_o = u_i$。输出电压 u_o 的波形如图 1-18a 所示。

当不忽略硅二极管的正向电压降时，在输入电压 u_i 处于正半周且大于 10.7V 时，即 $u_i > 10.7\mathrm{V}$，二极管导通，$u_o = E + 0.7\mathrm{V} = 10.7\mathrm{V}$。当 u_i 处于负半周或虽处于正半周但其数值小于 10.7V 时，即 $u_i < 10.7\mathrm{V}$，二极管截止，则 $u_o = u_i$。输出电压 u_o 的波形如图 1-18b 所示。

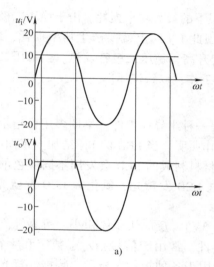 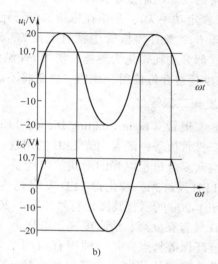

图 1-18　输出电压 u_o 的波形

比较两种情况可见，输出电压 u_o 的波形很近似。因此，在通常情况下，我们将二极管当作理想二极管来近似处理，可方便计算。

1.2.5　稳压二极管和其他特殊二极管简介

1. 稳压二极管

稳压二极管是一种用特殊工艺制造的二极管，通常工作在反向击穿区。稳压二极管的稳定电压就是反向击穿电压。稳压二极管的稳压作用在于即使电流增量很大，也只引起很小的电压变化。其图形符号如图 1-19 所示。

稳压二极管的主要参数如下：

1）稳定电压 U_Z：是稳压二极管工作在反向击穿区时的稳定工作电压。由于稳定电压随工作电流的不同而略有变化，所以测试 U_Z 时应使稳压二极管的电流为规定值。稳定电压 U_Z 是挑选稳压二极管的主要依据之一。不同型号的稳压二极管，其稳定电压的值不同。

正极　　　　　　负极

图 1-19　稳压二极管图形符号

2）稳定电流 I_Z：是使稳压二极管正常工作时的参考电流。如果工作电流低于 I_Z，则稳压二极管的稳压性能变差；如果工作电流高于 I_Z，只要不超过额定功耗，稳压二极管仍可以正常工作。每一种型号的稳压二极管，都有一个规定的最大稳定电流 I_{ZM}。因而，稳压二极管稳压时的工作电流应介于稳定电流 I_Z 和最大稳定电流 I_{ZM} 之间。

3）动态电阻 r_Z：是指稳定工作范围内，稳压二极管两端电压的变化量与相应电流的变化量之比，即

$$r_Z = \frac{\Delta U_Z}{\Delta I_Z}$$ (1-1)

稳压二极管的 r_Z 越小，说明反向击穿特性越陡，稳压特性越好。r_Z 的数值通常为几欧至几十欧，且随着 I_Z 的增大，该值减小。在各种稳压二极管中，以稳定电压为 7V 左右的稳压二极管的动态电阻最小。

4）额定功率 P_Z：是指在稳压二极管允许结温下的最大功率损耗。由于稳压二极管两端加有电压 U_Z，稳压二极管中就有电流 I_Z 流过，因此 PN 结上就要产生功率损耗，即 $P_Z = U_Z I_Z$。这部分功耗转化为热能，使得 PN 结的温度升高，稳压二极管发热。当稳压二极管的 PN 结温度超过允许值时，稳压二极管将不能正常工作，以致烧坏。

2. 发光二极管

发光二极管（Light Emitting Diode，LED），是一种半导体组件。早期多用作指示灯、显示发光二极管板等；随着白光 LED 的出现，也用作照明。当 LED 的 PN 结加上正向电压时，电子与空穴复合过程以光的形式放出能量。不同材料制成的 LED 会发出不同颜色的光，如砷化镓 LED 发红光，磷化镓 LED 发绿光，碳化硅 LED 发黄光，氮化镓 LED 发蓝光。LED 外形如图 1-20a 所示，其图形符号如图 1-20b 所示。

LED 具有亮度高、清晰度高、电压低（1.5～3V）、反应快、体积小、可靠性高、寿命长、节能环保等特点，是一种很有用的半导体器件，常用于信号指示、数字和字符显示。LED 被称为第四代照明光源或绿色光源，广泛应用于各种指示、显示、装饰、背光源、普通照明和城市夜景等领域。根据使用功能的不同，可以将其划分为信息显示、信号灯、车用灯具、液晶屏背光源、通用照明五大类。

3. 光敏二极管

光敏二极管俗称光电二极管，其工作原理恰好与发光二极管相反。当光线照射到光敏二极管的 PN 结时，能激发更多的电子，使之产生更多的电子空穴对，从而提高了少数载流子的浓度。在 PN 结两端加反向电压时，反向电流会增大，所产生反向电流的大小与光的照度成正比，所以光敏二极管正常工作时所加的电压为反向电压。为使光线能照射到 PN 结上，在光敏二极管的管壳上设有一个小的通光窗口。光敏二极管的外形如图 1-21a 所示，其图形符号如图 1-21b 所示。

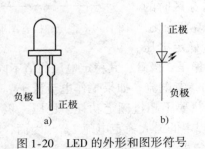

图 1-20 LED 的外形和图形符号   图 1-21 光敏二极管

1.3 晶体管

1.3.1 晶体管的基本结构

晶体管俗称三极管，在晶体管中参与导电的有电子和空穴两种载流子，因此又称为"双极型"晶体管（Bipolar Junction Transistor）。

晶体管是由两个背靠背的 PN 结构成的。两个 PN 结把半导体分成三个区域。这三个区域的排列，可以是 N－P－N，也可以是 P－N－P。因此，晶体管有两种类型：NPN 型和 PNP 型。

图 1-22a 所示为 NPN 型晶体管的结构示意图。三层半导体分成基区、发射区和集电区，分别引出基极 B、发射极 E 和集电极 C（注意：虽然发射区和集电区为相同类型的杂质半导体，但是发射区的掺杂浓度远大于集电区的掺杂浓度）。具有两个 PN 结：基区和发射区之间的 PN 结，称为发射结；基区和集电区之间的 PN 结，称为集电结（注意：集电结的面积远大于发射结）。NPN 型晶体管的图形符号如图 1-22b 所示，图形符号中的箭头方向表示发射结加正向电压时的电流方向。

图 1-23a 所示为 PNP 型晶体管的结构示意图。三层半导体同样分成基区、发射区和集电区，分别引出基极 B、发射极 E 和集电极 C。具有发射结和集电结两个 PN 结。PNP 型晶体管的图形符号如图 1-23b 所示，图形符号中的箭头方向表示发射结加正向电压时的电流方向。

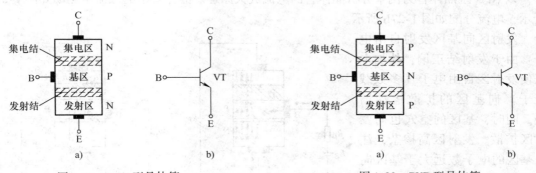

图 1-22　NPN 型晶体管　　　　　　　　图 1-23　PNP 型晶体管

通常，国内生产的硅晶体管多为 NPN 型，锗晶体管多为 PNP 型。NPN 型晶体管和 PNP 型晶体管的工作原理类似。图 1-24 所示为硅平面管结构 NPN 型晶体管的内部结构图，图 1-25 所示为锗合金 PNP 型晶体管的内部结构图。

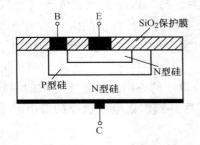

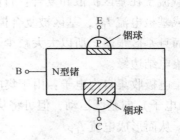

图 1-24　硅平面管结构 NPN 型晶体管的内部结构图　　　图 1-25　锗合金 PNP 型晶体管的内部结构图

1.3.2　晶体管的电流放大作用

晶体管具有放大电流的作用。为使晶体管实现电流放大，必须由晶体管的内部结构和外部条件来保证。

从晶体管的内部结构来看，应满足以下三点要求：

1）发射区进行高掺杂，其中的多数载流子浓度很高。

2）基区做得很薄，而且掺杂较小，多数载流子浓度最低。

3）集电区与基区接触面积大，可保证尽可能多地收集到发射区发射的电子。

从外部条件看，外加电源的极性应使发射结处于正向偏置状态，集电结应处于反向偏置状态。对于 NPN 型晶体管，$U_{BE} > 0$、$U_{CB} > 0$（也可从电位上满足 $V_C > V_B > V_E$），如图 1-26a 所示；对于 PNP 型晶体管，$U_{BE} < 0$、$U_{CB} < 0$（也可从电位上满足 $V_C < V_B < V_E$），如图 1-26b 所示。

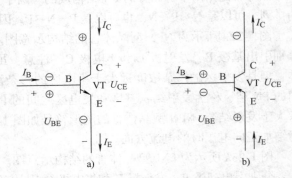

图 1-26　晶体管的电流方向和发射结、集电结的极性

以 NPN 型晶体管为例来分析晶体管的电流放大原理。晶体管中的载流子运动如图 1-27a 所示，电流分配如图 1-27b 所示。

发射区向基区发射自由电子：由于发射结正偏，外加电场使发射区自由电子（多数载流子）向基区的扩散运动增强。同时，基区的空穴也向发射区扩散。发射区高掺杂，注入基区的电子数远大于基区向发射区扩散的空穴数，因此空穴扩散形成的空穴电流可忽略，发射极电流 I_E 主要由发射区发射的电子电流所产生。

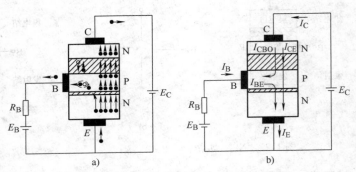

图 1-27　晶体管中的载流子运动和电流关系

载流子在基区扩散和复合：自由电子到达基区后，与基区中多数载流子（空穴）复合而形成基极电流 I_{BE}，基区被复合掉的空穴由外电源不断进行补充。但由于基区空穴浓度较低，而且基区很薄，所以大大减少了电子与基区空穴复合的机会，绝大部分自由电子都能扩散到集电结边缘。

集电极收集自由电子：由于集电结反向偏置，外电场的方向将阻止集电区的多数载流子（自由电子）向基区运动，但可将从发射区扩散到基区并到达集电区边缘的自由电子拉入集电区，从而形成电流 I_{CE}。

以上分析为晶体管中内部载流子运动的主要过程。除此以外，由于集电结反向偏置，集电区的少数载流子（空穴）和基区的少数载流子（电子）将向对方区域运动，形成漂移电流，称为集电极和基极间的反向饱和电流，用 I_{CBO} 表示。这些电流的数值很小，可近似认为 $I_C \approx I_{CE}$，$I_B \approx I_{BE}$。

实验表明，I_C 比 I_B 大数十至数百倍，I_B 虽然很小，但对 I_C 有控制作用，I_C 随 I_B 的改变而改变，即基极电流较小的变化可以引起集电极电流较大的变化，这表明基极电流对集电极具有小量控制大量的作用，这就是晶体管的电流放大作用。

根据基尔霍夫电流定律，晶体管 3 个电极的电流关系为

$$I_E = I_C + I_B \tag{1-2}$$

通常将 I_{CE} 与 I_{BE} 之比称为直流放大系数 $\bar{\beta}$，即

$$\bar{\beta} = \frac{I_{CE}}{I_{BE}} \approx \frac{I_C}{I_B} \tag{1-3}$$

一般 $\bar{\beta}$ 可达几十至几百。通常将集电极电流与基极电流变化量之比定义为晶体管的电流放大系数，用 β 表示，即

$$\beta = \frac{\Delta I_C}{\Delta I_B} \tag{1-4}$$

直流参数 $\bar{\beta}$ 与交流参数 β 的含义不同，但数值相差不大，在计算中常不做严格区分。

例 1-2　两个晶体管分别接在放大电路中且都正常工作，起电流放大作用，今测得它们三个管脚对参考点的电位，见表 1-1。试判断：（1）是硅晶体管还是锗晶体管；（2）是 NPN 型还是 PNP 型；（3）晶体管的 3 个电极（B、C、E）。

表 1-1　例 1-2 数据参数

晶体管	VT$_1$			VT$_2$		
管脚编号	1	2	3	1	2	3
电位/V	5.1	10.8	4.4	−2.1	−2.4	−7.3

解：晶体管 VT$_1$ 的 3 个管脚中，1 和 3 电位差为 0.7V，所以它是硅晶体管，且这两个管脚一个是 B，一个是 E。因此，2 管脚必是 C，而在 VT$_1$ 的 3 个管脚中，2（是 C）的电位最高，所以晶体管 VT$_1$ 必是 NPN 型晶体管。对于 NPN 型晶体管而言，晶体管起电流放大时，有 $V_C > V_B > V_E$ 成立，所以 1 管脚是 B，2 管脚是 C，3 管脚是 E。

晶体管 VT$_2$ 的 3 个管脚中，1 和 2 电位差为 0.3V，所以它是锗晶体管，且这两个管脚一个是 B，一个是 E。因此，3 管脚必是 C，而在 VT$_2$ 的 3 个管脚中，3（是 C）的电位最低，所以晶体管 VT$_2$ 必是 PNP 型晶体管。对于 PNP 型晶体管而言，晶体管起电流放大时，有 $V_C < V_B < V_E$ 成立，所以 1 管脚是 E，2 管脚是 B，3 管脚是 C。

1.3.3　晶体管的共发射极特性曲线

晶体管外部各极电压电流的相互关系，当用图形描述时称为晶体管的特性曲线。特性曲线与参数是选用晶体管的主要依据。本节主要介绍 NPN 型晶体管的共发射极特性曲线，测试电路如图 1-28 所示。晶体管共发射极接法是将基极与发射极作为输入回路，集电极与发射极作为输出回路。

1. 输入特性曲线

当 U_{CE} 不变时，输入回路中的电流 I_B 与电压 U_{BE} 之间的关系曲线称为输入特性曲线，即 $I_B = f(U_{BE})|_{U_{CE}=\text{常数}}$，输入特性曲线如图 1-29 所示。

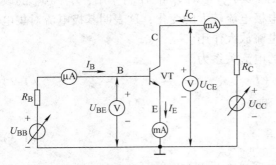

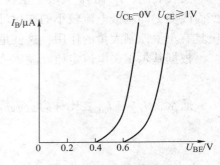

图 1-28　晶体管共发射极特性曲线测试电路　　　　图 1-29　输入特性曲线

从图 1-29 可以看出，输入特性曲线与二极管正向特性类似。但随着 U_{CE} 的增大，集电结反偏，空间电荷区变宽，基区变窄，基区复合减少，故基极电流 I_B 下降，输入特性曲线右移。但当 U_{CE} 继续增大时，集电结的反向偏置电压已足以将进入基区的电子都收集到集电极，U_{CE} 对 I_B 不再有明显的影响。因此，当 $U_{CE} > 1V$ 以后，不同 U_{CE} 值的各条输入特性曲线几乎重叠在一起，所以常采用 $U_{CE} \geq 1V$ 的一条输入特性曲线来代表 U_{CE} 更高的情况。

2. 输出特性曲线

当 I_B 不变时，输出回路中的电流 I_C 与电压 U_{CE} 之间的关系曲线称为输出特性曲线，即 $I_C = f(U_{CE})|_{I_B=\text{常数}}$。在不同的 I_B 下，可得出不同的曲线，所以晶体管的输出特性曲线是一组曲线，如图 1-30 所示。输出特性曲线可以划分为 3 个区域：截止区、放大区和饱和区。

（1）截止区

将 $I_B = 0$ 的曲线以下的区域称为截止区。当 $I_B = 0$ 时，$I_C \leq I_{CEO}$，晶体管处于截止状态，没有放大作用（其中，I_{CEO} 是指

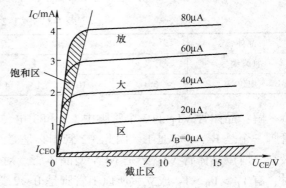

图 1-30　输出特性曲线

基极开路时，集电极和发射极之间的穿透电流，在后述的主要参数中将说明）。此时，发射结和集电结都处于反向偏置状态，晶体管处于截止状态。而 $U_{CE} \approx U_{CC}$，$I_C \approx 0$，因此处于截止状态的晶体管，发射极和集电极间相当于一个开关的断开状态。

（2）放大区

当发射结正向偏置、集电结反向偏置时，晶体管处于放大状态，相应的区域就是放大区。在放大区，输出特性是一组以 I_B 为参变量的几乎平行于横轴的曲线族。在放大区，当基极电流有一个微小的变化量 ΔI_B 时，相应的集电极电流将产生较大的变化量 ΔI_C，此时两者的关系为 $\Delta I_C = \beta \Delta I_B$，该式体现了晶体管的电流放大作用，也表明 ΔI_B 和 ΔI_C 成正比关系，因此放大区也称线性区或线性放大区。

12

（3）饱和区

曲线靠近纵坐标的附近，各条输出特性曲线的上升部分属于饱和区。在饱和区，I_B 的变化对 I_C 的影响较小，两者不成比例，晶体管失去了放大作用。晶体管工作在饱和区时，发射结和集电结都处于正向偏置状态。晶体管饱和，集电极电流 I_C 称为集电极饱和电流，用 I_{CS} 表示，集电极与发射极间的电压 U_{CE} 称为集射极饱和电压，用 U_{CES} 表示。对于 NPN 型硅晶体管而言，U_{CES} 值很小，约为 0.3V，一般认为 $U_{CES} \approx 0V$，因此处于饱和状态的晶体管，发射极和集电极间相当于一个开关的闭合状态。

表 1-2 列出了 NPN 型晶体管的 3 种工作状态对应的外部条件及典型数值。

表 1-2　NPN 型晶体管的 3 种工作状态

工作状态	截　　止	放　　大	饱　和
外部条件	发射结反偏，集电结反偏	发射结正偏，集电结反偏	发射结正偏，集电结正偏
典型数据特征	$U_{BE} \leqslant 0V$ $U_{BC} < 0V$ $I_C = I_{CEO} \approx 0A$　$I_B = 0A$	$U_{BE} = 0.6 \sim 0.7V$ $U_{BC} < 0V$ $I_C = \bar{\beta} I_B$	$U_{BE} = 0.6 \sim 0.7V$ $U_{BC} > 0V$ 且 $U_{CE} = U_{CES} \approx 0.3V$ $I_C = I_{CS}$　$I_C < \bar{\beta} I_B$

在放大电路中，晶体管工作在放大区，以实现放大作用。而在开关电路中，晶体管则工作在截止区或饱和区，相当于一个开关的断开或闭合。

3. 温度对晶体管特性曲线的影响

温度对晶体管的工作和特性曲线有很大的影响。在温度变化较大时，晶体管的工作不够稳定，需要采取必要的措施。

（1）温度对输入特性曲线的影响

当温度升高时，输入特性曲线将向左移动，如图 1-31 所示。也就是说，在同样的电流作用下，当温度升高后，对应的发射结正向电压 U_{BE} 的数值将下降，大约每升高 1℃，U_{BE} 就下降 2 ~ 2.5mV。

（2）温度对输出特性曲线的影响

I_{CBO} 是由集电区和基区中的少数载流子漂移造成的，因而必然受温度的影响。温度每升高 10℃，I_{CBO} 约增加一倍。I_{CEO} 与 I_{CBO} 存在一定的数量关系，因此它随温度变化的规律也大致相同。故温度升高时，输出特性曲线将向上移动，如图 1-32 所示。

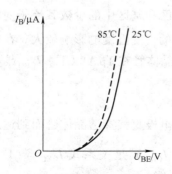

图 1-31　温度对晶体管输入特性曲线的影响

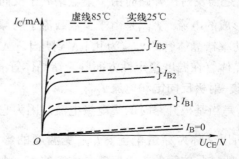

图 1-32　温度对晶体管输出特性曲线的影响

同时，温度的升高对 $\bar{\beta}$ 和 β 也有影响。当温度升高时，$\bar{\beta}$ 和 β 将增大。温度每升高 $1^\circ\!C$，$\bar{\beta}$ 和 β 增大 $0.5\% \sim 1\%$。故温度升高时，输出特性曲线不仅上移，而且其间距也将增大。

例 1-3　已知在某电路中，3 个晶体管各个电极的电位分别如图 1-33a～c 所示，试判断它们分别处于什么工作状态？

解：图 1-33a 中，$U_{BE} = 1.4V - 2.1V = -0.7V < 0$，$U_{BC} = 1.4V - 8.5V = -7.1V < 0$，发射结反偏，集电结反偏，因此晶体管处于截止状态。

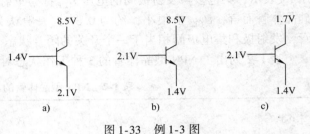

图 1-33　例 1-3 图

图 1-33b 中，$U_{BE} = 2.1V - 1.4V = 0.7V$，$U_{BC} = 2.1V - 8.5V = -6.4V < 0$，发射结正偏、集电结反偏，因此晶体管处于放大状态。

图 1-33c 中，$U_{BE} = 2.1V - 1.4V = 0.7V$，$U_{BC} = 2.1V - 1.7V = 0.4V > 0$，发射结和集电结都正偏，因此晶体管处于饱和状态。

1.3.4　晶体管的主要参数

1. 电流放大系数 $\bar{\beta}$、β

当晶体管接成共发射极电路时，在某一确定的 U_{CE} 条件下，集电极电流 I_C 与基极电流 I_B 的比值称为共发射极静态电流（直流）放大系数，即

$$\bar{\beta} = \frac{I_C}{I_B} \tag{1-5}$$

当晶体管接成共发射极电路时，如果保持输出端电压 U_{CE} 不变（即 $\Delta U_{CE} = 0V$），其对应集电极电流变化量 ΔI_C 与基极电流变化量 ΔI_B 的比值称为动态电流（交流）放大系数，即

$$\beta = \frac{\Delta I_C}{\Delta I_B}\bigg|_{\Delta U_{CE} = 0V} \tag{1-6}$$

常用的小功率晶体管的 β 值为 $20 \sim 150$，β 值随温度升高而增大。

2. 集-基极反向饱和电流 I_{CBO}

I_{CBO} 是当发射极开路时由于集电结处于反向偏置，集电区和基区中的少数载流子向对方运动所形成的电流。I_{CBO} 是由于少数载流子的漂移运动造成的，受温度的影响较大。在室温下，小功率锗晶体管的 I_{CBO} 为几 μA 到几十 μA，小功率硅晶体管在 $1\mu A$ 以下。I_{CBO} 越小越好。硅晶体管在温度稳定性方面胜于锗晶体管。

3. 集-射极反向饱和电流 I_{CEO}

I_{CEO} 是当基极开路时的集电极电流。因为它好像是从集电极直接穿透晶体管而到达发射极的，所以又称为穿透电流。I_{CEO} 受温度的影响很大，与 I_{CBO} 满足关系式 $I_{CEO} = (1 + \bar{\beta}) I_{CBO}$。一般硅晶体管的 I_{CEO} 比锗晶体管的 I_{CEO} 小 $2 \sim 3$ 个数量级。

4. 集电极最大允许电流 I_{CM}

当集电极电流 I_C 超过一定值时，晶体管的 β 要下降。把 β 值下降到正常值 2/3 时的集电极电流，称为集电极最大允许电流 I_{CM}。因此，在使用晶体管时，I_C 超过 I_{CM} 并不一定会使晶体管损坏，但 β 值会降低。

5. 集-射极反向击穿电压 $U_{(BR)CEO}$

当基极开路时，加在集电极和发射极之间的最大允许电压，称为集-射极反向击穿电压 $U_{(BR)CEO}$。当晶体管的集-射极电压 $U_{CE} > U_{(BR)CEO}$ 时，I_{CEO} 突然大幅度上升，说明晶体管已被击穿。手册中给出的 $U_{(BR)CEO}$ 一般是常温（25℃）时的值，晶体管在高温下，其 $U_{(BR)CEO}$ 值要降低，使用时应特别注意。

6. 集电极最大允许耗散功率 P_{CM}

集电极电流在流经集电结时将产生热量，使结温升高，从而会引起晶体管的参数变化。当晶体管因受热而引起的参数变化不超过允许值时，集电极所消耗的最大功率，称为集电极最大允许耗散功率 P_{CM}。P_{CM} 主要受结温限制，一般来说，锗晶体管允许结温为 $70 \sim 90℃$，硅晶体管约为 150℃。

根据晶体管的 P_{CM} 值，可在晶体管输出特性曲线上做出 P_{CM} 曲线，它是一条双曲线。由 I_{CM}、$U_{(BR)CEO}$、P_{CM} 三个极限参数共同界定了晶体管的安全工作区，如图 1-34 所示。

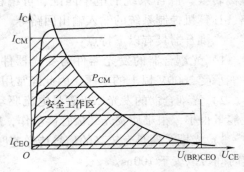

图 1-34　晶体管的安全工作区

1.3.5 光敏晶体管

光敏晶体管俗称光电晶体管，其外形如图 1-35 所示。光敏晶体管的图形符号如图 1-36 所示。

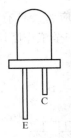

图 1-35　光敏晶体管外形

图 1-36　光敏晶体管的图形符号

普通晶体管是用基极电流 I_B 的大小来控制集电极电流，而光敏晶体管是用入射光照度 E 的强弱来控制集电极电流的。两者的输出特性曲线相似，只是用入射光照度 E 来代替 I_B。

当无光照时，集电极的电流 I_{CEO} 很小，称为暗电流。有光照时的集电极电流称为光电流，一般为零点几毫安到几毫安。光敏晶体管的灵敏度比光敏二极管高，输出电流也比光敏二极管大，多为毫安级。但它的光电特性不如光敏二极管好，在较强的光照下，光电流与照度不成线性关系。光敏晶体管多用作光电开关元件或光电逻辑元件。

光敏晶体管的测试方法如下：

1）电阻测量法（指针式万用表1kΩ档）。黑表笔接C极，红表笔接E极，无光照时指针微动（接近∞），随着光照的增强电阻变小，光线较强时其阻值可降到几kΩ～1kΩ。再将黑表笔接E极，红表笔接C极，有无光照时指针均为∞（或微动），这光敏晶体管就是好的。

2）测电流法。工作电压为5V，电流表串接在电路中，C极接正，E极接负。无光照时小于0.3μA；光照增强时电流增大，可达2～5mA。若用数字式万用表20kΩ档测试，红表笔接C极，黑表笔接E极，完全黑暗时显示1，光线增强时阻值随之降低，最小可达1kΩ左右。

图1-37所示为发光二极管和光敏晶体管组装成的光耦合器，又称光耦。由于输入和输出之间没有电直接联系的特点，信号传输是通过光耦合的，因而被称为光耦合器，也叫光隔离器。常用于作为信号隔离转换、脉冲系统的电平匹配、可编程控制器（PLC）的接口电路、计算机控制系统的输入输出回路等。

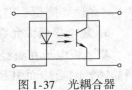

图1-37　光耦合器

光耦合器具有以下特点：

1）光耦合器的发光器件与受光器件互不接触，绝缘电阻很高，可达10000MΩ以上，并能承受2000V以上的电压，因此经常用来隔离强电和弱电系统。

2）光耦合器的发光二极管是电流驱动器件，输入电阻很小，而干扰源一般内阻较大，且能量很小，很难使发光二极管误动作，所以光耦合器有极强的抗干扰能力。

3）光耦合器具有较高的信号传递速度，响应时间一般为几微秒，高速型光耦合器的响应时间可以少于100ns。

1.4　绝缘栅场效应晶体管

1.4.1　绝缘栅场效应晶体管的结构

场效应晶体管（Field Effect Transistor, FET）俗称场效应管。具有输入电阻高、噪声小、功耗低、动态范围大、易于集成、没有二次击穿现象、安全工作区域宽等优点，现已成为双极型晶体管和功率晶体管的强大竞争者。

场效应晶体管按照其结构可分为两大类：结型场效应晶体管（Junction Field Effect Transistor）和绝缘栅场效应晶体管（Insulated Gate Field Effect Transistor）。

绝缘栅场效应晶体管按照其导电类型的不同，分为N沟道绝缘栅场效应晶体管和P沟道绝缘栅场效应晶体管，它们的工作原理相同，只是电源极性相反而已，每种结构的绝缘栅场效应晶体管又可分为增强型和耗尽型两种。

图1-38a所示为N沟道增强型绝缘栅场效应晶体管的结构示意图，其图形符号如图1-38b所

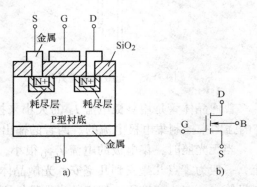

图1-38　N沟道增强型绝缘栅场效应晶体管结构及图形符号

示。用一块掺杂浓度较低的 P 型半导体作为衬底，其上扩散两个距离很近的高掺杂 N^+ 型区，并在硅片表面生成一层薄薄的 SiO_2 绝缘层。在两个 N^+ 型区之间的 SiO_2 的表面以及两个 N^+ 型区的表面分别安置 3 个电极，分别为栅极 G、源极 S 和漏极 D。因栅极和其他电极是绝缘的，故称为绝缘栅场效应晶体管。金属栅极和半导体之间的绝缘层由 SiO_2 构成，故又称为金属–氧化物–半导体场效应晶体管，简称 MOS 管（MOS 是 Metal Oxide Semiconductor 的缩写）。

制造绝缘栅场效应晶体管时，如果在 SiO_2 绝缘层中掺入大量的正离子，则可以制成耗尽型绝缘栅场效应晶体管。两者的主要区别在于，当栅–源电压 $U_{GS}=0V$ 时，增强型绝缘栅场效应晶体管的漏极电流为零，而耗尽型绝缘栅场效应晶体管的漏极电流不为零。

1.4.2 绝缘栅场效应晶体管的工作原理

1. 增强型绝缘栅场效应晶体管的工作原理

如图 1-39 所示，当栅–源电压 $U_{GS}=0V$ 时，在漏极和源极的两个 N^+ 型区之间是 P 型衬底，因此漏、源极之间相当于两个背靠背的 PN 结。所以无论漏、源极之间加上何种极性的电压，漏极电流 I_D 总是近似为零。

当 $U_{GS}>0V$ 时，则在 SiO_2 绝缘层中，产生一个垂直于衬底表面，由栅极指向 P 型衬底的电场。这个电场排斥空穴、吸引电子。当 U_{GS} 大于一定值时，在绝缘栅下的 P 型区中形成了一层以电子为主的 N 型层。由于漏极和源极均为 N^+ 型，因此 N 型层在漏、源极间形成了电子导电的沟道，称为 N 型沟道。U_{GS} 正值越高，导电沟道越宽。形成导电沟道后，在漏、源极电压 U_{DS} 的作用下，则形成源极电流 I_D。

在一定的漏–源电压 U_{DS} 下，使场效应晶体管由不导通变为导通的临界栅–源电压称为开启电压，用 $U_{GS(th)}$ 表示。由于这类场效应晶体管在 $U_{GS}=0V$ 时，$I_D=0A$；只有在 $U_{GS}>U_{GS(th)}$ 时，才会出现沟道，形成电流，故称为增强型。

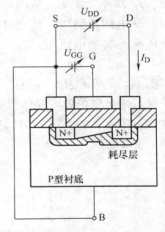

图 1-39 N 沟道增强型绝缘栅场效应晶体管的工作过程

图 1-40a 所示为 N 沟道增强型绝缘栅场效应晶体管的转移特性，图 1-40b 所示为 N 沟道增强型绝缘栅场效应晶体管的转移特性和输出特性曲线，它表示了 I_D、U_{GS}、U_{DS} 之间的关系。

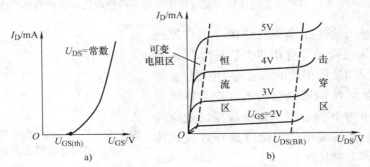

图 1-40 N 沟道增强型绝缘栅场效应晶体管的转移特性和输出特性曲线

2. 耗尽型绝缘栅场效应晶体管的工作原理

由前面介绍可知，N 沟道增强型绝缘栅场效应晶体管必须在 U_{GS} 大于开启电压时才有导电沟道产生。如果在制造场效应晶体管时，在 SiO_2 绝缘层中掺入大量的正离子，如图 1-41a 所示，当 $U_{GS} = 0V$ 时，在这些正离子产生的电场作用下，漏、源极间 P 型衬底表面也能感应出 N 沟道，只要加上正电压 U_{DS}，就能产生电流 I_D。当 $U_{GS} > 0V$ 时，在 N 沟道内感应出更多的电子，使沟道变宽，I_D 增大。当 $U_{GS} < 0V$ 时，在 N 沟道内感应的电子减少，使沟道变窄，I_D 减小。当 U_{GS} 负向增加到某一数

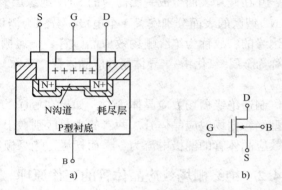

图 1-41　N 沟道耗尽型绝缘栅场效应晶体管的工作原理和图形符号

值时，导电沟道消失，I_D 趋于零，场效应晶体管截止，故称为耗尽型。沟道消失时的栅-漏电压称为夹断电压 $U_{GS(off)}$。N 沟道耗尽型绝缘栅场效应晶体管的电路符号如图 1-41b 所示。

图 1-42a 所示为 N 沟道耗尽型绝缘栅场效应晶体管转移特性曲线，图 1-42b 所示为 N 沟道耗尽型绝缘栅场效应晶体管输出特性曲线。从特性曲线可看出，耗尽型绝缘栅场效应晶体管在 $U_{GS} < 0V$、$U_{GS} = 0V$、$U_{GS} > 0V$ 的情况下都可能工作，这是耗尽型绝缘栅场效应晶体管的一个重要特点。

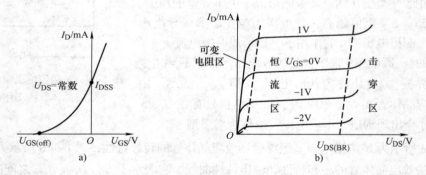

图 1-42　N 沟道耗尽型绝缘栅场效应晶体管转移特性曲线和输出特性曲线

P 沟道绝缘栅场效应晶体管的结构和工作原理与 N 沟道绝缘栅场效应晶体管相似，它是因在 N 型衬底中生成 P 型反型层而得名的。它使用的栅-源和漏-源电压的极性与 N 沟道绝缘栅场效应晶体管相反。图 1-43a 所示为 P 沟道耗尽型绝缘栅场效应晶体管的图形符号，P 沟道增强型绝缘栅场效应晶体管的图形符号如图 1-43b 所示。

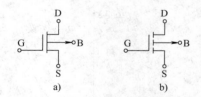

图 1-43　P 沟道耗尽型和增强型绝缘栅场效应晶体管的图形符号

1.4.3 绝缘栅场效应晶体管的主要参数及特点

1. 夹断电压 $U_{GS(off)}$

夹断电压 $U_{GS(off)}$ 是当 U_{DS} 一定时，使 I_D 减小到某一微小电流时所需要的夹断电压 U_{GS} 值。

2. 开启电压 $U_{GS(th)}$

开启电压 $U_{GS(th)}$ 是当 U_{DS} 一定时，使 I_D 达到某一数值时所需要的夹断电压 U_{GS} 值。

3. 饱和漏极电流 I_{DSS}

饱和漏极电流 I_{DSS} 是在夹断电压 $U_{GS}=0V$ 的条件下，场效应晶体管发生预夹断时的漏极电流。

4. 栅-源直流输入电阻 R_{GS}

栅-源直流输入电阻 R_{GS} 是在漏、源两极短路的情况下，外加栅-源直流电压与栅极直流电流的比值，一般不大于 $10^9\Omega$。

5. 栅-源击穿电压 $U_{GS(BR)}$

栅-源击穿电压 $U_{GS(BR)}$ 是指栅、源极间的 PN 结发生反向击穿时的夹断电压 U_{GS} 值，这时栅极电流由零急剧上升。

6. 漏-源击穿电压 $U_{DS(BR)}$

漏-源击穿电压 $U_{DS(BR)}$ 是指场效应晶体管沟道发生雪崩击穿引起 I_D 急剧上升时的 U_{DS} 值。对 N 沟道而言，U_{GS} 的负值越大，则 $U_{DS(BR)}$ 越小。

7. 最大漏极电流 I_{DM}

最大漏极电流 I_{DM} 是指场效应晶体管工作时允许的最大漏极电流。由于沟道的截面积有限，而沟道的电流密度又不可能过大，故漏极电流不可能大于 I_{DM}。

8. 最大耗散功率 P_{DM}

场效应晶体管的漏极耗散功率 $P_D = I_D U_{DS}$，这一耗散功率变为热能，使场效应晶体管的结温升高。为限制结温，需要限制 $P_D < P_{DM}$。P_{DM} 的大小与环境温度有关。

9. 低频跨导 g_m

当 U_{DS} 为常数时，漏极电流的微小变化量与栅-源电压 U_{GS} 的微小变化之比为低频跨导，即

$$g_m = \frac{\Delta I_D}{\Delta U_{GS}}\bigg|_{U_{DS}} \tag{1-7}$$

g_m 反映了栅-源电压对漏极电流的控制能力，它的单位是西门子（S），常用毫西（mS）表示。

与双极型晶体管相比，场效应晶体管具有如下特点：

1）场效应晶体管是电压控制器件，它通过栅-源电压来控制漏极电流。

2）场效应晶体管的控制输入端电流极小，因此它的输入电阻很大（$10^7 \sim 10^{15}\Omega$）。

3）它是利用多数载流子导电，因此它的温度稳定性较好。

4）它组成的放大电路的电压放大系数要小于晶体管组成放大电路的电压放大系数。

5）场效应晶体管的抗辐射能力强。

6）由于它不存在杂乱运动的电子扩散引起的散粒噪声，所以噪声低。

注意：绝缘栅场效应晶体管的输入电阻很高，栅极上很容易积累较高的静电电压将绝缘层击穿。为了避免这种损坏，在保存场效应晶体管时应将它的 3 个电极短接；在电路中，栅、源极间应有固定电阻或用稳压二极管并联，以保证有一定的直流通道；在焊接时应使电烙铁外壳良好接地。

1.5　实验

1.5.1　实验 1　常用电子仪器仪表的使用

1. 实验目的

1）了解电子电路实验中常用电子仪器仪表的用途、主要技术指标和使用方法。

2）初步掌握示波器显示电压波形、测量电压幅值和周期（频率）的方法和注意事项。

2. 实验设备及功能

在模拟电子技术实验中，常用的电子仪器仪表有万用表、示波器、函数信号发生器、直流稳压电源、交流毫伏表等，这些仪器仪表的功能见表 1-3。

表 1-3　常用电子仪器仪表的功能

名　称	功　能
万用表	万用表是一种可以测量直流（电流、电压），交流（电流、电压）、电阻和音频电平、电容量、电感量及半导体的一些参数（如 β）等多种物理量，并且具有多量程测量的仪表
示波器	示波器属于信号波形测量仪器，能在显示屏上直接显示被测信号的波形
函数信号发生器	函数信号发生器可以输出正弦波、方波、三角波等信号
直流稳压电源	用于电子电路中提供稳定直流电压的仪器
交流毫伏表	交流毫伏表只能在一定频率范围内，用来测量正弦交流电压的有效值

图 1-44 所示为常用仪器仪表与被测电子电路之间的布局及连接，可以完成相关电路的工作测试和参数的测量。接线时，各仪器的公共接地端应连接在一起（称共地），以防止外界干扰。信号源和交流毫伏表的引线通常用屏蔽线或专用电缆线，示波器接线使用专用电缆线，直流电源使用普通导线接线。

（1）函数信号发生器

函数信号发生器可以输出正弦波、方波、三角波等信号。输出信号电压幅度可由输出幅度调节旋钮进行连续调节。输出电压频率可通过频率分档开关进行调节。函数信号发生器作为信号源，它的输出端不允许短路。

（2）示波器

示波器属于信号波形测量仪器，能在显示屏上直接显示被测信号的波形，显示屏的 X 轴（横轴）代表时间 t，Y 轴（纵轴）代表信号幅度 $F(t)$。使用示波器能监测电路各点信号的波形及波形的相关参数（如幅度、周期、频率）。

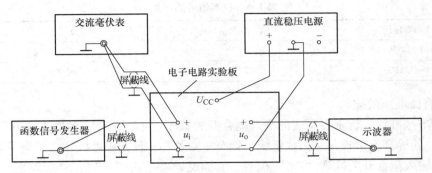

图 1-44　仪器仪表的布局及连接

由于示波器型号各异，请读者自行参考相应的示波器使用说明书，了解示波器面板上各旋钮、按键的作用和使用方法。在使用示波器的过程中需要注意以下几点：

1）找扫描光迹点。在开机 0.5min 后，如仍找不到光点，可调节亮度旋钮，并适当调节垂直位移和水平位移，将光点移至荧光屏的中间位置。

2）主扫描时间系数选择开关（TIME/DIV）应根据被测信号的周期置于合适位置。

3）触发源选择开关，通常选为内触发；触发方式开关，通常置于"自动"位置，以便找到扫描线或波形。

4）示波器有 5 种显示方法。属单踪显示的有"Y1""Y2""Y1 + Y2"；属双踪显示的有"交替"与"断续"。

5）测量过程中如果需要读取待测波形的数据，应当把 Y 轴灵敏度"微调"旋钮置于校准位置（顺时针旋到底），将扫描速率"微调"旋钮置于校准位置（顺时针旋到底）。

（3）交流毫伏表

交流毫伏表只能在一定频率范围内，用来测量正弦交流电压的有效值。交流毫伏表在使用过程中容易因为过载而损坏，所以在测量前一般先把量程开关置于量程较大位置处，然后在测量过程中逐渐减小量程。为减小测量误差，读数时，应位于仪表正前方适当位置，并注意当量程开关位于 1mV 或 10 ~ 100mV 量程档时，应读"0 ~ 10"的表盘刻度，当量程开关位于 3mV 或 30 ~ 300mV 量程档时，应读"0 ~ 30"的表盘刻度，且满刻度值即为量程开关指示值。

3. 实验内容与步骤

（1）测量示波器内的校准信号

示波器本身有 1kHz/0.5V（或 1V）的标准方波校正信号，用于检查示波器的工作状态。

1）调出校准信号波形。将示波器校准信号输出端通过专用电缆线与 CH1（或 CH2）输入接口接通，调节示波器各有关旋钮，将触发开关置"自动"位置，触发源选择开关置"内"，调节扫描速度开关（T/DIV）及 Y 轴灵敏度开关（V/DIV），使荧光屏上可显示一个或数个周期的方波。

2）校准信号幅度。将 Y 轴灵敏度微调旋钮置校准位置，Y 轴灵敏度置适当位置，读取校准信号幅度。记录于表 1-4 中。

3）校准信号频率。将扫速微调旋钮置校准位置，扫速开关置适当位置，读取校准信号周期，并换算成频率值，用频率计进行校核，记录于表 1-4 中。

表 1-4　校准信号的测量

待测物理量	标 准 值	测 量 值
峰–峰值电压/V		
频率/kHz		

（2）直流电压的测量

1）调节基准线。将垂直系统的输入耦合开关置于"⊥"位置，触发方式开关置于"自动"位置，使屏幕上出现一条扫描基线，调节垂直位移，使扫描基线位于零电平基准位置。

2）将输入耦合开关换到"DC"位置，Y 轴灵敏度置适当位置，将示波器 CH1 通道接至直流稳压电源输出端，电源电压分别见表 1-5，即可看到高于（或低于）"0V"位的一根扫描线，就是该直流电压信号，测量直流电压值，并将测量的数据填入表 1-5 中。

表 1-5　直流电压的测量

直流电压值/V	示波器测量值/V
5.0	
−2.0	

（3）交流电压的测量

将函数信号发生器的输出与示波器的 CH1 通道输入端及交流毫伏表输入端相连。调节函数信号发生器，令其输出频率分别为 100Hz、1kHz、10kHz，幅值为 5V 的正弦波形。将垂直系统的输入耦合开关置于"AC"位置，将 V/DIV 和 T/DIV 根据被测信号的幅值和频率选择适当的档位，调节触发电平使波形稳定，读取相关的数据，记入表 1-6 中。

表 1-6　交流电压参数的测量

函数信号发生器		交流毫伏表	示 波 器	
信号电压/V	信号频率/kHz	电压有效值/V	频率的测量值/kHz	峰–峰值电压的测量值/V
5.0	0.1			
	1.0			
	10.0			

（4）相位差的双踪法测量

图 1-45 所示电路可以用双踪法测量相位，函数信号发生器产生的输入信号 u_i（频率为

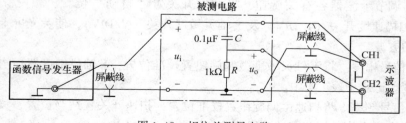

图 1-45　相位差测量电路

22

1kHz，幅值为 5V 的正弦波）经被测电路后获得频率相同但相位不同的两个信号 u_i 和 u_o，分别导入示波器的 CH1 和 CH2 通道中，调节波形，使得两波形基准线重合，调节幅值测量比例，使能在示波器上看到完整的两个测量波形，其示意图如图 1-46 所示。

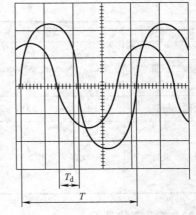

图 1-46 示波器双踪显示两相位不同的正弦波

在图 1-46 中，T_d 为两波形时间轴上的时间差（ms），T 为两波形的周期（ms），则两波形的相位差 $\Delta\varPhi$ 有：$\Delta\varPhi = \dfrac{T_d}{T} \times 360°$。为读数和计算方便，可适当调节扫描开关及微调旋钮，使波形一周期占数格。请将相关测量数据填入表 1-7 中。

表 1-7　相位差的测量

测 量 值		计 算 值
T/ms	T_d/ms	$\Delta\varPhi$

4. 实验思考题

1）实验中，为什么所有仪器仪表应该共地？如果不共地将会怎样？

2）为了提高示波器测量电压的精度，在测量过程中应该注意哪些问题？

3）示波器 Y 轴通道输入端的"AC""⊥""DC"选择开关有何作用？何时选择"AC"档、"DC"档、"⊥"档？

4）总结示波器在调节波形的幅度、周期，使波形稳定时，应分别调节哪几个主要旋钮？调节时要注意什么？

1.5.2　实验 2　二极管的性能测试与识别

1. 实验目的

1）通过实验进一步理解二极管的特性；可以在一定条件下选用合适的二极管进行替换。

2）理解并掌握二极管的选用方法，能够判断出管脚。

3）能够对二极管的性能进行测试并判断其好坏。

2. 实验设备

1）不同型号和外形的二极管（若干）。

2）万用表（指针式或数字式）。

3. 实验内容与步骤

（1）二极管的选用

根据用途和电路的具体要求来选择二极管的种类、型号及参数，常用二极管的使用要求见表 1-7。

表 1-8   常用二极管

类　型	型　号	使 用 要 求
整流二极管	2CZ、IN4000、N5400 等系列	主要考虑其最大整流电流、最高反向工作电压是否能满足电路需要
检波二极管	2AP9、2AP10、2AP1－2AP7 等	工作频率应符合电路频率要求、检波效率好、结电容小
稳压二极管	2CW 系列和 2DW 系列	根据具体的电路要求选择稳压值，使用时应注意正、负极的接法；流过稳压二极管的反向电流（最大工作电流）不能超过其参数值

（2）二极管的替换

当电路中的二极管损坏时，可以进行替换，其替换的原则如下：

1）尽可能选择原有型号的二极管进行替换。

2）当无法用原有型号的二极管替换时，就需要根据原有二极管的类型和主要工作参数，选择其他型号的二极管，所选的二极管应当与原型号二极管的参数相当。例如，用于替换的检波二极管，其工作频率不低于原型号的频率；用于替换的整流二极管，主要考虑反向电压和整流电流两个参数，其值不能比原型号二极管的反向电压和整流电流小。

（3）二极管的测试及性能判断

1）测试时可选用指针式万用表，也可以选用数字式万用表。

如果选用指针式万用表对二极管进行测试，根据不同的二极管选择不同的电阻档，此时，红表笔与万用表内电源的负极相连，黑表笔与万用表内电源的正极相连。

如果选用的是数字式万用表，可以直接用二极管测试档位进行测试。用红色表笔与二极管的正极相接，黑色表笔与二极管的负极相接，则万用表上显示的数值就是待测二极管的正向直流电压。如果二极管未损坏，锗二极管为 $0.2\sim0.3$ V，硅二极管为 $0.6\sim0.7$ V；将表笔对调测量待测二极管的反向电压，万用表显示测试值应为 "1"。

2）测试二极管性能时，将万用表置于电阻档，其中，如果待测二极管是小功率的二极管，选用 $R\times100\Omega$ 档或者 $R\times1k\Omega$ 档；如果待测二极管是中、大功率二极管，选用 $R\times1\Omega$ 档或 $R\times10\Omega$ 档；判别普通稳压二极管是否断路或击穿损坏，可选用 $R\times100\Omega$ 档。

3）用指针式万用表测量二极管性能如图 1-47 所示，当红表笔接待测二极管的负极，黑表笔接待测二极管的正极时，测得的阻值是二极管的正向电阻；将测量表笔对调，测得的阻值是待测二极管的反向电阻。待测二极管正、反向阻值会因为电阻档的倍率和万用表的灵敏度不同而略有不同。

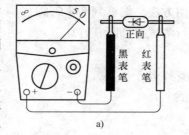
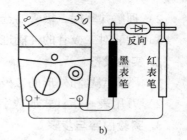

图 1-47   二极管的测量方法

4）根据测量结果分析二极管的性能情况，见表 1-9。

表 1-9　二极管正、反向电阻的阻值大小与其性能关系

正、反向电阻的阻值大小	性能说明
反向电阻阻值是正向电阻阻值的几百倍	性能良好
正向电阻阻值为无穷大	二极管内部断路
反向电阻阻值近似为零	二极管内部击穿
正、反向电阻的阻值相差不大	性能变坏或失效

5）二极管极性的判别。有时候需要对二极管的管脚极性进行判别，此时，万用表的档位置于电阻档 $R \times 1k\Omega$ 或 $R \times 100\Omega$ 档，如果测得二极管的阻值较小，则为正向电阻值，此时与黑表笔相接的一端是二极管的正极；如果测得二极管的阻值很大，则为反向电阻值，此时与红表笔相接的一端为二极管的正极。

（4）二极管性能测试操作

带教老师准备不同型号的整流二极管、检波二极管和稳压二极管各 4 只，其中有一部分性能不正常（如短路、断路或者性能变坏）。学生用指针式万用表进行测量，判断二极管的工作情况，并将测量结果和判断结果填入表 1-10 中。

表 1-10　二极管性能检测结果

二极管类型与型号		正向电阻/Ω	反向电阻/Ω	反向电阻/正向电阻	性能判断结果
整流 二极管	1				
	2				
	3				
	4				
检波 二极管	1				
	2				
	3				
	4				
稳压 二极管	1				
	2				
	3				
	4				

1.5.3　实验 3　晶体管的性能测试与识别

1. 实验目的

1）理解晶体管的工作原理，能够合理地选用晶体管。

2）能够从外观上简单地判断管脚，并能够用万用表对晶体管的性能进行测试。

3）可以在一定条件下选用合适的晶体管进行替换。

2. 实验设备

1）不同型号和外形的晶体管（若干）。

2）万用表（指针式或数字式）。

3. 实验内容与步骤

（1）晶体管的选择

晶体管的分类方法很多，通常，按工作频率分为高频管、低频管、开关管；按功率大小可分为大功率晶体管、中功率晶体管、小功率晶体管；从封装形式分为金属封装和塑料封装。在选用时，应当根据实际情况来确定晶体管的种类和具体型号，否则将损坏晶体管。

（2）晶体管的管脚判别

1）从外观上辨识管脚。晶体管的各个管脚是按一定规律进行封装的，通常可以通过管脚的分布情况直接辨识出晶体管的基极、发射极、集电极。图 1-48 所示为金属封装晶体管各个管脚的分布，图 1-49 所示为塑料封装晶体管各个管脚的分布。其中，图 1-48b 是超高频小功率晶体管，管脚 D 与外壳相连，用于消除二次谐波；图 1-48d 是低频大功率晶体管，外壳就是集电极的引出端。

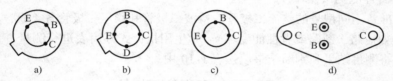

图 1-48　金属封装晶体管的引脚

2）用万用表判别晶体管的管脚。

① 基极及管型的判别。选用指针式万用表的 $R \times 100\Omega$ 档或 $R \times 1\mathrm{k}\Omega$ 档，用红表笔接晶体管的任意一个管脚，黑表笔分别与另外两个管脚相接，可以测出两个电阻值，然后用红表笔换接另一个管脚，重复上述测量步骤，得到另一组电阻值，共测量三次。观察测得的 3 组数据，会发现其中有一组数据都很小，以此可以判断出测量这组

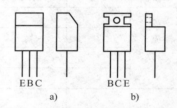

图 1-49　塑料封装晶体管的引脚

电阻值的红表笔所接管脚为基极，且晶体管的类型是 PNP 型；如果用黑表笔接一个管脚，重复上述测量方法，也可以得到 3 组测量数据，其中两个阻值都很小的那次测量中黑表笔所接的管脚为基极，但是晶体管的类型是 NPN 型的。

② 判别集电极和发射极。图 1-50a 所示为 NPN 型晶体管集电极和发射极的判别方法，图 1-50b 所示为 PNP 型晶体管集电极和发射极的判别方法。在确定了晶体管基极和管型的基础上，假定另外两个管脚中的一个管脚为集电极，用手将基极和假设的集电极捏住，但注意：两个管脚不能接触；选用万用表的电阻档，测量集电极和发射极极间的电阻，如果是 NPN 型晶体管，先将假设的集电极接黑表笔，发射极接红表笔，观察指针摆动幅度，然后

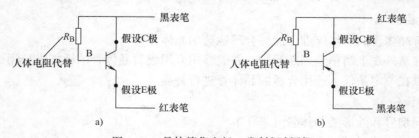

图 1-50　晶体管集电极、发射极判别

将两极对调，重复测量操作，观察指针摆动，如果两次摆动一大一小，则说明假设正确，且摆动幅度大的那次黑表笔所接的电极是集电极；如果是 PNP 型晶体管，则测量方法正好相反，请读者自行分析。

3）用万用表初步判断晶体管的性能。在生产现场，往往不具备晶体管特性图示仪这样的测试设备，但又需要对晶体管的性能进行简单的判断，这时候可以用万用表测量晶体管极间电阻的方法进行判断。

量程选择：小功率晶体管应当选用 $R \times 1k\Omega$ 档或 $R \times 100\Omega$ 档。注意：不能用 $R \times 1\Omega$ 档（该档电流较大）或 $R \times 10k\Omega$ 档（该档电压较高），这两档有可能造成晶体管的损坏；大功率锗晶体管则要用 $R \times 1\Omega$ 档或 $R \times 10\Omega$ 档，用其他档容易发生误判。

测量结果说明：

性能良好的中、小功率晶体管，基极与集电极、基极与发射极之间的正向电阻一般是几百欧姆到几千欧姆，而基极与集电极、基极与发射极之间的反向电阻、集电极与发射极之间的极间正、反向电阻都很高，为几百千欧。硅材料晶体管的极间电阻高于锗材料晶体管。

当晶体管内部断路时，测得的正向电阻近似于无穷大；当晶体管已击穿或短路时，测得的反向电阻很小或为零。

（3）晶体管测试操作

带教老师准备不同管型、不同封装的晶体管若干，其中有一部分性能不正常（如短路、断路或者性能变坏）。学生用指针式万用表进行测量，判断晶体管的工作情况，并将测量结果和判断结果填入表 1-11 中。

表 1-11　晶体管性能检测结果

晶体管型号	封装类型	外观辨识管脚（画出管脚分布图）	基极判别的测量数据	管型判断	性能判别

知识点梳理与总结

1）导电性能介于导体和绝缘体之间的物质，称为半导体。本征半导体是完全纯净、具有晶体结构的半导体。在本征半导体的晶体结构中具有共价键结构。

2）半导体材料中具有自由电子和空穴两种载流子，其中自由电子负电荷离开后，空穴可看成带正电荷的载流子。

3）在纯净半导体硅或锗中掺入 5 价元素，产生大量自由电子为多数载流子，称为电子半导体或 N 型半导体；在纯净半导体硅或锗中掺入 3 价元素，产生大量的空穴为多数载流子，称为空穴半导体或 P 型半导体。

4）将一块半导体的一侧掺杂成 P 型半导体，另一侧掺杂成 N 型半导体，在两种半导体的交界处将形成一个特殊的薄层 PN 结。PN 结呈现单向导电性，即正向导通，反向截止。

5）一个 PN 结加上相应的电极引线并用管壳封装起来，就构成了半导体二极管，简称二极管，按其结构不同可分为点接触型、面接触型和平面型三类。

6）二极管的性能可用其伏安特性来描述，加正向电压时的特性称为正向特性；加反向电压时的特性称为反向特性。

7）死区电压（或称导通电压），用 $U_{(on)}$ 表示，通常，硅二极管的死区电压 $U_{(on)}$ 约为 0.5V，锗二极管约为 0.1V。当正向电压超过死区电压后，随着电压的升高，正向电流迅速增大，二极管处于导通状态。二极管导通后的正向电压基本为一常数，硅二极管为 0.6 ~ 0.7V，锗二极管为 0.2 ~ 0.3V。

8）二极管外加反向电压时，反向电流很小，反向电压加到一定值时，反向电流急剧增大，产生击穿，二极管不再具有单向导电性。

9）二极管的主要参数有最大整流电流 I_{OM}、最大反向工作电压 U_{BRM}、反向峰值电流 I_{RM}。利用二极管的单向导电性，可以进行整流、检波、限幅、元件保护以及在数字电路中作为开关元件等。

10）稳压二极管是一种用特殊工艺制造的二极管，通常工作在反向击穿区。稳压二极管的稳定电压就是反向击穿电压。稳压二极管的稳压作用在于：即使电流增量很大，也只引起很小的电压变化。

11）稳压二极管的主要参数有稳定电压 U_Z、稳定电流 I_Z、动态电阻 r_Z、额定功率 P_Z。

12）发光二极管（Light Emitting Diode，LED）是一种半导体组件。其外形和图形符号参照本书图 1-20 所示。发光二极管常用于信号指示、数字和字符显示，其中，LED 被称为第四代照明光源或绿色光源，广泛应用于各种指示、显示、装饰、背光源、普通照明和城市夜景等领域。

13）光敏二极管俗称光电二极管，当光线照射到光敏二极管的 PN 结上时，能激发更多的电子，使之产生更多的电子空穴对，从而提高了少数载流子的浓度。光敏二极管正常工作时所加的电压为反向电压，在管壳上设有一个小的通光窗口。

14）晶体管俗称三极管，又称"双极型"晶体管（Bipolar Junction Transistor）。

15）晶体管有两个 PN 结，分为 NPN 型和 PNP 型。晶体管 3 层半导体分成基区、发射区和集电区；3 个对应的管脚分别为基极 B、发射极 E 和集电极 C；两个 PN 结分别为发射结和集电结。

16）晶体管具有放大电流作用，内部结构具有 3 点：①发射区进行高掺杂，其中的多数载流子浓度很高；②基区做得很薄，而且掺杂较小，多数载流子浓度最低；③集电区与基区接触面积大，可保证尽可能多地收集到发射区发射的电子。外部条件：①NPN 型晶体管电位上满足 $V_C > V_B > V_E$；②PNP 型晶体管电位上满足 $V_C < V_B < V_E$。

17）晶体管基极电流较小的变化可以引起集电极电流较大的变化，这就是晶体管的电流放大作用。$I_E = I_C + I_B$，通常将 I_{CE} 与 I_{BE} 之比称为直流放大系数 $\bar{\beta}$，一般 β 可达几十至几百。

18）晶体管外部各极电压电流的相互关系，当用图形描述时称为晶体管的特性曲线，包括输入特性曲线和输出特性曲线。输入特性曲线是指当 U_{CE} 不变时，输入回路中的电流 I_B 与电压 U_{BE} 之间的关系曲线，即 $I_B = f(U_{BE})|_{U_{CE}=常数}$；输出特性是指当 I_B 不变时，输出回路中的电流 I_C 与电压 U_{CE} 之间的关系曲线，即 $I_C = f(U_{CE})|_{I_B=常数}$。

19）在输出特性曲线上可以划分为 3 个区域：截止区、放大区和饱和区。NPN 型各区域工作条件见表 1-2。

20）温度对晶体管的工作和特性曲线有很大的影响：在同样的电流作用下，当温度升高后，对应的发射结正向电压 U_{BE} 的数值将下降，大约每升高 1℃，U_{BE} 就下降 $2 \sim 2.5\text{mV}$；温度每升高 10℃，I_{CBO} 约增加 1 倍；温度每升高 1℃，$\overline{\beta}$ 和 β 增加 $0.5\% \sim 1\%$。

21）晶体管的主要参数包括电流放大系数 $\overline{\beta}$、β、集-基极反向饱和电流 I_{CBO}，集-射极反向饱和电流 I_{CEO}，集电极最大允许电流 I_{CM}、集-射极反向击穿电压 $U_{(BR)CEO}$、集电极最大允许耗散功率 P_{CM}。

注意：I_C 超过 I_{CM} 并不一定会使晶体管损坏，但 β 值会降低；当晶体管的集-射极电压 U_{CE} 大于 $U_{(BR)CEO}$ 时，I_{CEO} 突然大幅度上升，则说明晶体管已被击穿；在晶体管输出特性曲线上由 I_{CM}、$U_{(BR)CEO}$、P_{CM} 三个极限参数共同界定了晶体管的安全工作区。

22）亦称光敏晶体管俗称光电晶体管，是用入射光照度 E 的强弱来控制集电极电流的。常用发光二极管和光敏晶体管组装成光耦合器，又称光耦。由于输入和输出之间没有电直接联系的特点，信号传输是通过光耦合的，因而也叫作光隔离器。常用于作为信号隔离转换、脉冲系统的电平匹配、可编程控制器（PLC）的接口电路，计算机控制系统的输入输出回路等。

23）场效应晶体管（Field Effect Transistor，FET），俗称场效应管，具有输入电阻高、噪声小、功耗低、动态范围大、易于集成、没有二次击穿现象、安全工作区域宽等优点。场效应晶体管按照其结构可分为两大类：结型场效应晶体管（Junction Field Effect Transistor）和绝缘栅场效应晶体管（Insulated Gate Field Effect Transistor）。

24）绝缘栅场效应晶体管按照其导电类型的不同，分为 N 沟道和 P 沟道，每种结构的场效应晶体管又可分为增强型和耗尽型两种。

思考与练习 1

一、选择题 （请将唯一正确选项的字母填入对应的括号内）

1.1　如图 1-51 所示，电路中所有的二极管都为理想二极管（即二极管正向电压降可忽略不计），则对 VD_1、VD_2 和 VD_3 的工作状态判断正确的是（　　）。

（A）VD_1、VD_2 导通，VD_3 截止　　　　（B）VD_1、VD_3 导通，VD_2 截止

（C）VD_1、VD_2 截止，VD_3 导通　　　　（D）VD_1、VD_3 截止，VD_2 导通

1.2　如图 1-52 所示，电路中所有的二极管都为理想二极管，且 E_1、E_2、E_3、E_4 四盏灯都相同，则哪个灯最亮？（　　）

（A）E_1　　　　（B）E_2　　　　（C）E_3　　　　（D）E_4

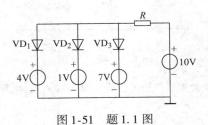

图 1-51　题 1.1 图　　　　　　　　图 1-52　题 1.2 图

1.3 在如图 1-53 所示的电路中，当电源 $E = 5V$ 时，测得流过电阻 R 的电流 $I = 2mA$，若二极管 VD 的正向电压降 U_D 不能忽略，那么把电源电压升高至 $E = 10V$，则电流 I 的大小将如何变化？（　　）

(A) $I = 4mA$　　　(B) $I > 4mA$　　　(C) $I < 4mA$　　　(D) 以上皆有可能

1.4 在如图 1-53 所示的电路中，当电源 $E = 5V$ 时，测得流过电阻 R 的电流 $I = 2mA$，二极管两端的电压 $U_D = 0.66V$，那么把电源电压升高至 $E = 10V$，则二极管 VD 两端电压 U_D 的值将如何变化？（　　）

(A) $U_D = 0.66V$　　(B) $U_D > 0.66V$　　(C) $U_D < 0.66V$　　(D) 以上皆有可能

1.5 在如图 1-54 所示的电路中，已知 $E = 15V$，稳压二极管 VZ_1 和 VZ_2 的稳定电压分别为 3V 和 5V，正向电压降都是 0.7V，则 A、B 两点间的电压 U_o 为（　　）。

(A) $-2.3V$　　　(B) $4.3V$　　　(C) $2.3V$　　　(D) $-4.3V$

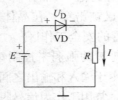

图 1-53　题 1.3（题 1.4）图

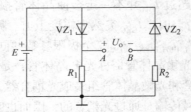

图 1-54　题 1.5 图

1.6 下面关于二极管和稳压二极管的区别表述不正确的是（　　）。

(A) 前者具有单向导电性，后者不具有

(B) 前者硅材料和锗材料都可以构成，后者只能是硅材料构成的

(C) 前者具有点接触型和面接触型两种结构，后者只有面接触型结构

(D) 前者可外加正向偏置电压和反向偏置电压，后者只能反向击穿时工作

1.7 某电路如图 1-55 所示，已知电压 $E = 20V$，3 个电阻大小均为 $R = 20k\Omega$，稳压二极管 VZ 的稳定电压为 6V，那么当开关 K 断开和闭合的时候，理想二极管 VD 的导通和截止情况判定正确的是（　　）。

(A) 开关 K 闭合时，VD 截止；开关 K 断开时，VD 截止

(B) 开关 K 闭合时，VD 截止；开关 K 断开时，VD 导通

(C) 开关 K 闭合时，VD 导通；开关 K 断开时，VD 截止

(D) 开关 K 闭合时，VD 导通；开关 K 断开时，VD 导通

1.8 某电路如图 1-56 所示，稳压二极管 VZ_1 的稳定电压 $U_{Z1} = 6V$，VZ_2 的稳定电压 $U_{Z2} = 2.5V$，它们的正向电压降都是 0.7V，则电压 U_o 的值是（　　）。

(A) 2.5V　　　(B) 3.5V　　　(C) 6V　　　(D) 8.5V

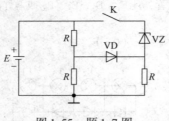

图 1-55　题 1.7 图

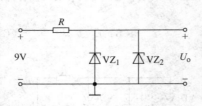

图 1-56　题 1.8 图

1.9 在如图 1-57a 所示电路中，二极管 VD_1 和 VD_2 为理想二极管，设 $u_i = 9\sin\omega t$ V，电阻 $R_1 = R_2 = 1k\Omega$，则图 1-57b 中哪个是输出电压 u_o 的波形？（　　）

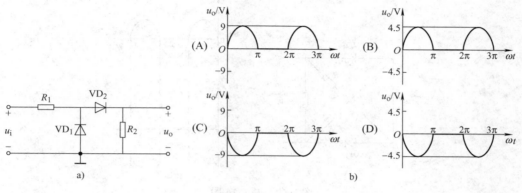

图 1-57　题 1.9 图

1.10　在如图 1-58a 所示的所有电路中，二极管 VD 为理想二极管，设 $u_i = 6\sin\omega t$ V，直流电压源的电压 $E = 3$V，则哪个电路输出电压 u_o 的波形与图 1-58b 一致？（　　）

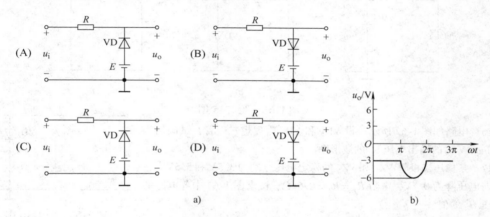

图 1-58　题 1.10 图

1.11　当晶体管工作在放大区时，其外部条件是（　　）。

（A）发射结反偏，集电结正偏　　　　（B）发射结正偏，集电结正偏
（C）发射结正偏，集电结反偏　　　　（D）发射结反偏，集电结反偏

1.12　测得某晶体管在电路中的管脚①、②、③电位（对"参考地"）如图 1-59 所示。那么，晶体管是什么类型？该晶体管是什么材料构成的？（　　）

（A）PNP 型，硅　　　　　　　　　　（B）PNP 型，锗
（C）NPN 型，锗　　　　　　　　　　（D）NPN 型，硅

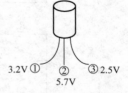

图 1-59　题 1.12 图

1.13　已知某晶体管的 3 个参数：$P_{CM} = 100$mW，$I_{CM} = 20$mA，$U_{(BR)CEO} = 15$V。下面 4 组选项是该晶体管在不同电路中工作时所测得的数据，试问哪个选项反映该晶体管工作在安全工作区？（　　）

（A）$U_{CE} = 5$V，$I_C = 15$mA　　　　（B）$U_{CE} = 12$V，$I_C = 40$mA
（C）$U_{CE} = 10$V，$I_C = 15$mA　　　　（D）$U_{CE} = 16$V，$I_C = 2$mA

二、解答题

1.14　某电路如图 1-60a 所示，已知正弦交流电压 $u_i = 9\sin\omega t$ V，3 个电阻 R 大小相同，且两个二极管 VD_1 和 VD_2 为理想二极管。试在图 1-60b 所示的坐标系中画出电压 u_o 的波形。

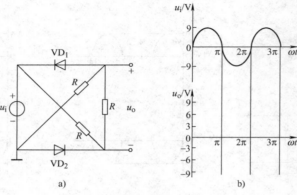

图 1-60　题 1.14 图

1.15　在如图 1-61 所示的各电路中，已知 $E = 5V$，$u_i = 10\sin\omega t$ V，二极管 VD 为理想二极管。试求：（1）分别画出 3 个电路中电压 u_o 的波形图；（2）比较图 1-61b 和图 1-61c 电压 u_o 的波形有何不同。

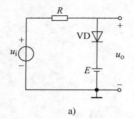
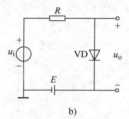
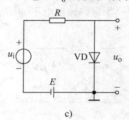

图 1-61　题 1.15 图

1.16　电路如图 1-62 所示，设 VD$_1$ 和 VD$_2$ 为理想二极管，试画出当 $u_i = 10\sin\omega t$ V 时的输出电压 u_o 的波形图。

1.17　某稳压二极管 VZ$_1$ 和 VZ$_2$ 的稳定电压分别为 3.5V 和 5.5V，它们的正向电压降为 0.7V，电阻 $R_1 = R_2 = 0.5k\Omega$，试求图 1-63 中各电路的输出电压 U_o 的值。

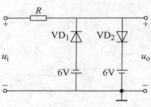

图 1-62　题 1.16 图

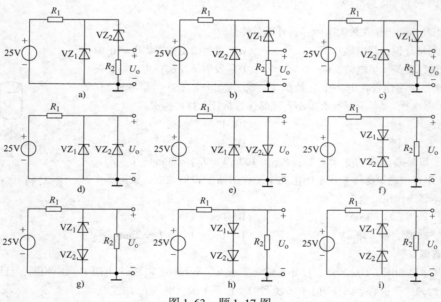

图 1-63　题 1.17 图

1.18 电路如图 1-64 所示，已知电阻 $R = 3.9\text{k}\Omega$，二极管 VD_1 和 VD_2 为理想二极管。试求下列 3 种情况下输出电压 U_o，以及流过电阻 R、VD_1 和 VD_2 的电流 I、I_1、I_2 的值。

（1）$U_{i1} = U_{i2} = 1.5\text{V}$；（2）$U_{i1} = 3\text{V}$，$U_{i2} = 1.5\text{V}$；（3）$U_{i1} = U_{i2} = 3\text{V}$。

1.19 电路如图 1-65 所示，已知电阻 $R_1 = 5\text{k}\Omega$，$R_2 = 3\text{k}\Omega$，二极管 VD 为理想二极管。试求下列两种情况下，流过二极管 VD 的电流 I：（1）$E_1 = E_2 = 10\text{V}$；（2）$E_1 = 20\text{V}$，$E_2 = 10\text{V}$。

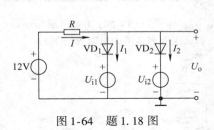

图 1-64 题 1.18 图

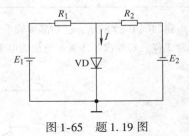

图 1-65 题 1.19 图

1.20 电路如图 1-66 所示，已知 $E = 5\text{V}$，$u_i = 10\sin\omega t\ \text{V}$。二极管的正向电压降可忽略不计。试分别画出图中 4 个电路中电压 u_o 的波形图。

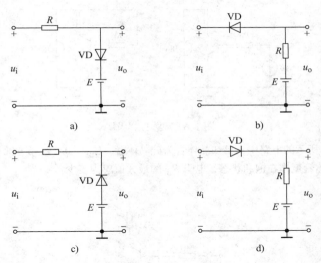

图 1-66 题 1.20 图

1.21 如图 1-67 所示，$u_i = 12\sin\omega t\ \text{V}$，双向稳压二极管的稳定电压 $U_Z = \pm 6\text{V}$，它们的正向电压降 $U_D \approx 0\text{V}$。试画出 u_o 的波形，并标出其幅值及波形各转折点的相位。

1.22 在图 1-68 中，$E = 20\text{V}$，$R_1 = 900\Omega$，$R_2 = 1100\Omega$。稳压二极管 VZ 的稳定电压 $U_Z = 10\text{V}$，最大稳定电流 $I_{ZM} = 8\text{mA}$，试求稳压二极管中通过的电流 I_Z。I_Z 是否超过 I_{ZM}? 如果超过，怎么办?

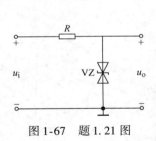

图 1-67 题 1.21 图

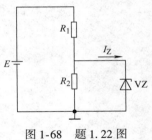

图 1-68 题 1.22 图

1.23 有两个晶体管分别接在电路中，今测得它们管脚的电位分别见表 1-12 和表 1-13，试判别晶体管的类型、材料和 3 个管脚。

<table>
<tr><td colspan="4">表 1-12   晶体管 1</td></tr>
<tr><td>管   脚</td><td>1</td><td>2</td><td>3</td></tr>
<tr><td>电位/V</td><td>4</td><td>3.4</td><td>9</td></tr>
</table>

<table>
<tr><td colspan="4">表 1-13   晶体管 2</td></tr>
<tr><td>管   脚</td><td>1</td><td>2</td><td>3</td></tr>
<tr><td>电位/V</td><td>-6</td><td>-2.3</td><td>-2</td></tr>
</table>

1.24 电路如图 1-69 所示，已知晶体管为硅晶体管，$U_{BE} = 0.7V$，$\beta = 50$，I_{CBO} 可忽略不计，下列各图中晶体管正常工作。若要求晶体管集电极的电流 $I_C = 2mA$，试求下列各图中电阻 R_B 的值。

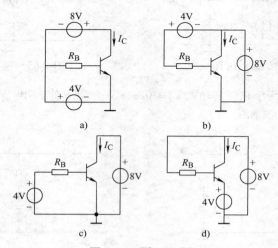

图 1-69　题 1.24 图

1.25 在如图 1-70 所示的电路中，已知晶体管为硅晶体管，$U_{BE} = 0.7V$，$\beta = 30$，其中电阻 $R_C = 3k\Omega$，$R_{B2} = 30k\Omega$，为了使晶体管工作在饱和状态，电阻 R_{B1} 的最大值应为多少？

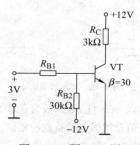

图 1-70　题 1.25 图

第 2 章 　基本放大电路

教学导航

　　实际应用中常需要把一些微弱信号放大到便于测量和利用的程度，放大电路就是利用放大元器件（如晶体管等）实现能量的控制和转换，即利用很小的电压、电流或能量，控制负载上较大的电压、电流或功率，其实质是将直流电源的能量转换为负载获取的能量。

教学目标

　　1）了解放大电路的基本概念和基本组成；理解并掌握共发射极放大电路静态分析。
　　2）掌握晶体管的微变等效模型，运用微变等效电路法求解放大电路的动态性能指标。
　　3）理解放大电路动态性能指标（放大倍数、输入电阻和输出电阻）的意义；并能分析放大电路波形失真的原因。
　　4）了解放大电路的三种组态；理解多级放大器的耦合方式及参数计算。
　　5）了解功率放大器及场效应晶体管放大电路。

2.1　放大电路的基本概念及性能指标

2.1.1　放大电路的基本概念

　　所谓放大，从表面上看是将信号由小变大，实质上是实现能量转换的过程。电子技术中放大的目的是将微弱的变化信号放大成较大的信号。这里所讲的主要是电压放大电路，电压放大电路可以用有输入口和输出口的四端网络表示，如图 2-1 所示。

　　图 2-2 所示为扬声器电路，这是一个典型的放大电路。扬声器的输入信号是从话筒、录放机等信号源送来的音频信号。扬声器的放大电路至少需要满足两个条件：一是输出端扬声器中发出的音频功率一定要比输入端的音频功率大得多，扬声器所需能量由外接直流电压源 E 提供，话筒送来的音频信号只是起着控制直流电源能量输出的作用；二是

图 2-1　电压放大电路

扬声器中音频信号的变化规律（电压、电流与时间的关系）必须与话筒中音频信号的变化规律一致，也就是不能失真，或者使失真的程度限制在允许的范围之内。由此可见，放大电路就是以不失真为前提实现能量的控制和转换，信号放大只有在不失真的情况下放大才有意义。

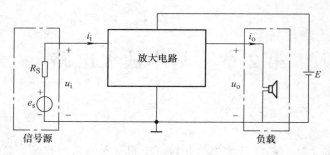

图 2-2　扬声器电路示意图

2.1.2　放大电路的组成结构

一般而言，简单的信号放大系统包括信号源、放大电路、负载以及直流电源四个部分，如图 2-3 所示。

信号源通常是由非电量经传感器转换而来的微弱电压信号（或电流信号）。本章为了便于讨论，通常用一个理想的交流电压信号 e_s 串联一个内阻 R_S 来等效实际的信号源。

放大电路包括了晶体管 VT、基极偏置电阻 R_B、集电极偏置电阻 R_C、电容 C_1 和 C_2 等元器件，它是放大系统的核心部分，是实现信号放大和能量转换的关键，直接关系到放大电路的性能。

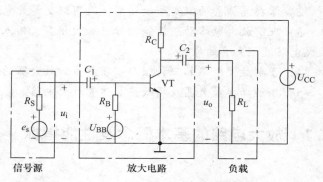

图 2-3　信号放大系统的基本组成

负载可以是电阻或其他执行元件，如扬声器、继电器、驱动电动机或指示仪等。这里，一般用等效电阻 R_L 来代替各种实际的负载。

直流电源 U_{BB} 和 U_{CC} 的作用是为晶体管正常的工作提供外部条件：U_{BB} 保证晶体管 VT 的发射结正向偏置，U_{CC} 则保证晶体管集电结反向偏置，晶体管处在放大状态，同时也是放大电路的能量来源，提供电流 i_B 和 i_C。U_{CC} 一般为几伏到十几伏。

由图 2-3 可知，放大电路中存在两类性质截然不同的电压源：交流信号源 e_s 和直流电压源（U_{BB} 和 U_{CC}）。在它们的共同作用下，放大电路中既有直流信号（电压或电流），又有交流信号（电压或电流）。比如电阻 R_B、R_C 上的信号既有直流分量，又有交流分量，而电阻 R_S、R_L 上的信号只有交流分量。因此，在分析放大电路时，必须分别讨论这两类信号，不能混淆。放大电路中的电压和电流存在直流分量和交流分量，为了区分，常采用下述符号规定：

1）直流分量：用大写变量、大写下标表示，如 I_B 表示基极电流的直流分量。

2）交流分量：用小写变量、小写下标表示交流分量的瞬时值，如 i_b 表示基极电流的交流瞬时值；用大写变量、小写下标表示交流分量的有效值，如 I_b 表示基极电流 i_b 的有效值；有效值上加一点，表示正弦交流分量的相量。

注意：交流分量的相量表示有一个前提：交流分量本身必须是正弦交流分量。这里还要强调的是，相量表示，只是为了简化电路分析计算而引入的一种正弦交流分量表示形式，并不等于正弦交流分量。如$\dot{I}_b$表示基极正弦交流电i_b的相量，但是$\dot{I}_b \neq i_b$，因为虽然i_b和$\dot{I}_b$都能表示正弦交流分量，但i_b具有频率要素，而$\dot{I}_b$不反映频率信息。

3）合成量：用小写变量、大写下标表示交流分量与直流分量叠加后的瞬时值，如i_B表示基极总电流，即$i_B = I_B + i_b$。表2-1列出了本章常用电压和电流的符号表示。

表2-1　放大电路中电压和电流的符号规定

名　　称	直 流 分 量	交 流 分 量			合成量
		瞬时值	有效值	相量表示	
基极电流	I_B	i_b	I_b	$\dot{I}_b$	i_B
集电极电流	I_C	i_c	I_c	$\dot{I}_c$	i_C
发射极电流	I_E	i_e	I_e	$\dot{I}_e$	i_E
集–射极电压	U_{CE}	u_{ce}	U_{ce}	$\dot{U}_{ce}$	u_{CE}
基–射极电压	U_{BE}	u_{be}	U_{be}	$\dot{U}_{be}$	u_{BE}

2.1.3　放大电路的性能指标

放大电路的质量需要用一些性能指标来评价。下面介绍几个反映放大电路性能的基本性能指标。具体采用的性能指标测量原理图如图2-4所示。

1. 电压放大倍数 A_u

A_u是衡量放大电路放大能力的指标。当输入信号源为一个正弦交流电压时，其可用输出电压与输入电压的相量比来表示，即

$$A_u = \frac{\dot{U}_o}{\dot{U}_i} \qquad (2\text{-}1)$$

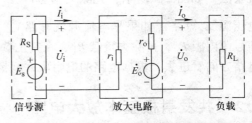

图2-4　放大电路性能指标测量原理图

另外，输出电压与信号源电压E_s的相量比称为源电压放大倍数，用A_{us}来表示，即

$$A_{us} = \frac{\dot{U}_o}{\dot{E}_s} \qquad (2\text{-}2)$$

2. 输入电阻 r_i

对信号源而言，放大电路相当于其负载。因此，放大电路输入端口的等效电阻r_i，称为放大电路的输入电阻，如图2-4所示。放大电路输入电阻的大小等于其端口的输入电压$\dot{U}_i$和输入电流$\dot{I}_i$的相量之比，即

$$r_i = \frac{\dot{U}_i}{\dot{I}_i} \tag{2-3}$$

另外，输入电压 $\dot{U}_i$ 与信号源电压 $\dot{E}_s$ 的关系为

$$\dot{U}_i = \frac{r_i}{r_i + R_S}\dot{E}_s \tag{2-4}$$

由式（2-4）可知，在信号源的电压 $\dot{E}_s$ 和其内阻 R_S 一定时，放大电路的 r_i 越大，则输入电压 $\dot{U}_i$ 越接近信号源电压 $\dot{E}_s$。因此，放大电路输入电阻 r_i 的大小关系到对信号源电压 $\dot{E}_s$ 是否有效利用。为减小信号源在其内阻 R_S 上的损失，一般要求放大电路的输入电阻 r_i 越大越好。

3. 输出电阻 r_o

输出电阻是描述放大电路带负载能力的一个性能指标。当信号电压加到放大电路输入端时，改变输出端负载大小，输出电压也随着改变。对负载而言，信号源和放大电路，由戴维南定理可等效为一个有内阻的电压源，如图 2-4 所示。因此，从放大电路的输出端口看进去的等效电阻，就是等效电压源的内阻 r_o，称为放大电路的输出电阻。输出电阻 r_o 越小，放大电路受负载影响的程度越小，即放大电路带负载能力越强。

放大电路输出电阻 r_o 的计算通常采用除源观察法。如图 2-5 所示，先除去信号源 $\dot{E}_s$，将电压源 $\dot{E}_s$ 短路（如果是电流源就开路），保留信号源内阻 R_S，再除去负载 R_L，在其位置上向电路方向看进去，根据电路的电阻串并联情况，求得放大电路的输出电阻 r_o。

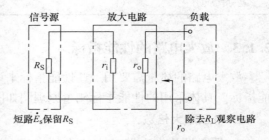

图 2-5　除源观察法求输出电阻 r_o

2.2　共发射极基本放大电路

2.2.1　共发射极放大电路的组成及工作原理

晶体管有三个电极，晶体管对小信号实现放大作用时在电路中可有三种不同的连接方式：共发射极接法（又称共射极接法）如图 2-6a 所示，共集电极接法如图 2-6b 所示，共基极接法如图 2-6c 所示。这三种接法分别以发射极、集电极、基极作为输入回路和输出回路的公共端，而构成不同的放大电路（以 NPN

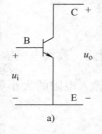 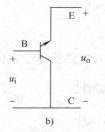 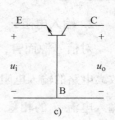

图 2-6　放大电路的三种组态

型晶体管为例），其中共发射极放大电路应用最广。

共发射极放大电路如图 2-7 所示，信号源接到放大电路输入端，输入电压为 u_i，u_i 经放大后在负载 R_L 两端得到输出电压 u_o。其中：

晶体管 VT：被称为放大元件，用基极电流 i_B 控制集电极电流 i_C。

基极偏置电阻 R_B：用来调节基极偏置电流 I_B，使晶体管有一个合适的工作点，一般为几十 kΩ 到几百 kΩ。

集电极偏置电阻 R_C：将集电极电流 i_C 的变化转换为电压的变化，以获得电压放大，一般为几 kΩ。

电容 C_1、C_2：用来传递交流信号，起到耦合的作用；同时，又使放大电路和信号源及负载间直流相隔离，起隔直作用。为了减小传递信号的电压损失，C_1、C_2 应选得足够大，一般为几 μF 至几十 μF，通常采用电解电容器。

在放大电路中，通常把公共端接"地"，设其电位为零，作为电路中其他各点电位的参考点。为简化电路画法，习惯不画电压源 U_{CC} 的符号，而只在放大电路连接其正极的一端标出它对地的电压值 U_{CC} 和极性，习惯画法如图 2-8 所示。

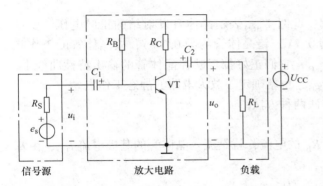

图 2-7　实际共发射极放大电路

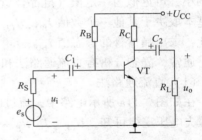

图 2-8　简化 U_{CC} 画法的共发射极放大电路

2.2.2　放大电路的静态分析

由于放大电路中既有直流信号（电压或电流），又有交流信号（电压或电流）。故在分析放大电路时，必须分别讨论这两类信号，不能混淆。通常分两步分析：第一步，静态分析（或称直流分析），即只考虑直流电压源（U_{CC} 和 U_{BB}）作用时，分析放大电路的直流工作状态，以确定晶体管是否工作在其输出特性曲线的放大区；第二步，动态分析（或称交流分析），即只考虑交流信号源 e_s 作用时，分析放大电路的交流工作状态，以确定放大电路是否满足性能要求。在理论上，静态分析是动态分析的基础和先决条件；在实际调试电路时，也往往首先要确保电路的静态工作正常。

当放大电路只有直流电压源 U_{CC} 而无信号源作用时，即 $e_s = 0V$（或输入电压 $u_i = 0V$），放大电路中各处的电压、电流都是直流分量，称这种状态为放大电路的直流工作状态或静止状态，简称静态。

当放大电路处于静态时，在如图 2-9a 所示的电路中，电容 C_1 和 C_2 对于直流相当于开路，由此可以画出如图 2-9b 所示放大电路的直流通路。静态时，晶体管中的电压、电流用直流分量的符号可表示为 I_B、I_C、U_{BE} 和 U_{CE}，如图 2-9b 所示。

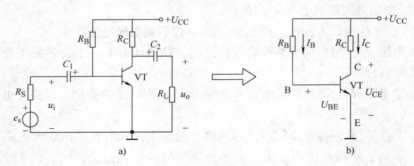

图 2-9　放大电路的直流通路

在具体的电路中，静态工作点用 Q 表示，则对应的直流分量的数值分别为为 I_{BQ}、I_{CQ}、U_{BEQ} 和 U_{CEQ}，它们共同决定了晶体管的工作状态。其中，数值 I_{BQ}、U_{BEQ} 代表晶体管输入特性曲线上某个点的坐标值，如图 2-10a 所示，数值 I_{BQ}、I_{CQ}、U_{CEQ} 代表晶体管输出特性曲线上某个点的坐标值，如图 2-10b 所示。

当电路处于放大状态时，发射结正偏，此时 U_{BEQ} 表示晶体管发射结的正向电压，变动范围小，可近似为一定值（硅晶体管约为 0.7V，锗晶体管约为 0.3V），故晶体管的工作状态基本取决于其他三个数值 I_{BQ}、I_{CQ}、U_{CEQ}，它们正好都反映在晶体管的输出特性曲线上。因此，求出晶体管的静态值 I_{BQ}、I_{CQ}、U_{CEQ}，也就确定了放大电路的静态工作点。

通常，静态分析有直流通路法和图解法两种方法。

（1）直流通路法

在如图 2-11a 所示电路中，流过电阻 R_B 的电流，就是流入晶体管的基极电流 I_{BQ}，由基尔霍夫电压定律可知，$U_{CC} = I_{BQ}R_B + U_{BEQ}$，故

$$I_{BQ} = \frac{U_{CC} - U_{BEQ}}{R_B} \approx \frac{U_{CC}}{R_B} \tag{2-5}$$

式（2-5）中的 U_{BEQ} 相对于 U_{CC} 而言，可忽略不计。静态时的基极电流 I_{BQ} 称为偏置电流，简称偏流，电阻 R_B 称为偏置电阻，当 U_{CC} 和 R_B 选定后，I_{BQ} 即固定不变，故图 2-9a 所示的放大电路又称为固定偏置放大电路。

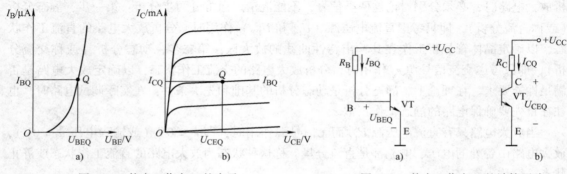

图 2-10　静态工作点 Q 的表示　　　图 2-11　静态工作点 Q 的计算回路

当晶体管处于放大状态时，集电极电流 I_{CQ} 由电流放大原理可得

$$I_{CQ} = \bar{\beta} I_{BQ} \approx \beta I_{BQ} \tag{2-6}$$

在如图 2-11b 所示电路中，流过电阻 R_C 的电流，就是集电极电流 I_{CQ}，由基尔霍夫电压定律可知，$U_{CC} = I_{CQ} R_C + U_{CEQ}$，故

$$U_{CEQ} = U_{CC} - I_{CQ} R_C \tag{2-7}$$

例 2-1　在如图 2-12a 所示的放大电路中，设 $U_{CC} = 12V$，$R_C = 3k\Omega$，$R_B = 300k\Omega$，硅晶体管 VT 的 $\bar{\beta} = 50$，试用直流通路法求放大电路的静态工作点 Q（I_{BQ}、I_{CQ}、U_{CEQ}）。

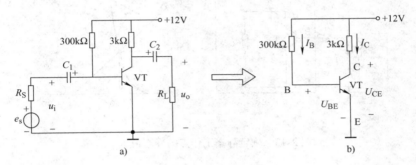

图 2-12　例 2-1 图

解： 首先画出放大电路的直流通路，如图 2-12b 所示。

假设静态时硅晶体管的 U_{BE} 可忽略不计，即取 $U_{BEQ} \approx 0V$，得

$$I_{BQ} = \frac{U_{CC} - U_{BEQ}}{R_B} \approx \frac{U_{CC}}{R_B} = \frac{12V}{300k\Omega} = 0.04mA = 40\mu A$$

$$I_{CQ} = \bar{\beta} I_{BQ} = 50 \times 0.04mA = 2mA$$

$$U_{CEQ} = U_{CC} - I_{CQ} R_C = 12V - 2mA \times 3k\Omega = 6V$$

如果考虑静态时硅晶体管的 U_{BE}，则可取 $U_{BEQ} \approx 0.7V$，此时 Q 的静态值为

$$I_{BQ} = \frac{U_{CC} - U_{BE}}{R_B} \approx \frac{(12 - 0.7)V}{300k\Omega} \approx 0.0377mA = 37.7\mu A$$

$$I_{CQ} = \bar{\beta} I_{BQ} = 50 \times 0.0377mA = 1.885mA$$

$$U_{CEQ} = U_{CC} - I_{CQ} R_C \approx 12V - 1.885mA \times 3k\Omega = 6.345V$$

由此可知，晶体管 U_{BE} 的取值，对静态工作点的静态值有一定的影响。在例 2-1 中，相对 $U_{BEQ} \approx 0V$ 的情况，取 $U_{BEQ} \approx 0.7V$ 时求得的三个静态值其相对偏差都约为 5.75%，较小，在工程上通常是允许的。当然这个相对偏差，不仅与 U_{BE} 的取值有关，而且与电源 U_{CC} 的大小也有关，这里就不再讨论了。

（2）图解法

图解法，就是利用放大电路的结构约束方程（负载线）和晶体管输入输出特性曲线，求出晶体管的三个静态值。

图 2-13a 所示电路为包含直流电压源 U_{CC} 的直流通路电路图。晶体管输入端口（B 和 E 之间）的电压 U_{BE} 和电流 I_B 必满足方程

$$U_{BE} = U_{CC} - I_B R_B \tag{2-8}$$

由此可得，当 $U_{BE}=0V$ 时，$I_B=\dfrac{U_{CC}}{R_B}$；当 $I_B=0A$ 时，$U_{BE}=U_{CC}$。在晶体管输入特性曲线的坐标系中，可以得到一条 U_{BE} 和 I_B 关系的直线，即输入回路的直流负载线，其横轴上的截距为（U_{CC}，0），纵轴上的截距为 $\left(0,\dfrac{U_{CC}}{R_B}\right)$，斜率 $k=-\dfrac{1}{R_B}$，如图 2-13b 所示。它与输入特性曲线相交于 Q 点，即静态工作点。

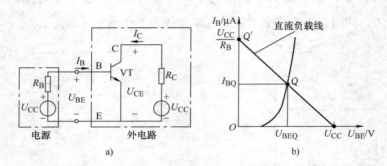

图 2-13　确定静态工作点的静态值 I_{BQ}

在如图 2-14a 所示的电路输出回路中，晶体管输出端（C 和 E 之间）的电压 U_{CE} 和流过 C 和 E 之间的电流 I_C 满足方程

$$U_{CE}=U_{CC}-I_C R_C \tag{2-9}$$

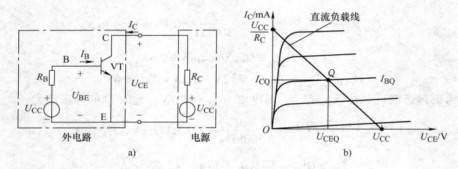

图 2-14　确定静态工作点的静态值 I_{CQ} 和 U_{CEQ}

由此可知，当 $U_{CE}=0V$ 时，$I_C=\dfrac{U_{CC}}{R_C}$；当 $I_C=0A$ 时，$U_{CE}=U_{CC}$。在晶体管输出特性曲线的坐标系中，可以得到一条 U_{CE} 和 I_C 关系的直线，即输出回路的直流负载线，其横轴上的截距为（U_{CC}，0），纵轴上的截距为 $\left(0,\dfrac{U_{CC}}{R_C}\right)$，斜率 $k=-\dfrac{1}{R_C}$，如图 2-14b 所示，它与由 I_{BQ} 确定的输出特性曲线相交于 Q，由图可确定静态工作点的 I_{CQ} 和 U_{CEQ} 数值大小。

例 2-2　在例 2-1 的放大电路中，已知条件不变，请在输出特性曲线中画出直流负载线，并求出放大电路的静态工作点。

解：由例 2-1 计算可知

$$I_{BQ}=40\mu A$$

由已知条件可知

$$U_{CE} = U_{CC} - I_C R_C$$

当 $U_{CE} = 0V$ 时，$I_C = \dfrac{12V}{3k\Omega} = 4mA$。

当 $I_C = 0A$ 时，$U_{CE} = U_{CC} = 12V$。

所以，可达到输出的直流负载线如图 2-15 所示，这条直线与 $I_{BQ} = 40\mu A$ 的交点就是静态工作点 Q，通过 Q 点可以得到 $I_{CQ} = 2mA$，$U_{CEQ} = 6V$。

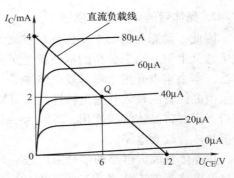

图 2-15　例 2-2 输出直流负载线和静态工作点

2.2.3　放大电路的动态分析

1. 放大电路的交流通路

当放大电路在直流电压源 U_{CC} 和信号源 e_s 的共同作用下，即 $e_s \neq 0V$（或输入电压 $u_i \neq 0V$），晶体管各电极的电流和电压都在静态值的基础上叠加有交流分量，即

$$\begin{cases} i_B = I_{BQ} + i_b \\ u_{BE} = U_{BEQ} + u_{be} \\ i_C = I_{CQ} + i_c \\ u_{CE} = U_{CEQ} + u_{ce} \end{cases} \quad (2\text{-}10)$$

我们称这种状态为放大电路的动态，如图 2-16 所示。对放大电路的动态进行分析，就称为放大电路的动态分析。式(2-10) 中的静态值 I_{BQ}、U_{BEQ}、I_{CQ} 和 U_{CEQ} 由前述静态分析方法已经确定，而交流分量 i_b、u_{be}、i_c 和 u_{ce} 是在交流信号源 e_s 的单独作用下产生的，只存在于放大电路的交流通路中，对这些交流分量的分析，称为放大电路的交流分析。

为简化问题，便于交流分析，对如图 2-16 所示的动态放大电路做如下处理：

1) 由于 C_1 和 C_2 容量通常很大，对中高频交流信号而言，其呈现的容抗就很小，可视为交流短路。

2) 由于直流电压源 U_{CC} 视作理想电压源，对交流信号而言，其内阻很小，可近似为零，故其上不产生交流电压，也可视为交流短路。

经过上述处理后的放大电路，称为它的交流通路。图 2-17 就是图 2-7 的交流通路。

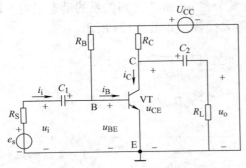

图 2-16　U_{CC} 和 e_s 共同作用时处于动态的电路

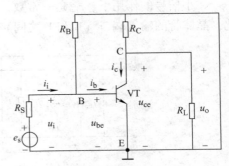

图 2-17　e_s 单独作用时的交流通路

2. 晶体管的微变等效模型

因此，动态分析的主要任务是对放大电路进行交流分析，计算相关的动态性能指标。从这个意义上讲，动态分析的本质就是交流分析。常用的交流分析方法有微变等效电路法和图解法，本书重点介绍微变等效电路法。

由晶体管的输入和输出特性曲线可知，晶体管是非线性器件。为了便于放大电路的交流分析，需要将晶体管线性化，等效为一个线性器件。这样，就可用分析线性电路的方法，来分析晶体管放大电路。

在晶体管放大电路的信号源电压 e_s（或输入信号 u_i）是小信号的条件下，分析工作状态时可以将静态工作点附近小范围的输入特性曲线用直线段近似代替。当输入信号 u_i 的微小变化，使晶体管的输入端在 U_{BEQ} 的基础上叠加了一个微小电压变化量 ΔU_{BE}，与之对应的 I_{BQ}、U_{BEQ}、I_{CQ} 也都相应地叠加了微小变化量 ΔI_B、ΔU_{BE} 和 ΔI_C。此时的电路在静态工作点 Q 的附近发生小范围变动情况如图 2-18 所示。

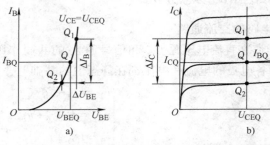

图 2-18　晶体管特性曲线的线性化

图 2-18a 所示的晶体管输入特性曲线是非线性的，但当 ΔU_{BE} 是微小电压变化量时，在 Q 点附近小范围内，即 Q_1 和 Q_2 之间的输入特性曲线近似为一条直线。在 $U_{CE} = U_{CEQ}$ 时，电压变化量 ΔU_{BE} 与电流变化量 ΔI_B 成正比，即

$$r_{be} = \frac{\Delta U_{BE}}{\Delta I_B}\bigg|_{U_{CE} = U_{CEQ}} \tag{2-11}$$

r_{be} 称为晶体管输入电阻，它表示晶体管的输入特性。如果变化量 ΔU_{BE} 与 ΔI_B 是小信号微变量，可用电压和电流的交流分量来代替，即 $\Delta U_{BE} = u_{be}$，$\Delta I_B = i_b$，故可得

$$r_{be} = \frac{u_{be}}{i_b}\bigg|_{U_{CE} = U_{CEQ}} \tag{2-12}$$

在小信号的作用下，r_{be} 是一常数，它是确定交流分量 u_{be} 和 i_b 之间关系的动态电阻。因此，晶体管的输入端口（B 和 E 之间）可用 r_{be} 来等效代替，如图 2-19a 所示。

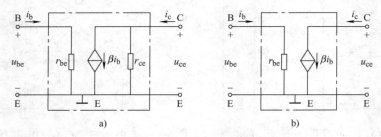

图 2-19　晶体管的微变等效电路

低频小功率晶体管的输入电阻常用的估算式为

$$r_{be} \approx 200\Omega + (1+\beta)\frac{26mV}{I_{EQ}(mA)} \qquad (2\text{-}13)$$

式中，I_{EQ} 为发射极电流的静态值，它与 I_{BQ} 和 I_{CQ} 存在一定的数量关系，因此 I_{EQ} 也可变换成 I_{BQ} 或者 I_{CQ} 进行计算。

在图 2-18b 所示晶体管的输出特性曲线组中，在放大区内输出特性曲线可近似看作一簇等距离的平行直线。当 $U_{CE} = U_{CEQ}$ 时，在 ΔU_{BE} 的作用，相应产生的电流变化量 ΔI_B 和 ΔI_C，变化量 ΔI_B 和 ΔI_C 之比即为晶体管的电流放大系数 β，β 也可以等效为交流分量 i_b 和 i_c 之比。在小信号的作用下，β 是一常数，它表明 i_c 受 i_b 的控制，即可等效成一个 $i_c = \beta i_b$ 的恒流源，它是一个受 i_b 控制的受控电流源，如图 2-19a 所示。

同理，在晶体管的输出端出现微小电压变化量 $\Delta U'_{CE}$ 时，可以忽略其对输入特性曲线的影响，而对 U_{CEQ} 和 I_{CQ} 会产生相应的微小变化量 $\Delta U'_{CE}$ 和 $\Delta I'_C$，如图 2-20 所示。在 $\Delta U'_{CE}$ 的作用下，输出特性曲线上的工作点在 Q'_1 和 Q'_2 之间移动。

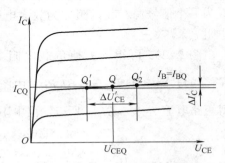

图 2-20　在输出特性曲线上确定晶体管输出电阻 r_{ce}

由于 $\Delta U'_{CE}$ 为微小电压变化量，晶体管可近似为线性器件，但是晶体管的输出特性曲线不完全平行于横轴，对应于电压变化量 $\Delta U'_{CE}$ 的电流变化量 $\Delta I'_C$ 并不为零，因此，$\Delta U'_{CE}$ 与 $\Delta I'_C$ 之比称为晶体管的输出电阻 r_{ce}，r_{ce} 也可以等效为交流分量 u'_{ce} 和 i'_c 之比，即

$$r_{ce} = \frac{\Delta U'_{CE}}{\Delta I'_C}\bigg|_{I_B = I_{BQ}} = \frac{u'_{ce}}{i'_c}\bigg|_{I_B = I_{BQ}} \qquad (2\text{-}14)$$

在小信号的作用下，r_{ce} 也是一个常数，相当于是与受控电流源 βi_b 并联的动态电阻，如图 2-19a 所示。由于 r_{ce} 的阻值很高，为几十 $k\Omega$ 到几百 $k\Omega$，在实际分析过程中可以忽略不计，这样所造成的误差一般是在工程估算的允许范围内。若无特别说明，本章及后面章节都采取忽略 r_{ce} 的微变等效电路，如图 2-19b 所示。

3. 用微变等效电路法分析动态工作情况

有了晶体管的微变等效模型，就可以把放大电路的交流通路转换为一个线性电路，再利用线性电路的分析方法计算放大电路的性能指标，这种分析放大电路的方法称为微变等效电路法。将图 2-17 所示的交流通路整理为如图 2-21 所示的交流通路。晶体管放大电路的动态性能指标主要有输入电阻 r_i、输出电阻 r_o 和电压放大倍数 A_u。

用图 2-19b 所示晶体管的微变等效电路模型替换交流通路中的晶体管 VT，就可以得到如图 2-22 所示的晶体管放大电路的微变等效电路。

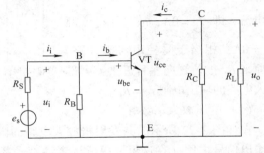

图 2-21　整理后的共发射极放大电路的交流通路

（1）输入电阻 r_i

如图 2-22 所示，对信号源而言，放大电路是一个负载，从输入信号 $\dot{U}_i$ 两端看进去，可用一个等效电阻代替，即放大电路输入电阻 r_i，由定义并根据微变等效电路有

$$r_i = \frac{\dot{U}_i}{\dot{I}_i} = \frac{\dot{U}_i}{\dfrac{\dot{U}_i}{R_B} + \dfrac{\dot{U}_i}{r_{be}}} = \frac{1}{\dfrac{1}{R_B} + \dfrac{1}{r_{be}}} = R_B /\!/ r_{be} \tag{2-15}$$

因为 $R_B \gg r_{be}$，所以，$r_i \approx r_{be}$。

（2）输出电阻 r_o

如图 2-22 所示，对负载而言，放大电路可等效为一个信号源，其内阻即为放大电路的输出电阻 r_o。

由图 2-23a 可得，去掉负载电阻 R_L 后，R_C 两端的开路电压 $\dot{U}_{oc} = -\beta\dot{I}_b R_C$，由图 2-23b 可得短路电流 $\dot{I}_{sc} = -\beta\dot{I}_b$，所以输出电阻 r_o 为

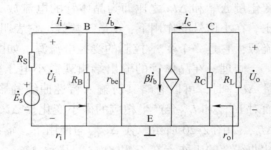

图 2-22　共发射极放大电路的微变等效电路

$$r_o = \frac{\dot{U}_{oc}}{\dot{I}_{sc}} = \frac{-\beta\dot{I}_b R_C}{-\beta\dot{I}_b} = R_C \tag{2-16}$$

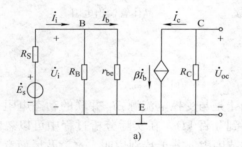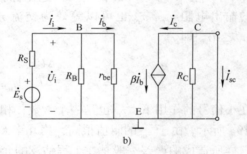

a)　　　　　　　　　　　　　　b)

图 2-23　输出电阻 r_o 的计算电路

此外，也可用除源观察法求输出电阻。如图 2-24 所示，去掉电压信号 $\dot{E}_s$ 或将其短路，动态电阻 r_{be} 上无电流，即 $\dot{I}_b = 0A$，故受控电流源 $\beta\dot{I}_b = 0A$，相当于受控电流源开路。从原来 R_L 的位置向左看进去，可得放大电路的输出电阻 $r_o = R_C$。

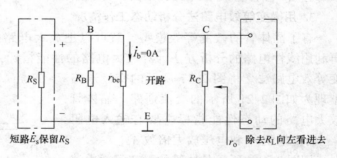

图 2-24　除源观察法求输出电阻 r_o

（3）电压放大倍数 A_u

在如图 2-22 所示的共发射极放大电路的微变等效电路中，电压放大倍数 A_u 为输入信号与输出信号之比（在这里要提醒读者注意，晶体管放大电路的带载情况对电路的放大倍数

是有影响的），首先来分析晶体管放大电路空载（即电路无 R_L 的情况）。设信号源电压 e_s 的输入信号为正弦电压信号，则微变等效电路的输入回路 $\dot{U}_i$ 为

$$\dot{U}_i = \dot{I}_b r_{be} \tag{2-17}$$

由输出回路可知，$\dot{U}_o$ 为

$$\dot{U}_o = -\dot{I}_c R_C = -\beta \dot{I}_b R_C \tag{2-18}$$

则

$$A_u = \frac{\dot{U}_o}{\dot{U}_i} = \frac{-\beta \dot{I}_b R_C}{\dot{I}_b r_{be}} = -\beta \frac{R_C}{r_{be}} \tag{2-19}$$

当电路接入负载电阻时，输入信号不受影响，而交流负载电阻 R_L' 为 R_C 与 R_L 并联，即

$$R_L' = R_C // R_L \tag{2-20}$$

此时，输出回路有 $\dot{U}_o$ 为

$$\dot{U}_o = -\dot{I}_c (R_C // R_L) = -\beta \dot{I}_b R_L' \tag{2-21}$$

则

$$A_u = \frac{\dot{U}_o}{\dot{U}_i} = -\beta \frac{R_L'}{r_{be}} \tag{2-22}$$

由式(2-22)可知，A_u 不仅与 β、R_C、R_L 和 r_{be} 有关，而且式中的负号表示输出电压与输入电压反向。

例 2-3 在如图 2-25a 所示的放大电路中，设 $U_{CC} = 12V$，$R_C = 3k\Omega$，$R_B = 600k\Omega$，硅晶体管 VT 的 $\beta = 100$，$R_L = 3k\Omega$，忽略发射结正向电压，信号源 $e_s = 40\sin314t$ mV，其内阻 $R_S = 510\Omega$。试求：（1）试用直流通路法求放大电路的静态工作点 Q（I_{BQ}、I_{CQ}、U_{CEQ}）；（2）晶体管的输入电阻 r_{be}；（3）放大电路的输入电阻 r_i、输出电阻 r_o 和电压放大倍数 A_u；（4）输入电压 u_i 和输出电压 u_o。

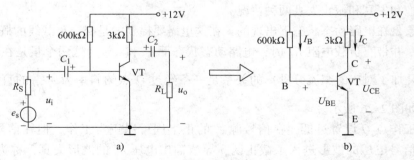

图 2-25 例 2-3 图

解：（1）首先画出放大电路的直流通路，如图 2-25b 所示。

忽略发射结正向电压 U_{BE}，即取 $U_{BEQ} \approx 0V$，得

$$I_{BQ} = \frac{U_{CC} - U_{BEQ}}{R_B} \approx \frac{U_{CC}}{R_B} = \frac{12}{600 \times 10^3}A = 0.02mA = 20\mu A$$

$$I_{CQ} = \beta I_{BQ} = 100 \times 0.02\text{mA} = 2\text{mA}$$

$$U_{CEQ} = U_{CC} - I_{CQ}R_C = 12\text{V} - 2\text{mA} \times 3\text{k}\Omega = 6\text{V}$$

（2）取 $I_{EQ} \approx I_{CQ} = 2\text{mA}$，则晶体管的输入电阻为

$$r_{be} = 200\Omega + (1 + \beta)\frac{26\text{mV}}{I_{EQ}(\text{mA})} = 200\Omega + 101 \times \frac{26\text{mV}}{2\text{mA}}\Omega \approx 1513\Omega$$

（3）放大电路的输入电阻为

$$r_i = \frac{\dot{U}_i}{\dot{I}_i} = R_B /\!/ r_{be} \approx r_{be} = 1.513\text{k}\Omega$$

放大电路的输出电阻为

$$r_o = \frac{\dot{U}_{oc}}{\dot{I}_{sc}} = R_C = 3\text{k}\Omega$$

放大电路的电压放大倍数为

$$A_u = \frac{\dot{U}_o}{\dot{U}_i} = -\beta \frac{R_C /\!/ R_L}{r_{be}} \approx -100 \times \frac{1.5\text{k}\Omega}{1.513\text{k}\Omega} \approx -99.14$$

（4）输入电压为

$$u_i = \frac{r_i}{r_i + R_S}e_s = \frac{1.513\text{k}\Omega}{(1.513 + 0.51)\text{k}\Omega}e_s \approx 29.9\sin 314t \ \text{mV}$$

输出电压为

$$u_o = A_u u_i \approx -99.14 \times 29.9\sin 314t \ \text{mV} \approx -2.964\sin 314t \ \text{V}$$

2.2.4　放大电路的非线性失真

正常工作的放大电路要求输出信号不能失真。所谓失真，是指输出信号偏离输入信号的波形。当放大电路的静态工作点 Q 设置不合适或者当信号源电压 e_s 过大时，输出信号就会超出晶体管的线性放大区，进入饱和区或者截止区，产生非线性失真。由此可见，放大电路的失真包括饱和失真和截止失真两种情况。

失真现象是在电路动态状态下出现的，在这里需要提到的是交流负载线的概念：当电路由信号输入，并带有负载电阻 R_L 时，电路动态状态下 i_C 和 u_{CE}（这两个量是在静态直流分量的基础上叠加了对应的交流分量）的关系是一条经过 Q 点的斜率为 $-\frac{1}{R'_L}$ 的直线，称为交流负载线，如图 2-26 所示。

若静态工作点 Q 设置过低，在信号源 e_s 的正半周可以正常工作，但在信号源 e_s 的负半周，输入信号电压的波形进入了截止区，导致输出电压 u_o 的波形失真，称为截止失真，如图 2-26 所示。将所得 u_{CE} 波形所在坐标系逆时针旋转90°，然后去掉其中的直流分量 U_{CEQ}，就得到如图 2-26 所示的输出电压 $u_{ce}(u_o)$ 的波形，从图中可以看到此时输出电压 u_o 的正负半周波形已经不再对称了，正半周的顶部被压缩了一部分，即出现了所谓的"缩顶"现象。

若静态工作点 Q 设置过高，就会出现与截止失真完全相反的现象。在信号源 e_s 的正半

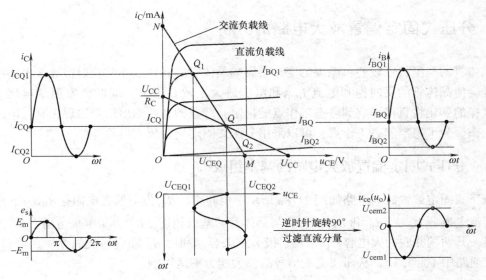

图 2-26 截止失真

周，有些工作点已进入饱和区，引起输出电压 u_o 的波形失真，称为饱和失真，如图 2-27 所示。

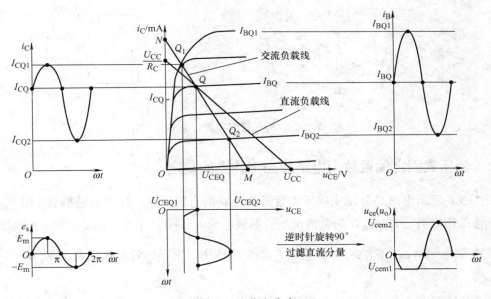

图 2-27 饱和失真

同理，将 u_{CE} 波形所在坐标系逆时针旋转 90°，然后去掉其中的直流分量 U_{CEQ}，就得到如图 2-27 所示的输出电压 $u_{ce}(u_o)$ 的波形，从图中可以看到，此时输出电压 u_o 的正负半周波形已经不再对称了，负半周波形的底部好像被削平了，即出现了所谓的"削底"现象。

此外，当信号源 e_s 的电压过大时也会导致截止失真和饱和失真的情况，请读者自行分析。

49

2.3 分压式固定偏置放大电路的分析

晶体管的温度特性较差，温度的变化会影响晶体管的参数。在共发射极放大电路中，温度上升会使晶体管的反向饱和电流 I_{CBO} 和电流放大系数 β 增大，同时使发射结电压 U_{BE} 减小，这样的变化将直接影响到静态工作点的稳定，严重的会使输出信号出现失真，电路无法正常工作。为了稳定静态工作点，可以采用分压式固定偏置放大电路。

2.3.1 分压式固定偏置放大电路的基本组成

分压式固定偏置放大电路如图 2-28a 所示。电路中，R_{B1} 为上偏置电阻，R_{B2} 为下偏置电阻，直流电压源 U_{CC} 经 R_{B1} 和 R_{B2} 分压后与晶体管的基极相连，R_C 为集电极电阻，R_E 为发射极电阻，其两端并联的大电容 C_E 是发射极旁路电容。利用 C_E 隔直通交的性质，可以让 R_E 在交流通路中不起作用，从而使交流信号的放大能力不受影响。

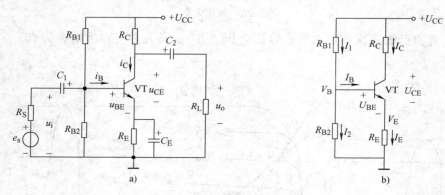

图 2-28　分压式偏置放大电路

2.3.2 分压式固定偏置放大电路静态工作点的稳定

图 2-28b 所示电路是分压式固定偏置放大电路的直流通路。选择合适的 R_{B1} 和 R_{B2} 使晶体管正常工作时满足 $I_1 \gg I_B$（通常情况下，基极电流 I_B 是几十 μA，电流 I_1 在 mA 数量级），这样就认为 $I_B \approx 0A$，$I_1 \approx I_2$，忽略 I_B 对 I_1 的分流作用，则晶体管基极的电位 $V_B = \dfrac{R_{B2}}{R_{B1} + R_{B2}} U_{CC}$ 基本恒定。

假设环境温度 T 升高，导致晶体管集电极电流 I_C 增大，发射极电流 I_E 随之增大（因为 $I_E = I_B + I_C \approx I_C$），发射极的电位 $V_E = I_E R_E$ 也随之升高，而 V_B 基本不变，故晶体管的输入电压 $U_{BE} = V_B - V_E$ 降低，I_B 也随之减小（因为 U_{BE} 和 I_B 正相关，同增同减），从而使 $I_C = \beta I_B$ 减小。温度下降时的自动调节过程与温度上升时相反，请读者自行分析。

上述 I_C 受温度影响后的稳定过程可简单表示如下：

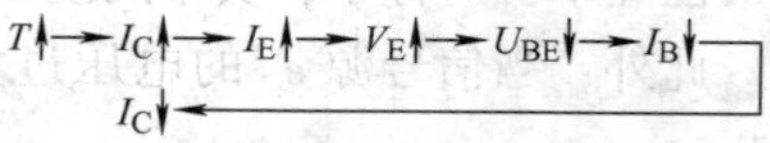

通过以上分析可以看出，分压式固定偏置放大电路

$$T\!\uparrow \rightarrow I_C\!\uparrow \rightarrow I_E\!\uparrow \rightarrow V_E\!\uparrow \rightarrow U_{BE}\!\downarrow \rightarrow I_B\!\downarrow$$
$$I_C\!\downarrow \longleftarrow$$

图 2-29　I_C 受温度影响后的稳定过程

具有自动稳定静态工作点的能力，即当放大电路的环境温度变化时，该电路能够实现晶体管集电极电流 I_C 基本保持不变。

需要说明的是，虽然放大电路必须满足条件：$I_1 \gg I_B$，$V_B \gg U_{BE}$，但并不是 I_1 和 V_B 越大越好。因为 I_1 的增大不仅会使电路的功率损耗增加，而且还会降低放大电路的输入电阻，减小放大电路的输入电压 u_i。因此一般选取原则为，硅晶体管 $I_1 = (5 \sim 10)I_B$；锗晶体管 $I_1 = (10 \sim 20)I_B$。

同样，基极电位 V_B 也不能太高，否则由于发射极电位 $V_E = V_B - U_{BE}$ 的升高，会使 $U_{CE} = U_{CC} - I_C R_C - V_E$ 减小，从而减小了放大电路输出电压的变化范围，因此一般选取硅晶体管 $V_B = (3 \sim 5)U_{BE}$；锗晶体管 $V_B = (1 \sim 3)U_{BE}$。

2.3.3　分压式固定偏置放大电路的分析

1. 静态分析

分析分压式固定偏置放大电路的静态工作点时，应先求 V_B，然后按照 V_E、I_{EQ}、I_{CQ}、I_{BQ} 和 U_{CEQ} 的顺序求解。

在如图 2-28b 所示分压式固定偏置放大电路的直流通路中，$I_1 \gg I_B$，所以可得

$$V_B \approx \frac{R_{B2}}{R_{B1} + R_{B2}} U_{CC} \tag{2-23}$$

$$V_E = V_B - U_{BEQ} \tag{2-24}$$

$$I_{EQ} = \frac{V_E}{R_E} \tag{2-25}$$

$$I_{CQ} \approx I_{EQ} \tag{2-26}$$

$$I_{BQ} = \frac{I_{CQ}}{\overline{\beta}} \tag{2-27}$$

$$U_{CEQ} = U_{CC} - I_{CQ}R_C - I_{EQ}R_E \approx U_{CC} - I_{CQ}(R_C + R_E) \tag{2-28}$$

2. 动态分析

分压式固定偏置放大电路的交流通路如图 2-30a 所示，图 2-30b 所示为其微变等效电路。如果将图 2-30b 中的 $R_{B1} /\!/ R_{B2}$ 看成一个电阻 R_B，则图 2-30b 与图 2-22 共发射极放大电路的微变等效电路完全相同，所以动态参数为

$$\begin{cases} r_i = \dfrac{\dot{U}_i}{\dot{I}_i} = \dfrac{\dot{U}_i}{\dfrac{\dot{U}_i}{R_{B1}} + \dfrac{\dot{U}_i}{R_{B2}} + \dfrac{\dot{U}_i}{r_{be}}} = \dfrac{1}{\dfrac{1}{R_{B1}} + \dfrac{1}{R_{B2}} + \dfrac{1}{r_{be}}} = R_{B1} /\!/ R_{B2} /\!/ r_{be} \approx r_{be} \\[4mm] r_o = R_C \\[4mm] A_u = \dfrac{\dot{U}_o}{\dot{U}_i} = \begin{cases} \dfrac{-\dot{I}_c(R_C /\!/ R_L)}{\dot{I}_b r_{be}} = \dfrac{-\beta \dot{I}_b(R_C /\!/ R_L)}{\dot{I}_b r_{be}} = -\dfrac{\beta(R_C /\!/ R_L)}{r_{be}} \text{（负载条件下）} \\[4mm] \dfrac{-\dot{I}_c R_C}{\dot{I}_b r_{be}} = \dfrac{-\beta \dot{I}_b R_C}{\dot{I}_b r_{be}} = -\dfrac{\beta R_C}{r_{be}} \end{cases} \end{cases} \tag{2-29}$$

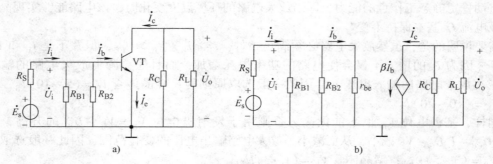

图 2-30　分压式固定偏置放大电路的交流通路和微变等效电路

例 2-4　在如图 2-28a 所示分压式固定偏置电路中，已知 $U_{CC} = 12V$，$R_{B1} = 73k\Omega$，$R_{B2} = 27k\Omega$，$R_C = 4k\Omega$，$R_E = 2k\Omega$，$R_L = 4k\Omega$，晶体管的电流放大系数 $\beta = 50$。试求：（1）静态工作点的静态值 I_{BQ}、I_{CQ}、U_{CEQ}；（2）放大电路的电压放大倍数 A_u、输入电阻 r_i 和输出电阻 r_o；（3）如果信号源内阻 $R_S = 4k\Omega$，则信号源电压放大倍数 A_{us} 为多少？（4）如果 R_E 旁没有并联 C_E，则 A_u、r_i、r_o 各为多少？

解：（1）利用放大电路的直流通路，如图 2-28b 所示，可得

$$V_B \approx \frac{R_{B2}}{R_{B1} + R_{B2}} U_{CC} = \frac{27k\Omega}{73k\Omega + 27k\Omega} \times 10V = 2.7V$$

$$I_{CQ} \approx I_{EQ} = \frac{V_B - U_{BEQ}}{R_E} = \frac{2.7V - 0.7V}{2k\Omega} = 1mA$$

$$I_{BQ} = \frac{I_{CQ}}{\beta} = \frac{1}{50}mA = 20\mu A$$

$$U_{CEQ} \approx U_{CC} - I_{CQ}(R_C + R_E) = 12V - 1mA \times (4k\Omega + 2k\Omega) = 6V$$

（2）晶体管的输入电阻为

$$r_{be} = 200\Omega + (1 + \beta)\frac{26mV}{I_{EQ}(mA)} = 200\Omega + \frac{51 \times 26mV}{1mA} \approx 1.5k\Omega$$

根据放大电路的微变等效电路（见图 2-30b）可得

电压放大倍数为

$$A_u = \frac{\dot{U}_o}{\dot{U}_i} = -\frac{\beta(R_C /\!/ R_L)}{r_{be}} = -\frac{50 \times 2}{1.5} = -66.7$$

输入电阻为

$$r_i = R_{B1} /\!/ R_{B2} /\!/ r_{be} \approx r_{be} = 1.5k\Omega$$

输出电阻为

$$r_o = R_C = 4k\Omega$$

（3）若考虑信号源内阻 $R_S = 4k\Omega$，则信号源电压放大倍数为

$$A_{us} = \frac{\dot{U}_o}{\dot{E}_s} = \frac{r_i}{r_i + R_S} A_u = \frac{1.5}{1.5 + 4} \times (-66.7) \approx -18.19$$

可见，信号源内阻使信号源电压放大倍数相对于电压放大倍数下降了很多。

（4）如 R_E 旁没有并联 C_E，则交流通路中要考虑 R_E，如图 2-31 所示。图 2-31a 所示为无旁路电容 C_E 时分压式固定偏置电路的交流通路，图 2-31b 所示为无旁路电容 C_E 时分压式固定偏置电路的微变等效电路。

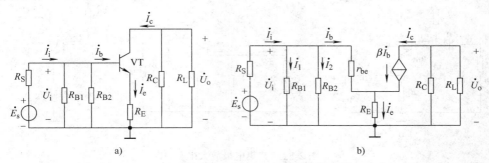

图 2-31　无旁路电容 C_E 的交流通路和微变等效电路

此时，电压放大倍数为

$$A_u = \frac{\dot{U}_o}{\dot{U}_i} = \frac{-\dot{I}_c(R_C /\!/ R_L)}{\dot{I}_b r_{be} + \dot{I}_e R_E} = -\frac{\beta \dot{I}_b(R_C /\!/ R_L)}{\dot{I}_b r_{be} + (1+\beta)\dot{I}_b R_E} = -\frac{\beta(R_C /\!/ R_L)}{r_{be} + (1+\beta)R_E} = -\frac{50 \times 2}{1.5 + 51 \times 2} \approx -0.97$$

输入电阻为

$$r_i = \frac{\dot{U}_i}{\dot{I}_i} = \frac{\dot{U}_i}{\dot{I}_1 + \dot{I}_2 + \dot{I}_b} = \frac{\dot{U}_i}{\dfrac{\dot{U}_i}{R_{B1}} + \dfrac{\dot{U}_i}{R_{B2}} + \dfrac{\dot{U}_i}{r_{be} + (1+\beta)R_E}} = R_{B1} /\!/ R_{B2} /\!/ [r_{be} + (1+\beta)R_E]$$

$$= 73\text{k}\Omega /\!/ 27\text{k}\Omega /\!/ 103.5\text{k}\Omega \approx 16.6\text{k}\Omega$$

输出电阻为

$$r_o = \left(\frac{\dot{U}_{oc}}{\dot{U}_{RL}} - 1\right)R_L = \left(\frac{-\beta \dot{I}_b R_C}{-\beta \dot{I}_b(R_C /\!/ R_L)} - 1\right)R_L = R_C = 2\text{k}\Omega$$

输出电阻的分析在此恕不赘述，请读者根据前面介绍的除源观察法自行分析。由以上的计算分析可知，如果电阻 R_E 旁没有并联旁路电容 C_E，则电压放大倍数 A_u 将大大下降，输入电阻 r_i 将提高，但输出电阻 r_o 不受影响。

2.4　共集电极放大电路和共基极放大电路

2.4.1　共集电极放大电路

1. 电路的基本组成

共集电极放大电路如图 2-32a 所示，其中，R_B 为基极偏置电阻，R_E 为发射极电阻。图 2-32b 所示为共集电极放大电路的交流通路，从图中可以看出，输入信号是从基极和集电极输入，输出信号是从发射极和集电极送出，也就是说，集电极是输入与输出电路的公共端，因此被称为共集电极放大电路。由于负载电阻 R_L 接在发射极上，输出信号从晶体管发射极取出，所以共集电极放大电路也称为"射极输出器"。

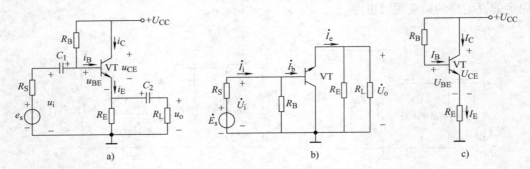

图 2-32　共集电极放大电路

2. 电路静态分析

图 2-32c 所示为共集电极放大电路的直流通路，根据基尔霍夫电压定律可知

$$U_{CC} = I_{BQ}R_B + U_{BEQ} + I_{EQ}R_E = I_{BQ}R_B + U_{BEQ} + (1+\beta)I_{BQ}R_E$$

故有

$$I_{BQ} = \frac{U_{CC} - U_{BEQ}}{R_B + (1+\beta)R_E} \tag{2-30}$$

$$I_{CQ} = \bar{\beta}I_{BQ} \tag{2-31}$$

$$U_{CEQ} = U_{CC} - I_{EQ}R_E \approx U_{CC} - I_{CQ}R_E \tag{2-32}$$

3. 动态分析

图 2-33 所示为共集电极放大电路的微变等效电路。

（1）输入电阻 r_i

如图 2-33 所示，可知 $\dot{I}_i = \dot{I}_1 + \dot{I}_b$，且在 $\dot{I}_b$ 回路中可知

$$\dot{U}_i = \dot{I}_b r_{be} + \dot{I}_e(R_E /\!/ R_L) = \dot{I}_b r_{be} + (1+\beta)\dot{I}_b(R_E /\!/ R_L) \tag{2-33}$$

所以可得

$$r_i = \frac{\dot{U}_i}{\dot{I}_i} = \frac{\dot{U}_i}{\dot{I}_1 + \dot{I}_b} = \frac{\dot{U}_i}{\dfrac{\dot{U}_i}{R_B} + \dfrac{\dot{U}_i}{r_{be} + (1+\beta)(R_E /\!/ R_L)}}$$

$$= R_B /\!/ [r_{be} + (1+\beta)(R_E /\!/ R_L)]$$

$$\tag{2-34}$$

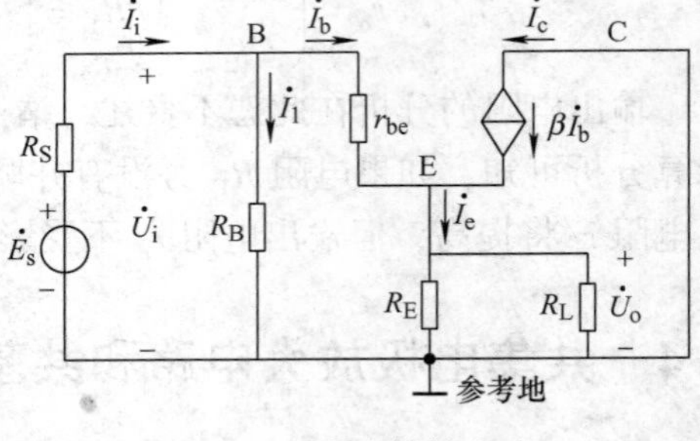

（2）输出电阻 r_o

如果要计算输出电阻，则需要对共集电极放大

图 2-33　微变等效电路

电路的微变等效电路进行处理，即将图 2-33 中的负载电阻 R_L 去掉后，在 R_E 两端并联一个假想的电压源 $\dot{U}_o$，由 $\dot{U}_o$ 所产生的电流 $\dot{I}_o$ 的方向如图 2-34 所示；同时将信号源 $\dot{E}_s$ 短路，但保留 R_S。输出电阻 r_o 的计算电路如图 2-34 所示。在图 2-34 中，请大家注意各电流的方向已经发生了改变。

在图 2-34 中，如果从电阻 R_E 两端向左看进去，不难发现 R_E 与其他电阻的关系是

$$R_E \mathbin{/\mkern-5mu/} [r_{be} + (R_S \mathbin{/\mkern-5mu/} R_B)] \qquad (2\text{-}35)$$

由此可知，R_E 两端的电压与 $r_{be} + R_S \mathbin{/\mkern-5mu/} R_B$ 两端的电压是相等的，所以可得

$$\dot{U}_o = \dot{I}_{RE} R_E = \dot{I}_b r_{be} + \dot{I}_b (R_S \mathbin{/\mkern-5mu/} R_B) \qquad (2\text{-}36)$$

整理式 (2-36) 可得

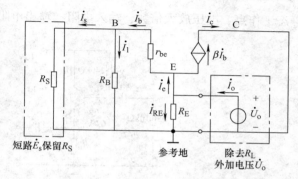

图 2-34　输出电阻 r_o 的计算电路

短路 $\dot{E}_s$ 保留 R_S　　参考地　　除去 R_L 外加电压 $\dot{U}_o$

$$\dot{I}_b = \frac{\dot{U}_o}{r_{be} + R_S \mathbin{/\mkern-5mu/} R_B} \qquad (2\text{-}37)$$

又因为 $\dot{I}_o = \dot{I}_e + \dot{I}_{RE}$，且 $\dot{I}_e = (1+\beta) \dot{I}_b$，$\dot{I}_{RE} = \dfrac{\dot{U}_o}{R_E}$，所以可得

$$\dot{I}_o = \dot{I}_e + \dot{I}_{RE} = (1+\beta) \dot{I}_b + \frac{\dot{U}_o}{R_E} = \frac{(1+\beta) \dot{U}_o}{r_{be} + R_S \mathbin{/\mkern-5mu/} R_B} + \frac{\dot{U}_o}{R_E} \qquad (2\text{-}38)$$

根据输出电阻 r_o 的定义有

$$r_o = \frac{\dot{U}_o}{\dot{I}_o} = \frac{\dot{U}_o}{\dfrac{(1+\beta) \dot{U}_o}{r_{be} + R_S \mathbin{/\mkern-5mu/} R_B} + \dfrac{\dot{U}_o}{R_E}} = \frac{1}{\dfrac{1}{\dfrac{r_{be} + R_S \mathbin{/\mkern-5mu/} R_B}{1+\beta}} + \dfrac{1}{R_E}} \qquad (2\text{-}39)$$

$$= R_E \mathbin{/\mkern-5mu/} \left(\frac{r_{be} + R_S \mathbin{/\mkern-5mu/} R_B}{1+\beta} \right)$$

(3) 电压放大倍数 A_u

电压放大倍数为

$$A_u = \frac{\dot{U}_o}{\dot{U}_i} = \frac{(1+\beta) \dot{I}_b (R_E \mathbin{/\mkern-5mu/} R_L)}{\dot{I}_b r_{be} + (1+\beta) \dot{I}_b (R_E \mathbin{/\mkern-5mu/} R_L)} = \frac{(1+\beta)(R_E \mathbin{/\mkern-5mu/} R_L)}{r_{be} + (1+\beta)(R_E \mathbin{/\mkern-5mu/} R_L)} \qquad (2\text{-}40)$$

4. 共集电极放大电路的特点

1）共集电极放大电路的放大倍数近似为 1，即 $\dot{U}_i \approx \dot{U}_o$，且相位相同，这表明 $\dot{U}_o$ 跟随 $\dot{U}_i$ 的变化而变化，所以射极输出器又被称为射极跟随器，简称射随器。

2）共集电极放大电路的输入电阻高，可以用作多级放大电路的输入级，使电路的输入信号与信号源信号基本相等。

3）共集电极放大电路的输出电阻低，可用作多级放大电路的输出级，以提高电路的带负载能力。

例 2-5　电路如图 2-35a 所示，负载 R_L 开路，试根据图中所示已知条件计算放大电路的

静态工作点、电压放大倍数、输入电阻、输出电阻。

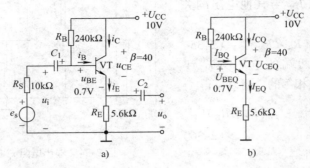

图 2-35 例 2-5 题图

解： 1）画出电路的直流通路，如图 2-35b 所示，其静态工作点为

$$I_{BQ} = \frac{U_{CC} - U_{BEQ}}{R_B + (1 + \beta) R_E} = \frac{10V - 0.7V}{240k\Omega + 41 \times 5.6k\Omega} mA \approx 0.02mA = 20\mu A$$

$$I_{CQ} = \beta I_{BQ} = 40 \times 0.02mA = 0.8mA$$

$$U_{CEQ} = U_{CC} - I_{EQ} R_E \approx U_{CC} - I_{CQ} R_E = 10V - 0.8mA \times 5.6k\Omega = 5.52V$$

2）晶体管的输入电阻为

$$r_{be} = 200\Omega + (1 + \beta) \frac{26mV}{I_{EQ}(mA)} = 200\Omega + 41 \times \frac{26mV}{0.8mA} \approx 1.5k\Omega$$

3）电压放大倍数为

$$A_u = \frac{\dot{U}_o}{\dot{U}_i} = \frac{(1 + \beta) R_E}{r_{be} + (1 + \beta) R_E} = \frac{41 \times 5.6k\Omega}{1.5k\Omega + 41 \times 5.6k\Omega} \approx 0.993$$

4）由于负载 R_L 开路，即 $R_L = \infty$，得输入电阻为

$$r_i = R_B /\!/ [r_{be} + (1 + \beta) R_E] = 240k\Omega /\!/ (1.5 + 41 \times 5.6)k\Omega \approx 118k\Omega$$

5）输出电阻为

$$r_o = R_E /\!/ \frac{R_B /\!/ R_S + r_{be}}{1 + \beta} \approx 5.6k\Omega /\!/ 0.271k\Omega \approx 0.258k\Omega$$

2.4.2 共基极放大电路

1. 电路的基本组成

图 2-36a 所示为共基极放大电路，其中 R_{B1} 和 R_{B2} 为基极偏置电阻，R_C 为集电极电阻，R_E 为发射极偏置电阻，大电容 C_E 使基极对地交流短路。图 2-36b 所示为共基极放大电路的交流通路，从图中可以看出，共基组态放大电路是把基极作为输入回路与输出回路的公共端。

2. 电路静态分析

图 2-36c 所示为共基极放大电路的直流通路，可得

$$V_B = \frac{R_{B1}}{R_{B1} + R_{B2}} U_{CC} \tag{2-41}$$

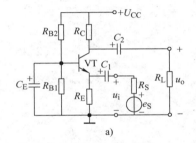
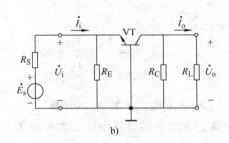
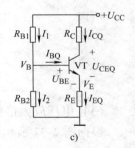

a)   b)   c)

图 2-36   共基极放大电路

$$I_{CQ} \approx I_{EQ} = \frac{V_B - U_{BEQ}}{R_E} \approx \frac{V_E}{R_E} \tag{2-42}$$

$$I_{BQ} = \frac{I_{CQ}}{\beta} \tag{2-43}$$

$$U_{CEQ} = U_{CC} - I_{CQ}R_C - I_{EQ}R_E \approx U_{CC} - I_{CQ}(R_C + R_E) \tag{2-44}$$

3. 电路动态分析

图 2-37 所示为共基极放大电路的微变等效电路。

（1）输入电阻 r_i 的计算

在图 2-37 中，可以看出 $\dot{I}_i = \dot{I}_1 + \dot{I}_e$，$\dot{I}_e = \dot{I}_b + \beta\dot{I}_b = (1+\beta)\dot{I}_b$，且 $\dot{I}_1 = \dfrac{\dot{U}_i}{R_E}$，$\dot{I}_b = \dfrac{\dot{U}_i}{r_{be}}$，所以可得输入电阻 r_i 为

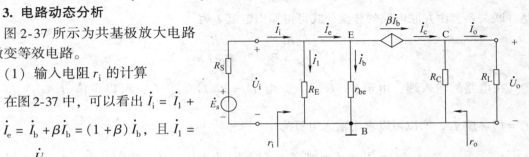

图 2-37   共基极放大电路的微变等效电路

$$r_i = \frac{\dot{U}_i}{\dot{I}_i} = \frac{\dot{U}_i}{\dot{I}_1 + \dot{I}_e} = \frac{\dot{U}_i}{\dfrac{\dot{U}_i}{R_E} + (1+\beta)\dfrac{\dot{U}_i}{r_{be}}} = R_E /\!/ \left(\frac{r_{be}}{1+\beta}\right) \tag{2-45}$$

（2）输出电阻 r_o 的计算

将图 2-37 中的负载电阻 R_L 去掉，在 R_C 两端并联一个假想的电压源 $\dot{U}_o$，该电压源产生电流 $\dot{I}_o$ 的方向如图 2-38 所示；同时，将信号源 $\dot{E}_s$ 短路，保留 R_S。电路变换后各电流的大小及方向如图 2-38 所示。

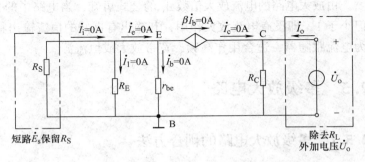

图 2-38   输出电阻 r_o 的计算电路

由于将信号源电压 $\dot{E}_s$ 短路，保留内阻 R_S，且晶体管 C 和 E 之间的动态电阻 $r_{ce} \gg R_C$，可知

$$\dot{I}_i = \dot{I}_1 = \dot{I}_e = \dot{I}_b = \beta\dot{I}_b = \dot{I}_c \approx 0A$$

所以

$$r_{\text{o}} = \frac{\dot{U}_{\text{o}}}{\dot{I}_{\text{o}}} = \frac{\dot{U}_{\text{o}}}{\dfrac{\dot{U}_{\text{o}}}{R_{\text{C}}}} = R_{\text{C}} \tag{2-46}$$

（3） 电压放大倍数 A_{u} 和电流放大倍数 A_{i} 的计算

根据图 2-37 所示的微变等效电路可得电压放大倍数为

$$A_{\text{u}} = \frac{\dot{U}_{\text{o}}}{\dot{U}_{\text{i}}} = \frac{\dot{I}_{\text{c}}(R_{\text{C}} /\!/ R_{\text{L}})}{\dot{I}_{\text{b}} r_{\text{be}}} = \frac{\beta(R_{\text{C}} /\!/ R_{\text{L}})}{r_{\text{be}}} \tag{2-47}$$

A_{u} 为正，说明放大电路输入与输出信号相位相同。

在共基极放大电路中往往要计算电流放大倍数 $A_{\text{i}}\left(A_{\text{i}} = \dfrac{\dot{I}_{\text{o}}}{\dot{I}_{\text{i}}}\right)$。如图 3-37 所示，$R_{\text{L}}$ 与 R_{C} 是并联关系，由并联电路的分流公式可得输出电流 $\dot{I}_{\text{o}}$ 为

$$\dot{I}_{\text{o}} = \frac{R_{\text{C}}}{R_{\text{C}} + R_{\text{L}}} \dot{I}_{\text{c}} = \frac{R_{\text{C}}}{R_{\text{C}} + R_{\text{L}}} \beta \dot{I}_{\text{b}} \tag{2-48}$$

在电路的输入端，由于 $\dot{I}_{\text{i}} = \dot{I}_{1} + \dot{I}_{\text{e}}$，由 $\dot{U}_{\text{i}} = R_{\text{E}} \dot{I}_{1} = r_{\text{be}} \dot{I}_{\text{b}}$，可以求得 $\dot{I}_{1} = \dfrac{r_{\text{be}}}{R_{\text{E}}} \dot{I}_{\text{b}}$；且 $\dot{I}_{\text{e}} = (1 + \beta) \dot{I}_{\text{b}}$，所以可以求出输入电流为

$$\dot{I}_{\text{i}} = \dot{I}_{1} + \dot{I}_{\text{e}} = \frac{r_{\text{be}}}{R_{\text{E}}} \dot{I}_{\text{b}} + (1 + \beta) \dot{I}_{\text{b}} = \left(1 + \beta + \frac{r_{\text{be}}}{R_{\text{E}}}\right) \dot{I}_{\text{b}} \tag{2-49}$$

故放大电路的电流放大倍数 A_{i} 为

$$A_{\text{i}} = \frac{\dot{I}_{\text{o}}}{\dot{I}_{\text{i}}} = \frac{\dfrac{R_{\text{C}}}{R_{\text{C}} + R_{\text{L}}} \beta \dot{I}_{\text{b}}}{\left(1 + \beta + \dfrac{r_{\text{be}}}{R_{\text{E}}}\right) \dot{I}_{\text{b}}} = \frac{\dfrac{\beta R_{\text{C}}}{R_{\text{C}} + R_{\text{L}}}}{1 + \beta + \dfrac{r_{\text{be}}}{R_{\text{E}}}} \tag{2-50}$$

由放大电路的电流放大倍数 A_{i} 的公式可知，当电路中的 $R_{\text{C}} \gg R_{\text{L}}$、$R_{\text{E}} \gg r_{\text{be}}$ 时，A_{i} 接近 1，但小于 1，即没有电流放大作用，其输出有良好的恒流输出特性，所以共基极放大电路又称为电流跟随器，适合用作高频、宽带放大或恒流源。

2.5　多级放大电路

2.5.1　多级放大电路的耦合方法

前面讲述的共射极放大电路、分压式偏置放大电路、射随器、共基极放大电路等都是由一个晶体管构成的放大电路，称为单级放大电路。单级放大电路的电压放大倍数和其他性能指标，往往难以达到实用要求，为此，常常要把多个单级放大电路级联起来，组成多级放大电路。

多级放大电路的第一级称为输入级，对输入级的要求往往与输入信号有关；中间级的用途是进行信号放大，提供足够大的放大倍数，常由几级放大电路组成；多级放大电路的最后一级是输出级，它与负载相接。因此对输出级的要求要考虑负载的性质。

耦合方式是指信号源和放大器之间、放大器中各级之间、放大器与负载之间的连接方式。最常用的耦合方式有三种：阻容耦合、直接耦合和变压器耦合。阻容耦合应用于分立元件多级交流放大电路中；若要放大缓慢变化的信号或直流信号，则采用直接耦合的方式；变压器耦合在放大电路中的应用逐渐减少，本书将不再具体分析，请读者在需要时参考相关书籍。

图 2-39 所示为阻容耦合多级放大电路，前级放大电路的输出端通过电容接到后级输入端。该电路的第一级为共发射极放大电路，第二级为共集电极放大电路，它们之间通过电容 C_3 耦合。电容对直流量的电抗为无穷大，因而阻容耦合放大电路各级的直流通路各不相通，各级的静态工作点相互独立。同时，耦合电容对低频信号的电抗很大，因此阻容耦合放大电路的低频特性差，不能放大缓慢变化信号和直流信号，也不便于集成化。阻容耦合方式一般用在分立元件组成的放大电路中。

图 2-40 所示为直接耦合多级放大电路，这种电路既能放大交流信号，也能放大缓慢变化信号和直流信号，并且便于集成化。但直接耦合使前后级之间存在着直流通路，造成各级工作点相互影响，不能独立，使多级放大电路的分析、设计和调试工作比较麻烦。直接耦合多级放大电路同时存在零点漂移问题，这部分内容将在后面章节涉及时再具体分析。

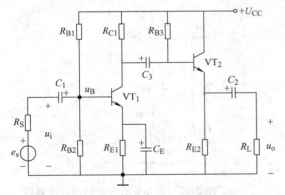

图 2-39　阻容耦合多级放大电路

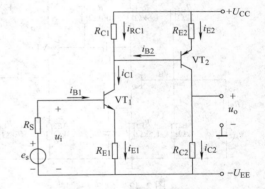

图 2-40　直接耦合多级放大电路

2.5.2　多级放大电路的分析

1. 电压放大倍数

n 级放大电路的交流等效电路可用图 2-41 所示框图表示。由图可知，放大电路中前级的输出电压就是后级的输入电压，即

$\dot{U}_{o1} = \dot{U}_{i2}$，$\dot{U}_{o2} = \dot{U}_{i3}$，$\cdots$，$\dot{U}_{o(n-1)} = \dot{U}_{in}$。根据放大电路电压放大倍数的定义，可得

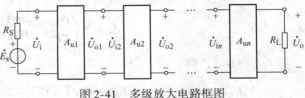

图 2-41　多级放大电路框图

$$A_u = \frac{\dot{U}_o}{\dot{U}_i} = \frac{\dot{U}_{o1}}{\dot{U}_i} \times \frac{\dot{U}_{o2}}{\dot{U}_{i2}} \times \cdots \times \frac{\dot{U}_o}{\dot{U}_{in}} = A_{u1} A_{u2} \cdots A_{un} \qquad (2\text{-}51)$$

式(2-51) 表明，多级放大电路的电压放大倍数等于组成它的各级放大电路电压放大倍数之积。在分别计算每一级的电压放大倍数时，必须考虑前后级之间的相互影响，前级的负载电阻应作为后级的输入电阻。

2. 输入电阻和输出电阻

根据放大电路输入电阻和输出电阻的定义，多级放大电路的输入电阻就是输入级（即第一级）的输入电阻，而多级放大电路的输出电阻就是输出级（即最后一级）的输出电阻。

在具体计算输入电阻或输出电阻时，有时它们不仅仅取决于本级参数，也与后级或前级的参数有关。当共集电极放大电路作为输入级时，它的输入电阻与其负载（即第二级的输入电阻）有关；而当共集电极放大电路作为输出级时，它的输出电阻与其信号源内阻（即倒数第二级的输出电阻）有关。

例 2-6 在如图 2-42 所示的阻容耦合放大电路中，$\beta_1 = 100$，$\beta_2 = 100$，忽略 U_{BEQ1} 和 U_{BEQ2}，请根据图中所标注的参数计算各级静态工作点，并求电压放大倍数 A_{us}、输入电阻 r_i 和输出电阻 r_o。

解： 1）根据要求画出直流通路，如图 2-43 所示，并计算两级的静态工作点。

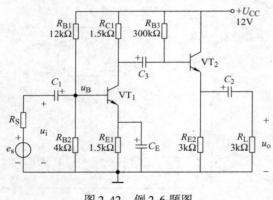

图 2-42　例 2-6 题图

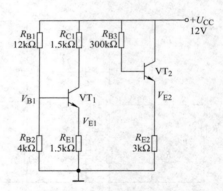

图 2-43　例 2-6 放大电路的直流通路

第一级为共发射极放大电路，静态工作点为

$$V_{B1} = \frac{R_{B2}}{R_{B1} + R_{B2}} U_{CC} = \frac{4\text{k}\Omega}{12\text{k}\Omega + 4\text{k}\Omega} \times 12\text{V} = 3\text{V}$$

$$I_{EQ1} = \frac{V_{B1} - U_{BEQ1}}{R_{E1}} \approx \frac{V_{B1}}{R_{E1}} = \frac{3\text{V}}{1.5\text{k}\Omega} = 2\text{mA}$$

$$I_{BQ1} = \frac{I_{EQ1}}{1 + \beta_1} \approx \frac{2\text{mA}}{100} = 20\mu\text{A}$$

取 $I_{EQ1} \approx I_{CQ1}$，则

$$U_{CEQ1} \approx U_{CC} - I_{EQ1}(R_{E1} + R_{C1}) = 12\text{V} - 2\text{mA} \times (1.5\text{k}\Omega + 1.5\text{k}\Omega) = 6\text{V}$$

第二级为共集电极放大电路，静态工作点为

$$I_{BQ2} = \frac{U_{CC} - U_{BEQ2}}{R_{B3} + (1 + \beta_2) R_{E2}} \approx \frac{U_{CC}}{R_{B3} + (1 + \beta_2) R_{E2}} = \frac{12V}{300k\Omega + (1 + 100) \times 3k\Omega} \approx 20\mu A$$

$$I_{EQ2} = (1 + \beta_2) I_{BQ2} = (1 + 100) \times 20\mu A \approx 2mA$$

$$U_{CEQ2} = U_{CC} - I_{EQ2} R_{E2} = 12V - 2mA \times 3k\Omega = 6V$$

2）根据要求画出微变等效电路交流通路，如图 2-44 所示，并计算两级的动态指标。

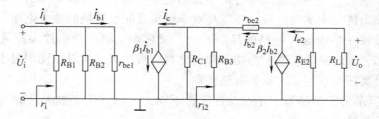

图 2-44　例 2-6 放大电路的微变等效电路交流通路

计算第二级的输入电阻 r_{i2}，r_{i2} 是第一级的负载电阻，即

$$r_{be1} = 200\Omega + (1 + \beta_1) \frac{26mV}{I_{EQ1}(mA)} = 200\Omega + (1 + 100) \times \frac{26mV}{2mA} \approx 1.5k\Omega$$

$$r_{be2} = 200\Omega + (1 + \beta_2) \frac{26mV}{I_{EQ2}(mA)} = 200\Omega + (1 + 100) \times \frac{26mV}{2mA} \approx 1.5k\Omega$$

$$r_{i2} = R_{B3} \mathbin{/\!/} \{ r_{be2} + [(1 + \beta_2)(R_{E2} \mathbin{/\!/} R_L)] \}$$
$$= 100k\Omega \mathbin{/\!/} \{ 1.5k\Omega + [(1 + 100) \times (3k\Omega \mathbin{/\!/} 3k\Omega)] \}$$
$$\approx 60k\Omega$$

第一级的电压放大倍数为

$$\dot{A}_{u1} = \frac{\dot{U}_{o1}}{\dot{U}_i} = -\frac{\beta_1(R_{C1} \mathbin{/\!/} r_{i2})}{r_{be1}} = -\frac{100 \times (1.5k\Omega \mathbin{/\!/} 60k\Omega)}{1.5k\Omega} \approx -97.6$$

第二级的电压放大倍数为

$$A_{u2} = \frac{\dot{U}_o}{\dot{U}_{i2}} = \frac{(1 + \beta_2)(R_{E2} \mathbin{/\!/} R_L)}{r_{be2} + (1 + \beta_2)(R_{E2} \mathbin{/\!/} R_L)} = \frac{(1 + 100) \times (3k\Omega \mathbin{/\!/} 3k\Omega)}{1.5k\Omega + (1 + 100) \times (3k\Omega \mathbin{/\!/} 3k\Omega)} \approx 0.99$$

放大电路的放大倍数为

$$A_u = A_{u1} A_{u2} = -97.6 \times 0.99 \approx -96.6$$

放大电路的输入电阻为

$$r_i = R_{B1} \mathbin{/\!/} R_{B2} \mathbin{/\!/} r_{be1} \approx r_{be1} = 1.5k\Omega$$

放大输出电阻为

$$r_o = R_{E2} \mathbin{/\!/} \left(\frac{r_{be2} + R_{C1} \mathbin{/\!/} R_{B3}}{1 + \beta_2} \right) = 3k\Omega \mathbin{/\!/} \left(\frac{1.5k\Omega + 1.5k\Omega \mathbin{/\!/} 300k\Omega}{1 + 100} \right) \approx 29\Omega$$

2.6 功率放大电路

2.6.1 功率放大电路的基本概念和分类

在实际应用的电子电路中，有很多大功率负载，如扬声器、伺服电动机、指示表头、记录器等，这就要求放大电路的输出要有足够大的功率。功率放大器就是给负载提供足够大功率且不失真的输出信号去驱动负载，并能高效率地实现能量转换的放大电路，简称功放。功率放大器一般设置在多级放大电路的最后一级，又称输出级。功率放大器通常工作于大电压、大电流状态，此时晶体管的损耗功率和发热都会很严重，所以在使用时不仅要选用大功率晶体管，而且要按照规定要求加装散热装置。

如图 2-45 所示，按照静态工作点设置位置不同，可以将功率放大器的工作状态分为甲类、乙类和甲乙类放大等形式。

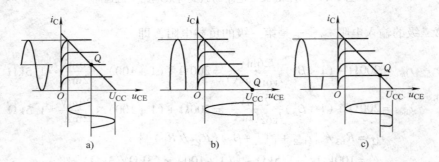

图 2-45 不同类型功放的静态工作点设置
a) 甲类 b) 乙类 c) 甲乙类

甲类工作状态的静态工作点 Q 处于晶体管的放大区内，基本选在负载线的中点，如图 2-45a 所示。其优点是非线性失真小，缺点是整个周期内晶体管中都有电流流过，管耗大，在理想情况下功放晶体管的效率也仅仅是 50%，除了对保真度要求非常高的场合外现已很少应用。

图 2-45b 所示为乙类工作状态，它是将静态工作点设置在放大区和截止区的交界处（$I_{BQ}=0A$），静态时电流 $I_{CQ}\approx0A$，管耗低、效率高。从图 2-46 中可以看出，在乙类工作状态下，输出信号只有输入信号的半个周期，另外半个周期被截止了。为此在实际应用中，往往选用两个不同管型的晶体管，在输入信号的正、负半周交替导通，然后在负载上合成一个完整的输出信号，称为乙类互补对称功率放大电路。

图 2-45c 所示为甲乙类工作状态。在此状态下，功放晶体管的静态工作点的位置设置低于甲类，高于乙类，静态时 I_{CQ} 稍大于零，管耗不大、效率高，但存在非线性失真问题。

本书将重点讨论功率放大器的乙类工作状态和甲乙类工作状态。由于甲类工作状态的应用较少，在此不再赘述，请读者参考相关资料自行分析。

2.6.2 双电源互补对称功率放大电路

1. 乙类双电源互补对称 OCL 电路的工作原理

在如图 2-46 所示的电路中，晶体管 VT_1 是 NPN 型，晶体管 VT_2 是 PNP 型，两只晶体管的性能参数完全相同，均接成共集电极状态。电路由双电源供电（$+U_{CC}$ 和 $-U_{EE}$），无输出电容，所以又称为 OCL 电路。

静态时，输入信号 $u_i = 0V$，VT_1 和 VT_2 零偏置截止，静态电流为零。此时，电源和两只晶体管均对称，所以输出端的静态输出电压为零。

当输入信号 $u_i > 0V$ 时，晶体管 VT_1 正偏导通，晶体管 VT_2 反偏截止，负载电流由电源 $+U_{CC}$ 供电，电流 i_{C1} 如图 2-46 中实线所示，由于晶体管 VT_1 和负载 R_L 组成了射极跟随器，可知：$u_o = u_i$；同理，当输入信号 $u_i < 0V$ 时，晶体管 VT_1 反偏截止，晶体管 VT_2 正偏导通，负载电流由电源 $-U_{EE}$ 供电，电流 i_{C2} 如图 2-46 中虚线所示，由于晶体管 VT_2 和负载 R_L 组成了射极跟随器，可知：$u_o = u_i$。在整个输入信号周期内，两只晶体管轮流导通，$+U_{CC}$ 和 $-U_{EE}$ 交替供电，在负载端合成了一个完整的输出信号波形，所以该电路又称为双电源互补对称电路，其输出特性如图 2-47 所示。

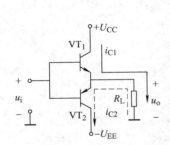

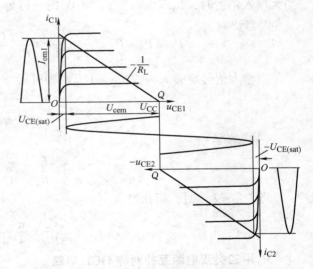

图 2-46 乙类双电源互补对称 OCL 电路　　　图 2-47 乙类双电源互补对称 OCL 电路的输出特性

2. 电路的参数分析

（1）最大输出功率 P_{om}

由图 2-47 可知，$I_{om} = I_{cm}$，可得输出功率为

$$P_o = U_o I_o = \frac{U_{om}}{\sqrt{2}} \cdot \frac{U_{om}}{\sqrt{2} R_L} = \frac{1}{2} \cdot \frac{U_{om}^2}{R_L} \tag{2-52}$$

当输入信号足够大时，$U_{om} \approx U_{CC}$，此时就可以获得最大功率 P_{om}，即

$$P_{om} = \frac{1}{2} \cdot \frac{U_{CC}^2}{R_L} \tag{2-53}$$

（2）管耗 P_T

两只晶体管在一个周期内交替导通180°，流过晶体管的电路和电压参数也是相同的，所以只要求出其中一只晶体管的管耗，就能够求出总的管耗。设输出电压的瞬时表达式为 $u_o = U_{om}\sin\omega t$，则其中一只晶体管的管耗为

$$
\begin{aligned}
P_{T1} &= \frac{1}{2\pi}\int_0^\pi (U_{CC} - u_o)\frac{u_o}{R_L}d(\omega t) \\
&= \frac{1}{2\pi}\int_0^\pi (U_{CC} - U_{om}\sin\omega t)\frac{U_{om}\sin\omega t}{R_L}d(\omega t) \qquad (2\text{-}54) \\
&= \frac{1}{R_L}\left(\frac{U_{CC}U_{om}}{\pi} - \frac{U_{om}^2}{4}\right)
\end{aligned}
$$

由此可得

$$
P_T = 2P_{T1} = \frac{2}{R_L}\left(\frac{U_{CC}U_{om}}{\pi} - \frac{U_{om}^2}{4}\right) \qquad (2\text{-}55)
$$

（3）直流电源供给的功率 P_V

直流电源供给的功率为负载上获得的功率与晶体管消耗的功率之和，即 $P_V = P_o + P_T$，当无输入信号时，$P_V = 0\text{W}$；当 $u_i \neq 0\text{V}$ 时，可得

$$
P_V = P_o + P_T = \frac{1}{2}\cdot\frac{U_{om}^2}{R_L} + \frac{2}{R_L}\left(\frac{U_{CC}U_{om}}{\pi} - \frac{U_{om}^2}{4}\right) = \frac{2U_{CC}U_{om}}{\pi R_L} \qquad (2\text{-}56)
$$

当输入信号足够大时，$U_{om} \approx U_{CC}$，则可得

$$
P_{Vm} = \frac{2U_{CC}^2}{\pi R_L} \qquad (2\text{-}57)
$$

（4）效率 η

$$
\eta = \frac{P_o}{P_V} = \frac{\pi}{4}\cdot\frac{U_{om}}{U_{CC}} \qquad (2\text{-}58)
$$

当 $U_{om} \approx U_{CC}$ 时，可得

$$
\eta = \frac{P_o}{P_V} = \frac{\pi}{4} \approx 78.5\% \qquad (2\text{-}59)
$$

3. 甲乙类双电源互补对称 OCL 电路

在乙类双电源互补对称 OCL 电路中，由于没有直流偏置，当输入信号电压 u_i 小于 VT$_1$ 和 VT$_2$ 的死区电压时，两只晶体管均处于截止状态，只有当输入信号电压 u_i 大于死区电压时，VT$_1$ 和 VT$_2$ 才能导通。由此可见，在乙类工作状态下，两只晶体管轮流导通衔接不好，会使输出信号 u_o 在正弦波过零点时产生严重的失真现象，这种失真就称为交越失真，如图 2-48 所示。

由交越失真产生的原因可知，只要能够解决晶体管"死区"影响，就能克服交越失真。通常给晶体管 VT$_1$ 和 VT$_2$ 的发射结加上较小的正向偏置电压，使静态时晶体管 VT$_1$ 和 VT$_2$ 都工作在微导通的状态，即电路工作在甲乙类状态，如图 2-49 所示。

从图 2-49 中可以看出，VT$_3$ 为前置级，利用 VT$_3$ 集电极电流在二极管 VD$_1$ 和 VD$_2$ 上的电压，为 VT$_1$ 和 VT$_2$ 提供正向偏置电压。当 $u_i = 0\text{V}$ 时，电路对称，VT$_1$ 和 VT$_2$ 的静态电流相

等，负载 R_L 上的输出电压 $U_o = 0V$；当 $u_i \neq 0V$ 时，放大器的输出信号在过零点的附近仍然能够得到线性放大，克服了交越失真。

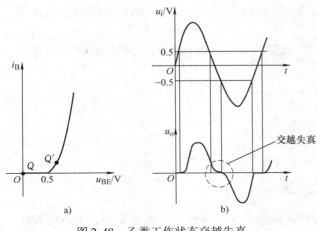

图 2-48　乙类工作状态交越失真　　　　图 2-49　甲乙类双电源互补对称 OCL 电路

2.6.3　单电源互补对称功率放大电路

　　双电源互补对称功率放大电路采用双电源供电，使用和维护有许多不便之处。为了克服这个缺点，可采用单电源供电的互补对称电路，这种电路的输出端不连接变压器，通过电容 C 与负载 R_L 耦合，又称为 OTL 电路。图 2-50a 所示为乙类工作状态单电源互补对称 OTL 放大电路。

　　图 2-50b 所示为甲乙类工作状态单电源互补对称 OTL 放大电路。图中，单电源 U_{CC} 供电，R_{B1} 和 R_{B2} 构成分压式偏置电路，对 E 点电压分压后为 VT_3 提供偏置电压，构成电压并联直流负反馈，稳定静态工作点，同时，VT_3 也是前置放大级，起电压放大作用，R_C 为集电极电阻；VD_1 和 VD_2 为二极管偏置电路，为

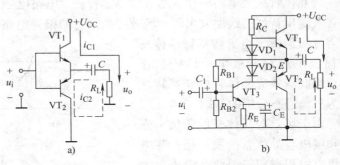

图 2-50　单电源互补对称 OTL 放大电路

VT_1 和 VT_2 提供偏置电压；VT_1 和 VT_2 完全对称，静态时 E 点电位为 $\dfrac{U_{CC}}{2}$，电容 C 起"隔直通交"的作用，其电压为 $\dfrac{U_{CC}}{2}$。

　　当输入信号 $u_i < 0V$ 时，输入信号经晶体管 VT_3 放大后倒相，VT_3 集电极电压瞬时极性为"＋"，晶体管 VT_1 正偏导通，晶体管 VT_2 反偏截止，放大后的电流经电容 C 流向负载电阻 R_L，电容 C 充电，电流方向如图 2-50b 中实现所示，负载电阻 R_L 获得输出电压的正半周。

　　当输入信号 $u_i > 0V$ 时，输入信号经晶体管 VT_3 放大后倒相，VT_3 集电极电压瞬时极性为

65

"—"晶体管 VT_1 反偏截止，晶体管 VT_2 正偏导通，放大后的电流经负载电阻 R_L 和电容 C 流回 T_2 的发射极，负载电阻 R_L 获得输出电压的负半周。

输出电压 u_o 可以获得幅值为 $\dfrac{U_{CC}}{2}$ 的正弦信号。与 OCL 电路相比，OTL 电路每只晶体管的实际工作电源电压是 $\dfrac{U_{CC}}{2}$，所以在计算 OTL 电路的主要性能指标时，只需将 OCL 电路计算公式中的 U_{CC} 替换为 $\dfrac{U_{CC}}{2}$ 即可。

2.7 场效应晶体管放大电路

2.7.1 场效应晶体管放大电路的三种接法

把场效应晶体管的结构、工作原理和特性曲线与普通晶体管相比就会发现，虽然两者在结构和工作原理上不尽相同，但都能实现对输出回路电流的控制且具有形状相似的输出特性曲线。不同的是场效应晶体管是电压控制器件，即用栅源电压 U_{GS} 控制漏极电流 I_D；普通晶体管是电流控制器件，即用基极电流 I_B 控制集电极电流 I_C。二者虽然控制方法不同，但结果都实现了对输出回路电流的控制。因此在用它们组成放大电路时，电路结构和组成原则基本上是相同的。只要注意将场效应晶体管的栅极 G、源极 S 和漏极 D 分别与晶体管的基极 B、发射极 E 和集电极 C 相对应，就可以由晶体管放大电路类比得到场效应晶体管放大电路。

与晶体管放大电路一样，场效应晶体管放大电路也必须建立合适的静态工作点，以便工作在其输出特性的线性放大区。场效应晶体管的偏置电路有一个显著特点：只需栅极偏压，不需栅极偏流。由于转移特性体现了栅极电压对漏极电流的控制作用，因此场效应晶体管的转移特性成为直流静态分析的基础。

由于场效应晶体管的源极、栅极和漏极与晶体管的发射极、基极和集电极相对应，因此在组成放大电路时也有三种组态，即共源极放大电路、共漏极放大电路和共栅极放大电路。以 N 沟道结型场效应晶体管为例，图 2-51a 所示为共源极

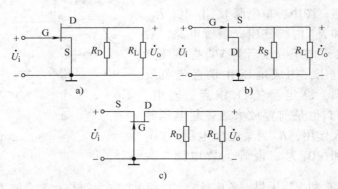

图 2-51　场效应晶体管放大电路的三种组态

放大电路交流通路，图 2-51b 所示为共漏极放大电路交流通路，图 2-51c 所示为共栅极放大电路交流通路。

2.7.2 场效应晶体管放大电路的静态分析

由于场效应晶体管中，MOS 管的应用更为广泛，因此下文主要介绍 MOS 管组成的放大

电路。MOS 管有增强型和耗尽型两大类，每一类又有 N 沟道和 P 沟道之分，下面以 N 沟道耗尽型为例说明 MOS 管放大电路的直流偏置和静态估算。对于 N 沟道增强型 MOS 管，只有当 $U_{GS} > U_{GS(th)}$ 时才有导电沟道形成，对于 N 沟道耗尽型 MOS 管，在 $U_{GS} = 0V$ 时已有导电沟道存在，静态值 U_{GS} 可正可负，因此常采用自给偏压电路和分压式偏置电路两种电路。

（1）自给偏压电路

图 2-52 所示电路是由 N 沟道耗尽型 MOS 管组成的共源极放大电路，栅极 G 经电阻 R_G 接地，由于没有电流流过 R_G，故静态时 $U_G = 0V$。由于 $U_{GS} = 0V$ 时，MOS 管已有导电沟道存在，在 U_{DD} 作用下将有漏极电流 I_D 产生，MOS 管的静态偏置电压 $U_{GS} = -R_S I_D < 0$。该电路适用于耗尽型 MOS 管而不能用于增强型 MOS 管。图中，C_1、C_2、R_D、R_S 及 C_S 的作用与晶体管放大电路中相应元件的作用相同。由于偏置电压 U_{GS} 是由电路自身产生的，因此称为自给偏压。

图 2-52 所示电路的静态工作点 U_{GS}、I_D 可由下列方程估算，即

$$U_{GS} = -R_S I_D \tag{2-60}$$

$$I_D = I_{DSS}\left(1 - \frac{U_{GS}}{U_{GS(off)}}\right)^2 \tag{2-61}$$

式中，I_D 的计算公式是耗尽型 MOS 管转移特性曲线的数学表达式；I_{DSS} 为 MOS 管的饱和漏电流；$U_{GS(off)}$ 为夹断电压。

I_D 求出后，可由输出回路求得

$$U_{DS} = U_{DD} - (R_D + R_S)I_D \tag{2-62}$$

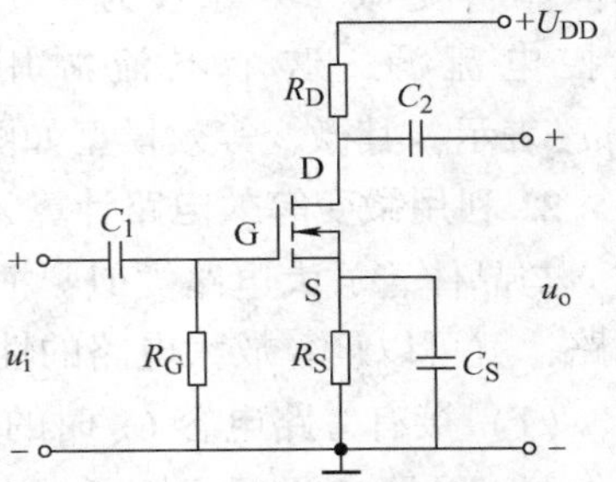

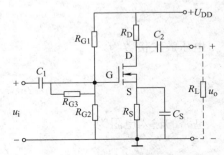

图 2-52　自给偏压共源极放大电路

（2）分压式偏置电路

图 2-53 所示电路为 N 沟道增强型 MOS 管组成的共源极放大电路。静态时，R_{G3} 中无电流，R_{G1} 和 R_{G2} 组成的分压器决定了栅极对地电位 V_G，即

$$V_G = \frac{R_{G2}}{R_{G1} + R_{G2}}U_{DD} \tag{2-63}$$

而源极对地电压则为

$$U_S = R_S I_D \tag{2-64}$$

静态时栅源电压为

$$U_{GS} = \frac{R_{G2}}{R_{G1} + R_{G2}}U_{DD} - R_S I_D \tag{2-65}$$

图 2-53　分压式偏置共源极放大电路

由式（2-65）可见，U_{GS} 可正可负，所以分压式偏置电路既适合于增强型 MOS 管也可用于耗尽型 MOS 管。

另外，I_D 和 U_{GS} 必须服从 MOS 管的转移特性方程，即

$$\begin{cases} I_D = I_{DSS}\left(1 - \dfrac{U_{GS}}{U_{GS(off)}}\right)^2 & （耗尽型） \\ I_D = K(U_{GS} - U_{GS(th)})^2 & （增强型） \end{cases} \tag{2-66}$$

联立求解，可求得分压式偏置电路的静态值 I_D 和 U_{GS}。电路中 R_{G3} 的阻值可取值到几 $M\Omega$，以增大输入电阻。

2.7.3 场效应晶体管放大电路的动态分析

MOS 管放大电路的动态分析也可以采用图解法或微变等效电路法。对于小信号放大电路，常采用微变等效电路法，分析的方法和晶体管放大电路完全一样。

1. MOS 管的微变等效模型

实际 MOS 管如图 2-54a 所示。MOS 管的栅极 G 和源极 S 间的输入电阻很大，可视为开路。当 MOS 管处于其恒流区时，它是用 u_{GS} 控制 i_D，是一个电压控制的电流源，故其输出回路与晶体管类似，可等效为一个受控电流源，这个电流源用 $g_m u_{gs}$ 表示，其微变等效模型如图 2-54b 所示。

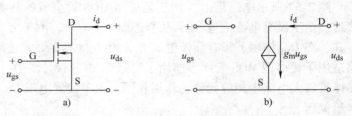

图 2-54　MOS 管的微变等效模型

2. 利用微变等效电路计算 A_u、r_i 和 r_o

与晶体管放大电路类似，把 MOS 管用其微变等效模型代替，画出放大电路的微变等效电路，就可以计算放大电路的性能指标，下面以图 2-53 为例说明计算过程。

（1）接有旁路电容 C_S 时的情况

接有旁路电容 C_S 时，C_S 对交流分量相当于短路，放大电路的微变等效电路如图 2-55a 所示，由图可知

$$\dot{U}_o = -g_m \dot{U}_{gs}(R_D /\!\!/ R_L) \tag{2-67}$$

$$\dot{U}_i = \dot{U}_{gs} \tag{2-68}$$

电压放大倍数为

$$A_u = \frac{\dot{U}_o}{\dot{U}_i} = -g_m(R_D /\!\!/ R_L) \tag{2-69}$$

电路的输入电阻为

$$r_i = \frac{\dot{U}_i}{\dot{I}_i} = R_{G3} + (R_{G1} /\!\!/ R_{G2}) \tag{2-70}$$

令 $\dot{U}_i = 0V$，则 $\dot{U}_{gs} = 0V$，断开 R_L 后，从输出端看进去的电阻即电路的输出电阻，为：

$$r_o = R_D \tag{2-71}$$

（2）旁路电容 C_S 开路时的情况

当 C_S 开路时，源极 S 经电阻 R_S 接地，等效电路如图 2-55b 所示，由图可知

$$\dot{U}_o = -g_m \dot{U}_{gs}(R_D /\!\!/ R_L) \tag{2-72}$$

$$\dot{U}_i = \dot{U}_{gs} + g_m \dot{U}_{gs} R_S = \dot{U}_{gs}(1 + g_m R_S) \tag{2-73}$$

电压放大倍数为

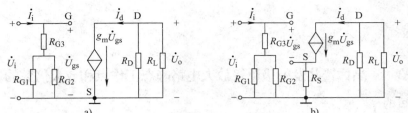

图 2-55　图 2-53 的微变等效电路

$$A_u = \frac{\dot{U}_o}{\dot{U}_i} = \frac{g_m(R_D /\!/ R_L)}{1 + g_m R_S} \tag{2-74}$$

由式(2-74)可知，若无 C_S，则 R_S 对交流分量引入了负反馈而使电压放大倍数下降。电路的输入、输出电阻不变。

图 2-56 所示为源极输出器电路，它与晶体管构成的射极输出器电路一样，具有电压放大倍数小于 1 但接近 1、输入电阻高和输出电阻低的特点。

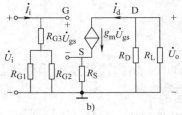

图 2-56　源极输出器电路

例 2-7　在如图 2-53 所示放大电路中，已知 $U_{DD} = 20V$，$R_D = 10k\Omega$，$R_S = 10k\Omega$，$R_{G1} = 200k\Omega$，$R_{G2} = 50k\Omega$，$R_{G3} = 1M\Omega$，$R_L = 10k\Omega$。所用的 MOS 管为 N 沟道耗尽型，其参数为 $I_{DSS} = 0.9mA$，$U_{GS(off)} = -4V$，$g_m = 1.5mA/V$。试求：（1）静态值；（2）动态参数 A_u、r_i 和 r_o。

解：（1）由图 2-53 可知

$$V_G = \frac{R_{G2}}{R_{G1} + R_{G2}} U_{DD} = \frac{50k\Omega}{200k\Omega + 50k\Omega} \times 20V = 4V$$

因此，静态工作点可由下列方程组（U_{GS} 单位为 V，I_D 单位为 mA）求得

$$\begin{cases} U_{GS} = 4 - 10I_D \\ I_D = 0.9\left(1 + \dfrac{U_{GS}}{4}\right)^2 \end{cases}$$

解之得

$$\begin{cases} U_{GS} = -1.01V \\ I_D = 0.5mA \end{cases} \quad \text{或者} \quad \begin{cases} U_{GS} = -8.76V \\ I_D = 1.27mA \end{cases}$$

由于 U_{GS} 不可能小于 $U_{GS(off)}$，因此 U_{GS}、I_D 的合理值为 $U_{GS} = -1.01V$，$I_D = 0.5mA$。由此得 $U_{DS} = U_{DD} - (R_D + R_S)I_D = 20V - (10k\Omega + 10k\Omega) \times 0.5mA = 10V$

（2）电压放大倍数为

$$A_u = -g_m(R_D /\!/ R_L) = -1.5mA/V \times \frac{10k\Omega \times 10k\Omega}{10k\Omega + 10k\Omega} = -7.5mA/V$$

输入电阻为

$$r_i = R_{G3} + R_{G1} /\!/ R_{G2} \approx R_{G3} = 1M\Omega$$

输出电阻为

$$r_o = R_D = 10k\Omega$$

2.8 实验

2.8.1 实验1 晶体管共发射极单管放大电路静态工作点和放大倍数的参数测量

1. 实验目的

1）掌握共发射极单管放大电路静态工作点 Q 的测量方法，能够判断晶体管共发射极放大电路的直流工作状态是否正常。

2）理解共发射极单管放大电路放大特性，掌握电压放大倍数的测量方法。

3）理解静态工作点对电压放大倍数的影响。

4）进一步熟悉和掌握常用仪器仪表的使用方法。

2. 实验设备与器件

1）模拟电路实验箱（或电路板）。

2）示波器。

3）函数信号发生器。

4）万用表。

5）直流稳压电源。

6）交流毫伏表。

3. 实验内容与步骤

（1）静态工作点的测量

图2-57 所示为晶体管共发射极放大电路的实验原理图，按照图中所示接好线路。

1）输入信号 u_i 暂不接入电路，直流稳压电源调整 +12V 晶体管共发射极放大电路的直流电源端，为电路提供 $U_{CC} = 12V$ 的稳定电压。

2）万用表选择直流电压档，测量晶体管 C、E 两端的电压。调节电位器 RP，使 C、E 两端的电压 $U_{CE} = 6V$ 左右。注意：由于测量误差的存在，每位操作者的测量值有所不同，可在 6V 左右变化，但不应偏离过大。

3）静态稳定后用万用表直流电压档分别测量晶体管的 B、C、E 引脚对参考地的直流电压值（U_B、U_C、U_E）和晶体管发射结电压（U_{BE}），将数据填入表2-2 中。

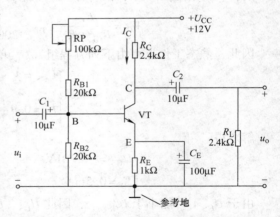

图2-57 晶体管共发射极放大电路的实验原理图

4）根据实验原理图中的已知条件计算出 I_B、I_C、I_E、U_B、U_C、U_E、U_{BE} 和 U_{CE} 的值并填入表2-2 中。

表2-2 静态工作点的测量

待测参数	U_{CE}	U_B	U_C	U_E	U_{BE}	I_B	I_C	I_E
测量值						—	—	—
计算值								

（2）电压放大倍数的测量

1）实验电路图如图 2-57 所示。调整好合适的静态工作点，一般情况下，可调节 RP 使得 $U_{CE}=6V$。

2）将函数信号发生器的输出信号调整为 $f=1kHz$、$U_{im}=10V$ 的正弦交流信号，将该信号作为实验电路的输入信号 u_i，接入实验电路的信号输入端。

3）同时用示波器观测放大电路输入信号 u_i 和输出信号 u_o 的波形，将测量的波形记录在图 2-58 所示的坐标系中。

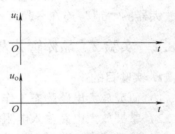

图 2-58　放大电路输入信号 u_i 和
输出电压 u_o 的测量波形记录

4）按照表 2-3 所规定的数值调整 R_C 和 R_L 的大小，保持输入信号 u_i（$f=1kHz$、$U_{im}=10V$）不变，用示波器观察输出信号 u_o 的波形变化情况，并记录 u_i 和 u_o 的波形，注意它们的相位关系。

5）按照表 2-3 所规定的数值调整 R_C 和 R_L 的大小，保持输入信号 u_i（$f=1kHz$、$U_{im}=10V$）不变，交流毫伏表分别测量输入信号 u_i 和输出信号 u_o 的有效值 U_i 和 U_o 的大小，将测量结果填入表 2-3 中。

6）根据测量的 U_i 和 U_o 的数值，计算对应的电压放大倍数 A_u，并将计算结果填入表 2-3 中。

表 2-3　电压放大倍数的测量

参数变化量		测　量　值		计　算　值
$R_C/k\Omega$	$R_L/k\Omega$	U_i/V	U_o/V	A_u
2.4	∞（R_L 开路）			
1.2	∞（R_L 开路）			
2.4	2.4			

（3）观察静态工作点对电压放大倍数的影响

1）置 $R_C=2.4k\Omega$，$R_L=\infty$（R_L 开路）状态下，调节 RP 大小，使 U_{CE} 的大小分别为表 2-4 中要求的数值。注意：调整 U_{CE} 大小时，要先将函数信号发生器输出旋钮旋至零。

2）在不同数值 U_{CE} 的条件下，将放大电路输入信号 u_i 设为频率为 $f=1kHz$ 的正弦信号，调整输入信号 u_i 的大小，用示波器观测放大电路输出电压 u_o 的波形，使输出信号 u_o 得到不失真信号，测量输入信号 u_i 和输出信号 u_o 的有效值 U_i 和 U_o，并将测量结果填入表 2-4 中。

3）根据测量结果计算电路的放大倍数 A_u，并填入表 2-4 中。

表 2-4　静态工作点对电压放大倍数的影响

参数变化量	U_{CE}/V	4	5	6	7	8
测量值	U_i/V					
	U_o/V					
计算值	A_u					

4. 实验注意事项

1）实验中输入信号和输出信号的有效值要用交流毫伏表测量，有的示波器只能粗略读取峰值，不能读取有效值。

2）注意表 2-4 中数据是在波形不失真的前提下测量的。

3）为避免干扰，放大器与每个电子仪器、仪表的连接应"共地"，即把所有的"地"与放大器的"地"连在一起。

2.8.2 实验2 晶体管共发射极单管放大电路波形失真及输入输出电阻的测试

1. 实验目的

1）研究放大电路静态工作点的设置与输出波形失真之间的关系。

2）掌握放大电路输入电阻和输出电阻的测试方法。

3）熟悉放大电路最大不失真输出电压的测量方法。

2. 实验设备与器件

1）模拟电路实验箱。

2）示波器。

3）函数信号发生器。

4）万用表。

5）直流稳压电源。

6）交流毫伏表。

3. 实验内容与步骤

图 2-59 所示为晶体管共发射极单管放大电路波形失真及输入电阻和输出电阻的测试实验电路，按照图中所示接好线路。电路的输入信号由函数信号发生器提供，输入信号 u_i 调整为 $f = 1\text{kHz}$、$U_{im} = 10\text{V}$。

（1）观察静态工作点对输出波形失真的影响

1）输入信号 u_i 暂不接入电路，直流稳压电源调整为 12V 后接晶体管共发射极放大电路的直流电源端，为电路提供 $U_{CC} = 12\text{V}$ 的稳定电压，置 $R_C = 2.4\text{k}\Omega$、$R_L = \infty$。

2）万用表选择直流电压档，测量晶体管 C、E 两端的电压。调节电位器 RP，使 C、E 两端的电压 $U_{CE} = 6\text{V}$ 左右。注意：由于测量误差的存在，每位操作者的测量值有所不同，可在 6V 左右变化，但不应偏离过大。

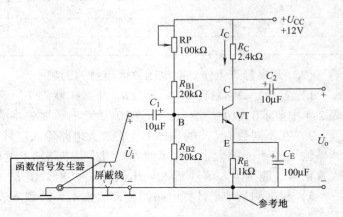

图 2-59 静态工作点对放大电路波形失真影响的实验电路

3）将函数信号发生器送出的输出信号作为实验电路的输入信号 u_i，接入实验电路的信号输入端，并通过示波器测量输出波形 u_o，将测量结果填入表 2-5 中。

4）将输入信号 u_i 置零，调节 RP，使 $U_{CE} = 1\text{V}$，调整函数信号发生器使 u_i 为 $f = 1\text{kHz}$、$U_{im} = 10\text{V}$，通过示波器测量输出波形 u_o，将测量结果填入表 2-5 中。

5）重复步骤4），分别用示波器测量当 $U_{CE} = 3\text{V}$、8V、10V 时的输出波形 u_o，将测量结果填入表 2-5 中。

6）根据上述步骤的测量结果，判断输出电压 u_o 的失真情况，将结果填入表 2-5 中。

表 2-5　静态工作点对输出波形失真的影响

实验条件 U_{CE}/V	观察记录 u_o 的波形	失真情况判别
1	u_o 波形	（　）饱和失真 （　）截止失真 （　）无失真
3	u_o 波形	（　）饱和失真 （　）截止失真 （　）无失真
6	u_o 波形	（　）饱和失真 （　）截止失真 （　）无失真
8	u_o 波形	（　）饱和失真 （　）截止失真 （　）无失真
10	u_o 波形	（　）饱和失真 （　）截止失真 （　）无失真

（2）测量输入电阻 r_i 和输出电阻 r_o

1）测量电路如图 2-60 所示，在交流信号源和电容 C_1 之间串联一个电阻 R（电阻值的大小已知）；置 $R_C = 2.4 k\Omega$、$R_L = 2.4 k\Omega$；按照前述的方法，调节 RP 获得合适的静态工作点（$U_{CE} = 6V$ 左右）；电路的输入信号由函数信号发生器提供，输入信号 u_i 调整为 $f = 1 kHz$、$U_{im} = 10V$；用示波器观测放大电路输出电压 u_o 的波形不失真。

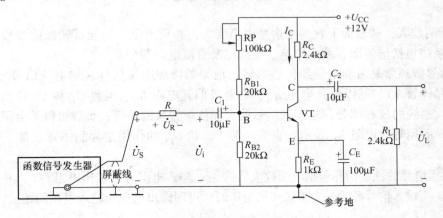

图 2-60　输入电阻、输出电阻的测量电路

2）用交流毫伏表分别测量信号源两端电压 U_S 和电容 C_1 左边点对参考地电压 U_i，以及断开负载电阻 R_L 时的输出电压 U_o 和接入负载电阻 R_L 后的输出电压 U_{oL}，数据记录入表 2-6 中。

表 2-6　输入电阻和输出电阻的测量

已知电阻	测量值				计算值		理论值	
$R/k\Omega$	U_S/mV	U_i/mV	U_{oL}/V	U_o/V	$r_i/k\Omega$	$r_o/k\Omega$	$r_i/k\Omega$	$r_o/k\Omega$

3）用交流毫伏表测出 U_S 和 U_i 的数据，运用公式 $r_i = \dfrac{U_i}{I_i} = \dfrac{U_i}{U_R/R} = \dfrac{U_i}{U_S - U_i}R$，计算出输入电阻 r_i，将计算结果填入表 2-6 的"计算值"中相应的位置。

4）运用理论公式计算输入电阻 r_i，将计算结果填入表 2-6 的"理论值"中相应的位置，并与"计算值"中的 r_i 对比。

5）用交流毫伏表分别测出不接负载 R_L 的输出电压 U_o 和接入负载 R_L 后的输出电压 U_{oL} 的数值，由公式 $U_{oL} = \dfrac{R_L}{R_L + r_o}U_o$ 可知，输出电阻 $r_o = \left(\dfrac{U_o}{U_{oL}} - 1\right)R_L$，将结果填入表 2-6 的"计算值"中相应的位置。

6）运用理论公式计算输出电阻 r_o，将计算结果填入表 2-6 的"理论值"中相应的位置，并与"计算值"中的 r_o 对比。

4. 实验注意事项

1）注意实验中静态分析时，电压的测量使用万用表，而动态分析时，电压的测量使用交流毫伏表。

2）晶体管的截止失真并非突变过程，因此所谓截止失真，并不像饱和失真那样有明显分界（削底）可供判断，测量过程中请注意观察。

3）测量输入电阻 r_i 时，电阻 R 的选择应与 r_i 为同一数量级，如果 R 的阻值过大，则容易引入干扰；而 R 的阻值过小，则容易引起较大的测量误差。

4）测量输出电阻 r_o 时，必须保持 R_L 接入前后输入信号大小不变。

知识点梳理与总结

1）所谓放大，从表面上看是将信号由小变大，实质上是实现能量转换的过程。简单的信号放大系统包括信号源、放大电路、负载以及直流电源四个部分。

2）信号源通常是由非电量经传感器转换而来的微弱电压信号（或电流信号）；放大电路包括了晶体管 VT、基极偏置电阻 R_B、集电极偏置电阻 R_C、电容 C_1 和 C_2 等元器件，它是信号放大系统的核心部分，是实现信号放大和能量转换的关键；负载可以是电阻或其他执行元件，一般用等效电阻 R_L 表示；直流电源 U_{BB} 和 U_{CC} 的作用是为晶体管正常工作提供外部条件。

3）放大电路的性能指标包括电压放大倍数 A_u、输入电阻 r_i 和输出电阻 r_o。其中，电压放大倍数 A_u：当输入信号源为一个正弦交流电压时，可用输出电压与输入电压的相量比来表示。

输入电阻 r_i：放大电路输入电阻的大小等于其端口的输入电压 $\dot{U}_i$ 和输入电流 $\dot{I}_i$ 的相量之比。输出电阻 r_o：从放大电路的输出端口看进去的等效电阻，就是等效电压源的内阻 r_o。

4）晶体管有三个电极，晶体管对小信号实现放大作用时在电路中可有三种不同的连接方式，即共（发）射极接法、共集电极接法和共基极接法。这三种接法分别以发射极、集电极、基极作为输入回路和输出回路的公共端，而构成不同的放大电路。

5）放大电路中三种连接方式的电路图、直流通路和交流通路对比见表 2-7，静态和动态性能指标见表 2-8。

表 2-7 放大电路中三种不同连接方式的电路图、直流通路和交流通路

电路名称	电路图	直流通路	微变等效电路
共发射极放大电路 — 固定偏置放大电路			
共发射极放大电路 — 分压式偏置放大电路			
共集电极放大电路			
共基极放大电路			

表 2-8 放大电路中三种连接方式静态和动态性能指标

电路名称	电路图	静态值	动态性能指标	特点及用途
共发射极放大电路 固定偏置放大电路		$I_{BQ} = \dfrac{U_{CC} - U_{BEQ}}{R_B}$ $I_{CQ} = \beta I_{BQ}$ $U_{CEQ} = U_{CC} - I_{CQ}R_C$	电压放大倍数：$A_u = -\beta\dfrac{R_C /\!/ R_L}{r_{be}}$ 输入电阻：$r_i = r_{be} /\!/ R_B$ 输出电阻：$r_o = R_C$	静态工作点不稳定，A_u大，u_o与u_i反相
分压式偏置放大电路		$V_B = \dfrac{R_{B2}}{R_{B1}+R_{B2}}U_{CC}$ $I_{CQ} \approx I_{EQ} = \dfrac{V_B - U_{BEQ}}{R_E}$ $I_{CQ} = \beta I_{BQ}$	电压放大倍数：$A_u = -\beta\dfrac{R_C /\!/ R_L}{r_{be}}$ 输入电阻：$r_i = R_{B1} /\!/ R_{B2} /\!/ r_{be}$ 输出电阻：$r_o = R_C$	静态工作点稳定，A_u大，u_o与u_i反相，r_i适中，应用广泛
共集电极放大电路		$I_{BQ} = \dfrac{U_{CC} - U_{BEQ}}{R_B + (1+\beta)R_E}$ $I_{CQ} = \beta I_{BQ}$ $U_{CEQ} \approx U_{CC} - I_{CQ}R_E$	电压放大倍数：$A_u = \dfrac{(1+\beta)(R_E/\!/R_L)}{r_{be}+(1+\beta)(R_E/\!/R_L)}$ 输入电阻：$r_i = R_B /\!/ [r_{be}+(1+\beta)(R_E/\!/R_L)]$ 输出电阻：$r_o = R_E /\!/ \dfrac{r_{be}+(R_B/\!/R_S)}{1+\beta}$	$A_u \le 1$，u_o与u_i同相，r_i大，r_o小，用作输入级、输出级、缓冲级
共基极放大电路		$V_B = \dfrac{R_{B1}}{R_{B1}+R_{B2}}U_{CC}$ $I_{CQ} \approx I_{EQ} = \dfrac{V_B - U_{BEQ}}{R_E}$ $I_{BQ} = \dfrac{I_{CQ}}{\beta}$ $U_{CEQ} \approx U_{CC} - I_{CQ}(R_C + R_E)$	电压放大倍数：$A_u = \beta\dfrac{R_C/\!/R_L}{r_{be}}$ 输入电阻：$r_i = R_E /\!/ \left[\dfrac{r_{be}}{1+\beta}\right]$ 输出电阻：$r_o = R_C$	A_u大，u_o与u_i同相，r_i小，r_o大，用作宽频带放大或作为恒流源

6）低频小功率晶体管的输入电阻常用估算公式为 $r_\text{be} \approx 200\Omega + (1 + \beta)\dfrac{26\text{mV}}{I_\text{EQ}(\text{mA})}$。

7）失真是指输出信号偏离输入信号的波形。放大电路的静态工作点 Q 设置不合适或者当信号源电压 e_s 过大，就会使输出信号超出晶体管的线性放大区，进入饱和区或者截止区，从而产生非线性失真。当静态工作点 Q 设置过低（在信号源 e_s 的负半周）时，输入信号电压的波形进入截止区，导致输出电压 u_o 的波形失真，称为截止失真；当静态工作点 Q 设置过高（在信号源 e_s 的正半周）时，有些工作点已进入饱和区，引起输出电压 u_o 的波形失真，称为饱和失真。

8）分压式固定偏置放大电路具有自动稳定静态工作点的能力，环境温度变化时的调节过程如图 2-61 所示。

9）多级放大电路的第一级称为输入级；中间级的用途是进行信号放大，提供足够大的放大倍数；最后一级是输出级，它与负载相接。最常用的耦合方式有三种：阻容耦合、直接耦合和变压器耦合。

$$T \uparrow \rightarrow I_\text{C} \uparrow \rightarrow I_\text{E} \uparrow \rightarrow V_\text{E} \uparrow \rightarrow U_\text{BE} \downarrow \rightarrow I_\text{B} \downarrow$$
$$I_\text{C} \downarrow$$

图 2-61　环境温度变化时的调节过程

10）多级放大电压放大倍数为

$$A_\text{u} = \frac{\dot{U}_\text{o}}{\dot{U}_\text{i}} = \frac{\dot{U}_\text{o1}}{\dot{U}_\text{i}} \cdot \frac{\dot{U}_\text{o2}}{\dot{U}_\text{i2}} \cdot \cdots \cdot \frac{\dot{U}_\text{o}}{\dot{U}_\text{in}} = A_\text{u1}A_\text{u2}\cdots A_{\text{u}n}$$

输入电阻：多级放大电路的输入电阻就是输入级（即第一级）的输入电阻。

输出电阻：就是输出级（即最后一级）的输出电阻。

11）功率放大器就是给负载提供足够大功率的不失真的输出信号去驱动负载，并能高效率地实现能量转换的放大电路，简称功放。按照静态工作点设置不同，可以将功率放大器的工作状态分为甲类、乙类和甲乙类放大等形式。

12）两只晶体管（NPN 型 + PNP 型）的性能参数完全相同，均接成共集电极状态。电路由双电源（ $+U_\text{CC}$ 和 $-U_\text{EE}$ ）供电，无输出电容，所以又称为 OCL 电路。采用单电源供电的互补对称电路的功率放大器，输出端不连接变压器，通过电容 C 与负载 R_L 耦合，又称为 OTL 电路。

13）在乙类工作状态下，由于晶体管存在"死区"，两只晶体管在轮流导通时衔接不好，输出信号 u_o 在正弦波过零点时产生严重的失真现象，这种失真就称为交越失真。

14）场效应晶体管是电压控制器件，即用栅源电压 U_GS 控制漏极电流 I_D。场效应晶体管放大电路也有三种组态，即共源极放大电路、共漏极放大电路和共栅极放大电路。

15）MOS 管有增强型和耗尽型两大类，每一类又有 N 沟道和 P 沟道之分。N 沟道耗尽型 MOS 管放大电路的直流偏置包括自给偏压电路和分压式偏置电路。

自给偏压电路静态： $U_\text{GS} = -R_\text{S}I_\text{D}$ ； $I_\text{D} = I_\text{DSS}\left(1 - \dfrac{U_\text{GS}}{U_{\text{GS(off)}}}\right)^2$ ； $U_\text{DS} = U_\text{DD} - (R_\text{D} + R_\text{S})I_\text{D}$。

分压式偏置电路静态： $V_\text{G} = \dfrac{R_\text{G2}}{R_\text{G1} + R_\text{G2}}U_\text{DD}$ ； $U_\text{S} = R_\text{S}I_\text{D}$ ； $U_\text{GS} = \dfrac{R_\text{G2}}{R_\text{G1} + R_\text{G2}}U_\text{DD} - R_\text{S}I_\text{D}$。

I_D 和 U_GS 必须服从晶体管的转移特性方程： $\begin{cases} I_\text{D} = I_\text{DSS}\left(1 - \dfrac{U_\text{GS}}{U_{\text{GS(off)}}}\right)^2 & （耗尽型） \\ I_\text{D} = K(U_\text{GS} - U_{\text{GS(th)}})^2 & （增强型） \end{cases}$ 。

16）MOS 管放大电路的动态指标包括 A_u、r_i 和 r_o。

有旁路电容 C_S：$A_u = \dfrac{\dot{U}_o}{\dot{U}_i} = -g_m(R_D /\!/ R_L)$；$r_i = \dfrac{\dot{U}_i}{\dot{I}_i} = R_{G3} + (R_{G1} /\!/ R_{G2})$；$r_o = R_D$。

旁路电容 C_S 开路：$A_u = \dfrac{\dot{U}_o}{\dot{U}_i} = \dfrac{g_m(R_D /\!/ R_L)}{1 + g_m R_S}$；输入电阻 r_i 和输出电阻 r_o 不变。

思考与练习 2

一、选择题（请将唯一正确选项的字母填入对应的括号内）

2.1 下列选项中的四个放大电路，哪个电路能够放大交流信号？（　　）

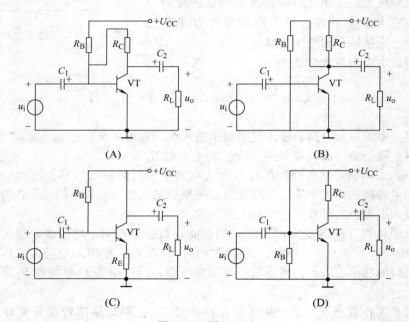

图 2-62 题 2.1 图

2.2 下列选项中的四个放大电路，哪个电路不能放大交流信号？（　　）

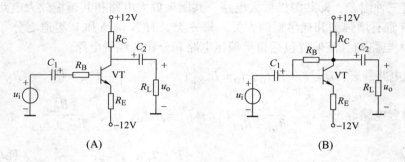

图 2-63 题 2.2 图

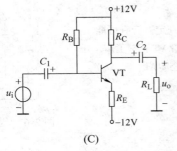

(C)

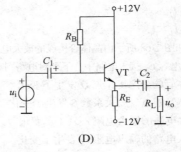

(D)

图 2-63　题 2.2 图（续）

2.3　图 2-64 所示为放大电路及其输入电压 u_i 和输出电压 u_o 波形。试问输出电压 u_o 产生了何种类型的失真？如何调节电阻 R_B 可以消除这种失真？

（A）产生了截止失真，应减小 R_B 以消除失真

（B）产生了饱和失真，应减小 R_B 以消除失真

（C）产生了截止失真，应增大 R_B 以消除失真

（D）产生了饱和失真，应增大 R_B 以消除失真

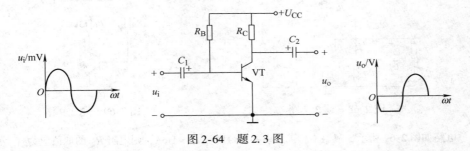

图 2-64　题 2.3 图

2.4　在如图 2-65 所示的电路中，静态分析时，欲使集电极电流 I_C 减小，应该如何调整电路？（　　　）

（A）减小 R_C　　　　（B）增大 R_C　　　　（C）减小 R_B　　　　（D）增大 R_B

2.5　（　　）某分压式偏置放大电路如图 2-66 所示，旁路电容 C_E 上的开关 K 初始状态为断开，如果开关 K 闭合，则下列判断不正确的是（　　　）。

（A）放大电路的静态工作点 Q 不变　　　　（B）放大电路的输出电压 U_o 变大

（C）放大电路的电压放大倍数 A_u 变小　　　　（D）放大电路的输入电阻 r_i 变小

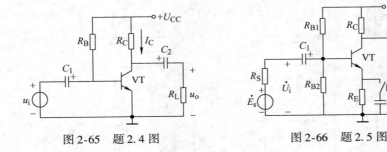

图 2-65　题 2.4 图　　　　　　　　图 2-66　题 2.5 图

2.6　在如图 2-67 所示的双晶体管构成的放大电路中，两个晶体管 VT_1 和 VT_2 的参数完全一致。已知两个晶体管都正常工作，试判定流过电阻 R_{C1} 的电流 I_1 和流过电阻 R_{C2} 的电流 I_2 的大小关系，正确的项是（　　　）。

（A）$I_1 > I_2$ （B）$I_1 = I_2$

（C）$I_1 < I_2$ （D）无法判定，皆有可能

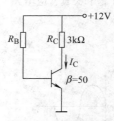

图 2-67　题 2.6 图

2.7　在如图 2-68 所示由晶体管构成的放大电路中，晶体管 VT 正常工作。开关 K 闭合，将电容 C_3 接入电路中，下列对电路判断正确的描述选项是（　　　）。

（A）晶体管的静态工作点 Q 发生了变化

（B）晶体管的电流放大系数 β 发生了变化

（C）放大电路的输入电阻 r_i 发生了变化

（D）放大电路的输出电阻 r_o 发生了变化

2.8　已知两个高输入电阻的单管放大器的电压放大倍数分别为 10 和 20，若将它们连接起来，组成阻容耦合两级放大电路，则组合后的电路电压放大倍数是（　　　）。

（A）10   （B）20   （C）30   （D）200

2.9　电路如图 2-69 所示，忽略 U_{BE}，如果要使得静态电压 $U_{CE} = 6V$，则电阻 R_B 的取值应为（　　　）。

（A）100kΩ   （B）300kΩ   （C）360kΩ   （D）600kΩ

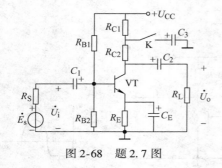

图 2-68　题 2.7 图　　　　　　　　　　图 2-69　题 2.9 图

2.10　电路如图 2-69 所示，忽略 U_{BE}，如果要使得电流 $I_C = 1mA$，则电阻 R_B 的取值应为（　　　）。

（A）100kΩ   （B）300kΩ   （C）360kΩ   （D）600kΩ

二、解答题

2.11　试判断如图 2-70 所示各电路能不能放大交流信号，为什么？

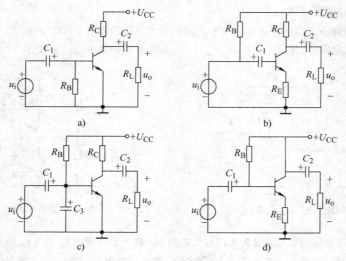

图 2-70　题 2.11 图

2.12　试画出如图 2-71 所示的各放大电路的直流通路和微变等效电路，并比较它们有何不同。

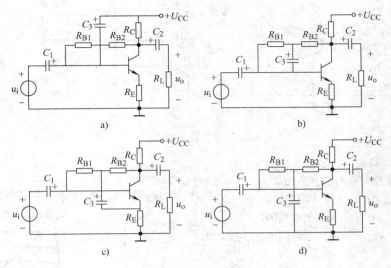

图 2-71　题 2.12 图

2.13　试画出如图 2-72 所示的各放大电路的直流通路和微变等效电路，并比较它们有何不同。

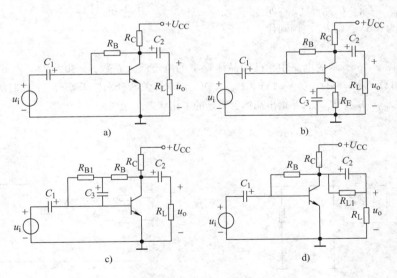

图 2-72　题 2.13 图

2.14　晶体管放大电路如图 2-73a 所示，已知 $U_{CC} = 12V$，$R_C = 3k\Omega$，$R_B = 240k\Omega$，忽略 U_{BE}，晶体管的 $\beta = 40$。试求：(1) 用直流通路法估算各静态值 I_{BQ}、I_{CQ}、U_{CEQ}；(2) 晶体管的输出特性如图 2-73b 所示，利用上面求得的 I_{BQ}，试用图解法求放大电路静态工作点；(3) 静态时（$u_i = 0V$）电容 C_1 和 C_2 上的电压各为多少？并标出极性。

2.15　某共发射极放大电路如图 2-74a 所示，晶体管 VT 的输出特性曲线如图 2-74b 所示。信号源 e_s 是某正弦信号，输出信号 u_o 从负载电阻 R_L 上产生。已知 $U_{CC} = 12V$，$R_L = 6k\Omega$，$R_B = 300k\Omega$，晶体管的电流放大倍数 $\beta = 50$，晶体管的发射结正向电压降 U_{BE} 可以忽略不计，即 $U_{BE} \approx 0V$。按要求回答下列问

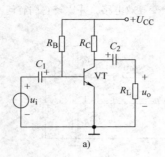
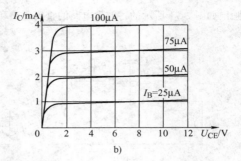

图 2-73　题 2.14 图

题：（1）根据直流负载线求电阻 R_C 的大小；（2）画出该放大电路的直流通路，并求出静态值 I_{BQ}、I_{CQ}、U_{CEQ} 以及晶体管输入电阻 r_{be}；（3）画出该放大电路的微变等效电路；（4）求该放大电路的电压放大倍数 A_u、输入电阻 r_i。

2.16　放大电路如图 2-75 所示，相关电阻值已标注，且忽略 U_{BE} 的大小。试求：（1）设晶体管 $\beta = 100$，试求静态工作点的静态值 I_{BQ}、I_{CQ}、U_{CEQ}；（2）如果要把 U_{CE} 调整为 6.5V，则 R_B 应调到什么值？

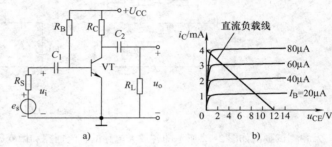

图 2-74　题 2.15 图

2.17　在如图 2-76 所示的电路中，已知晶体管 T 的电流放大系数 $\beta = 30$，$U_{BE} = 0.6V$，电阻 $R_{B1} = 500k\Omega$，$R_{B2} = 50k\Omega$，$R_C = 5k\Omega$，$U_{CC} = 15V$，$U_{BB} = 5V$。试求开关 S 分别置于 a、b、c 处时的晶体管的静态工作点的静态值 I_{BQ}、I_{CQ}、U_{CEQ}，并指出晶体管所处的工作状态。

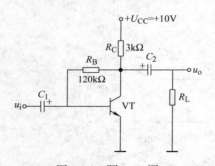

图 2-75　题 2.16 图

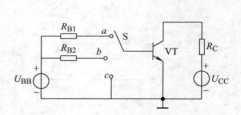

图 2-76　题 2.17 图

2.18　如图 2-77 所示，$R_{B1} = 51k\Omega$，$R_{B2} = 10k\Omega$，$R_C = 3k\Omega$，$R_E = 0.5k\Omega$，$R_L = 3k\Omega$，$U_{CC} = 12V$，晶体管电流放大系数 $\beta = 30$，$U_{BE} = 0.7V$。试求：（1）计算静态工作点的静态值 I_{BQ}、I_{CQ}、U_{CEQ}；（2）如果换上一只 $\beta = 60$ 的同类型晶体管，工作点如何变化？（3）如果温度升高，试说明 U_{CE} 将如何变化；（4）换上 PNP 型晶体管，电路将如何改动？

2.19　某分压式偏置放大电路如图 2-78 所示，已知 $U_{CC} = 14V$，$R_C = R_L = 2k\Omega$，$R_{B1} = 100k\Omega$，$R_{B2} = 40k\Omega$，$R_S = 200\Omega$，$R_E = 2k\Omega$，晶体管的电流放大系数 $\beta = 50$，$U_{BE} = 0.6V$，开关 K 开始是闭合的。按要求回答下列问题：（1）画出该电路的直流通路，求出静态工作点的静态值 I_{BQ}、I_{CQ}、U_{CEQ}；（2）画出微变等

效电路；（3）求晶体管的输入电阻 r_{be}、输入电阻 r_i、电压放大倍数 A_u；（4）如果开关 K 断开，则电压放大倍数的绝对值 $|A_u|$ 如何变化（变大，不变，变小）？

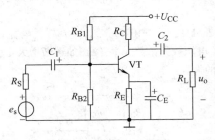

图 2-77　题 2.18 图

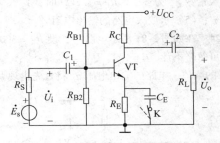

图 2-78　题 2.19 图

2.20　在调试放大电路的过程中，对于图 2-79a 所示的放大电路和正弦输入电压 u_i，负载 R_L 上的输出电压 u_o 曾出现过如图 2-79b ~ d 所示三种不正常波形。试判断三种情况分别是何种失真？应如何调节才能消除失真？

2.21　在如图 2-80 所示电路中，已知晶体管 $\beta = 60$，输入电阻 $r_{be} = 1.8k\Omega$，信号源的输入信号电压 $e_s = 15\sqrt{2}\sin3140t$ mV，内阻 $R_S = 0.6k\Omega$，$R_{B1} = 120k\Omega$，$R_{B2} = 39k\Omega$，$R_L = R_C = 3.9k\Omega$，$R_E' = 2k\Omega$，$R_E'' = 0.1k\Omega$，$U_{CC} = 12V$。试求：（1）该放大电路的输入电阻 r_i 和输出电阻 r_o；（2）输出电压 u_o；（3）如果 $R_E'' = 0\Omega$，求输出电压 u_o。

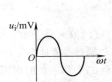

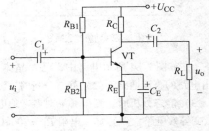

a)

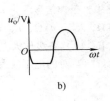

b)

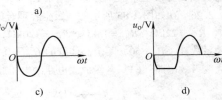

c)　　　　　d)

图 2-79　题 2.20 图

2.22　在如图 2-81 所示电路中，设 $U_{CC} = 12V$，$R_C = 2k\Omega$，$R_E = 2k\Omega$，$R_B = 300k\Omega$，晶体管 $\beta = 50$。电路有两个输出端。试求：（1）画出放大电路的微变等效电路；（2）分别求出电压放大倍数 $A_{u1} = \dfrac{\dot{U}_{o1}}{\dot{U}_i}$ 和 $A_{u2} = \dfrac{\dot{U}_{o2}}{\dot{U}_i}$；（3）分别求出输出电阻 r_{o1} 和 r_{o2}。

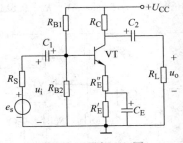

图 2-80　题 2.21 图

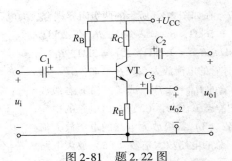

图 2-81　题 2.22 图

2.23 图 2-82 所示为某射极输出器，设 $\beta = 100$，$R_B = 560\text{k}\Omega$，$R_E = 5.6\text{k}\Omega$，$U_{CC} = 12\text{V}$，信号源内阻 $R_S = 0.8\text{k}\Omega$。试求：（1）静态工作点的静态值 I_{BQ}、I_{CQ}、U_{CEQ}；（2）画出微变等效电路；（3）$R_L \to \infty$ 时，电压放大倍数 A_u 为多少？$R_L = 1.2\text{k}\Omega$ 时，A_u 又为多少？（4）分别求 $R_L \to \infty$，$R_L = 1.2\text{k}\Omega$ 时放大电路的输入电阻 r_i；（5）求放大电路的输出电阻 r_o。

2.24 在如图 2-83 所示电路中，设 $R_B = 300\text{k}\Omega$，$R_C = 2.5\text{k}\Omega$，$R_L = 10\text{k}\Omega$，$U_{BE} = 0.7\text{V}$，电容 C_1、C_2 的容抗可忽略不计，$\beta = 100$，$U_{CC} = 10\text{V}$。试求：（1）该电路电压放大倍数 A_u；（2）如逐渐增大正弦输入信号 u_i 的幅值，电路的输出电压 u_o 将首先出现哪一种形式的失真？

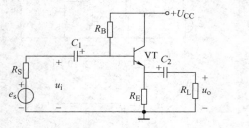

图 2-82 题 2.23 图

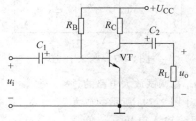

图 2-83 题 2.24 图

2.25 在如图 2-84 所示电路中，已知晶体管的电流放大系数 $\beta = 50$，$U_{BE} \approx 0.7\text{V}$，$R_L = 4\text{k}\Omega$。试求：（1）画出电路的直流通路；（2）静态分析时，测得 C 端对参考地电位是 0V，试求此时电阻 R_B 和电压 U_{CE} 的大小；（3）静态分析时，测得 E 端对参考地电位是 0V，试求此时电阻 R_B 和电压 U_{CE} 的大小；（4）画出电路的微变等效电路；（5）如果电阻 $R_B = 200\text{k}\Omega$，试计算放大电路的电压放大倍数 A_u。

2.26 在如图 2-85 所示的两级阻容耦合放大电路中，已知信号源 $e_s = 10\sin\omega t$ mV，$R_S = 0.5\text{k}\Omega$，$U_{CC} = 12\text{V}$，$R_{B1} = 22\text{k}\Omega$，$R_{B2} = 15\text{k}\Omega$，$R_{B3} = 120\text{k}\Omega$，$R_C = 3\text{k}\Omega$，$R_{E1} = 4\text{k}\Omega$，$R_{E2} = 3\text{k}\Omega$，$R_L = 3\text{k}\Omega$，晶体管的电流放大系数 $\beta_1 = \beta_2 = 50$，两个晶体管的 $U_{BE} \approx 0.7\text{V}$。试求：（1）各级放大电路的静态工作点；（2）画出电路的微变等效电路；（3）各级放大电路的电压放大倍数；（4）总的电压放大倍数。

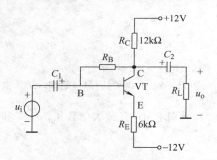

图 2-84 题 2.25 图

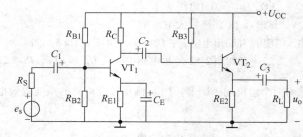

图 2-85 题 2.26 图

2.27 在如图 2-86 所示的两级阻容耦合放大电路中，已知信号源 $e_s = 15\sin\omega t$ mV，$R_S = 0.8\text{k}\Omega$，$U_{CC} = 14\text{V}$，$R_B = 56\text{k}\Omega$，$R_E = 2.5\text{k}\Omega$，$R_{B1} = 20\text{k}\Omega$，$R_{B2} = 10\text{k}\Omega$，$R_{E1} = 1.5\text{k}\Omega$，$R_{C1} = 3\text{k}\Omega$，$R_L = 3\text{k}\Omega$，晶体管的电流放大系数 $\beta_1 = 40$，$\beta_2 = 50$。两个晶体管的 $U_{BE} \approx 0.7\text{V}$。试求：（1）各级放大电路的静态工作点；（2）画出电路的微变等效电路；（3）各级放大电路的电压放大倍数；（4）总的电压放大倍数；（5）放大电路的输入电阻和输入电阻。

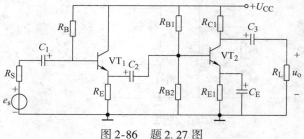

图 2-86 题 2.27 图

第3章　集成运算放大器

教学导航

集成电路（integrated circuit）是一种具有特定功能的微型电子电路，分为数字式集成电路和模拟式集成电路。杰克·基尔比发明了基于锗（Ge）的集成电路，罗伯特·诺伊思发明了基于硅（Si）的集成电路。在采用一定的半导体制造工艺的基础上，把一个由晶体管、电阻、电容、电感等元器件和布线构成的电路制作在一小块基片上，能够实现所需电路功能的微型结构就是集成电路。

运算放大器是模拟集成电路中的一种，产生于20世纪60年代以后，因最早是用于模拟信号运算而得名。集成运算放大器具有可靠性高、功耗低、体积小和使用方便等特点，在信号的放大、测量、运算和处理等各种领域具有广泛的应用。

教学目标

1）理解电路中出现零点漂移的现象；初步了解差动放大电路的工作原理及放大作用。

2）理解集成运算放大器的基本组成，了解主要性能指标、电压传输特性；掌握理想集成运算放大器的概念及特性。

3）掌握集成运算放大器在线性区的基本运算电路。

4）理解集成运算放大器的非线性应用。

5）了解在实际使用集成运算放大器时应该注意的一些问题。

3.1　差动放大电路

3.1.1　直接耦合放大电路存在的问题

在实际的电子电路中，经常要传递一些变化缓慢的信号和直流信号，这时就不能采用阻容耦合电路了，只能选用直接耦合的放大电路。但直接耦合也存在着一些问题：

1）直接耦合方式存在前后级之间静态工作点相互影响的问题，需要合理地匹配各级之间静态工作点的关系。

2）直接耦合电路存在零点漂移的问题。零点漂移是指当输入信号为零时，在放大器的输出端出现缓慢而不规则的电压波动。这主要是因为晶体管的参数受温度影响较大，或者电源电压不稳定等因素。有时候零点漂移量甚至可以影响到放大电路的正常工作，这时就必须采取措施抑制零点漂移。

差动放大电路也称为差分放大电路，能够有效地抑制零点漂移。

3.1.2 差动放大电路的结构

图 3-1a 所示为基本差动放大电路。图中，晶体管 VT_1 和 VT_2 特性相同，由发射极电阻 R_E 耦合成对称的共发射极电路，左右两边 R_C 相等；电路由正负电源（$+U_{CC}$ 和 $-U_{EE}$）供电，且 $U_{CC} = U_{EE}$；电路具有两个输入端，输入信号从两个基极与地之间输入；两个输出端，输出信号从两个集电极输出，所以又称为双端输入双端输出差动放大电路。

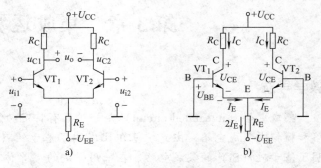

图 3-1 基本差动放大电路

3.1.3 双端输入双端输出差动放大电路的静态分析

图 3-1b 所示为双端输入双端输出差动放大电路的直流通路。静态时，即 $u_{i1} = u_{i2} = 0V$。因电路结构对称，两边的静态工作点必然相同，所以可得

$$U_{BEQ} + 2I_{EQ}R_E = U_{EE}$$

$$I_{EQ} = \frac{U_{EE} - U_{BEQ}}{2R_E} \approx \frac{U_{EE}}{2R_E} \tag{3-1}$$

$$I_{BQ} = \frac{I_{EQ}}{(1+\beta)} \approx \frac{U_{EE}}{2(1+\beta)R_E} \tag{3-2}$$

$$I_{CQ} = \beta I_{BQ} \approx \frac{U_{EE}}{2R_E} \tag{3-3}$$

$$\begin{aligned} U_{CEQ} &= U_{CC} + U_{EE} - I_{CQ}R_C - 2I_{EQ}R_E \\ &= U_{CC} - I_{CQ}R_C + U_{BEQ} \\ &\approx U_{CC} - I_{CQ}R_C \end{aligned} \tag{3-4}$$

由于 $U_{CEQ1} = U_{CEQ2}$，所以可得 $u_o = U_{CEQ1} - U_{CEQ2} = 0V$。由此可见，理想的双端输入双端输出差动放大电路在零输入状态可以实现零输出，抑制了零点漂移。

3.1.4 双端输入双端输出差动放大电路的动态分析

1. 共模信号输入及共模放大倍数

图 3-2 所示为双端输入双端输出差动放大电路共模信号输入时的交流通路。共模输入信号是指差动放大器两个输入端的输入信号 u_{i1} 和 u_{i2} 大小相等、极性相同，即 $u_{i1} = u_{i2}$，用 u_{ic} 表示。在共模输入信号的作用下，差动放大器的输出信号称为共模输出信号 u_{oc}，此时的电压放大倍数称用 A_{uc} 表示，称为共模放大倍数，计算公式为

$$A_{uc} = \frac{u_{oc}}{u_{ic}} \tag{3-5}$$

如果电路参数完全对称，则 $u_{C1} = u_{C2} = -i_c R_C$，所以输出电压 $u_{oc} = u_{C1} - u_{C2} = 0V$，则共模放大倍数 A_{uc} 为

$$A_{uc} = \frac{u_{oc}}{u_{ic}} = \frac{u_{C1} - u_{C2}}{u_{ic}} = 0$$

由此可见，在理想状态下，基本差动放大电路对共模信号没有放大作用。由温度变化引起对称电路两边的参数变化，可以看成是一对大小相等、极性相同的共模信号，电路输出漂移电压为零。

2. 差模信号输入和差模放大倍数

图 3-3 所示为双端输入双端输出差动放大电路差模信号输入时的交流通路。差模输入信号是指差动放大器两个输入端的输入信号 u_{i1} 和 u_{i2} 大小相等、极性相反，即 $u_{i1} = -u_{i2}$，用 u_{id} 表示。在差模输入信号的作用下，差动放大器的输出电压为差模输出电压 u_{od}，此时的电压放大倍数用 A_{ud} 表示，称为差模电压放大倍数，它等于输出电压 u_{od} 和输入电压的差值（$u_{i1} - u_{i2}$）之比，即

$$A_{ud} = \frac{u_{od}}{u_{i1} - u_{i2}} \tag{3-6}$$

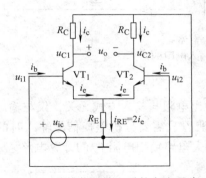
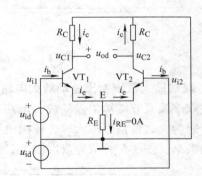

图 3-2 共模信号输入时的交流通路   图 3-3 差模信号输入时的交流通路

由图 3-3 可知，$u_{od} = u_{C1} - u_{C2} = 2u_{C1} = -2i_c R_C$，且 $u_{i1} - u_{i2} = 2u_{id}$，所以在电路空载状态下可得

$$A_{ud} = \frac{u_{od}}{u_{i1} - u_{i2}} = \frac{-2i_c R_C}{2u_{id}} = \frac{-2i_c R_C}{2i_b r_{be}} = \frac{-2\beta i_b R_C}{2i_b r_{be}} = -\frac{\beta R_C}{r_{be}} \tag{3-7}$$

3. 双端输入双端输出差动放大电路的共模抑制比

一般情况下，差动放大器两边的参数不可能完全对称，在共模信号 u_{ic} 的作用下，有一定的共模输出信号 u_{oc}，其共模放大倍数也不等于零。为了表征差动放大电路对共模信号的抑制能力，引入共模抑制比 K_{CMRR}，定义为差动放大电路的差模电压放大倍数 A_{ud} 与共模电压放大倍数 A_{uc} 的比值，即

$$K_{CMRR} = \left| \frac{A_{ud}}{A_{uc}} \right| \tag{3-8}$$

通过式(3-8) 可以得到，共模抑制比越大，电路对共模信号（零点漂移）的抑制能力越强。理性情况下，双端输入双端输出差动放大电路的共模抑制比 $K_{CMRR} \rightarrow \infty$。

4. 双端输入双端输出差动放大电路的输入电阻

如图 3-4a 所示，差模信号输入电阻的定义为

$$r_{id} = \frac{u_{i1} - u_{i2}}{i_b} = \frac{2u_{id}}{i_b} = \frac{2i_b r_{be}}{i_b} = 2r_{be} \tag{3-9}$$

如图 3-4b 所示，共模信号输入电阻的定义为

$$r_{ic} = \frac{u_{ic}}{2i_b} = \frac{i_b r_{be} + 2i_e R_E}{2i_b} = \frac{r_{be} + 2(1+\beta) R_E}{2} \tag{3-10}$$

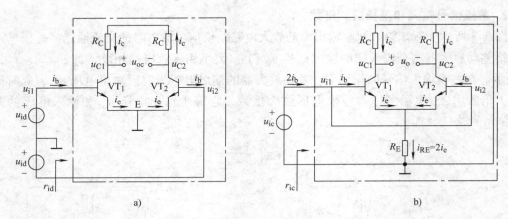

图 3-4　差模输入电阻和共模输入电阻的计算

5. 双端输入双端输出差动放大电路的输出电阻

在双端输入双端输出差动放大电路中，电路的输出电阻与输入方式无关，仅与输出方式有关。因为在共模信号输入时，输出电压 $u_{oc} = 0V$，所以只需要分析差模信号输入时的输出电阻的大小。图 3-5 所示为双端输入双端输出差动放大电路输出电阻 r_o 的计算电路。

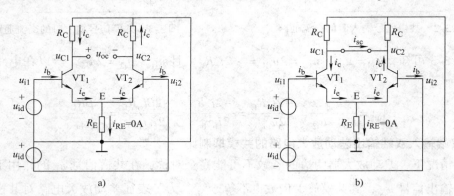

图 3-5　双端输入双端输出差动放大电路输出电阻 r_o 的计算电路

图 3-5a 所示为开路电压的计算电路，由图可得开路电压为

$$u_{oc} = A_d(u_{i1} - u_{i2}) = -\frac{\beta R_C}{r_{be}} \times 2u_{id} \tag{3-11}$$

图 3-5b 所示为短路电流的计算电路，由图可得短路电流为

88

$$i_{sc} = -i_c = -\beta i_b = -\beta \frac{u_{id}}{r_{be}} \tag{3-12}$$

所以，放大电路的输出电阻 r_o 为

$$r_o = \frac{u_{oc}}{i_{sc}} = \frac{-\dfrac{\beta R_C}{r_{be}} \times 2u_{id}}{-\beta \dfrac{u_{id}}{r_{be}}} = 2R_C \tag{3-13}$$

6. 比较信号

在实际的差动放大电路中，加在输入端的信号既不是共模信号，也不是差模信号，这种输入信号称为比较信号。对比较信号的处理，是将两个输入信号进行等价变换，分解出信号中所包含的共模分量 u_{ic} 和差模分量 u_{id}。

图 3-6a 所示为比较输入时的交流通路，已知 u_{i1} 和 u_{i2} 是一对比较输入信号，将输入信号分解后的线性叠加等效变换电路如图 3-3b 所示，则有

$$\begin{cases} u_{i1} = u_{ic} + u_{id} \\ u_{i2} = u_{ic} - u_{id} \end{cases} \quad 或 \quad \begin{cases} u_{id} = \dfrac{u_{i1} - u_{i2}}{2} \\ u_{ic} = \dfrac{u_{i1} + u_{i2}}{2} \end{cases} \tag{3-14}$$

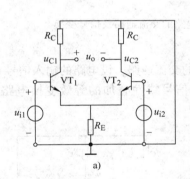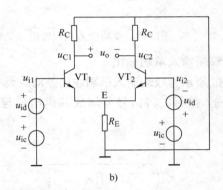

图 3-6　比较输入时的交流通路及输入信号等效变换

此时，差动放大电路的输出信号 u_o 为差模输入信号单独作用时的差模输出信号 u_{od} 与共模输入信号单独作用时的输出信号 u_{oc} 的叠加，即

$$u_o = u_{od} + u_{oc} \tag{3-15}$$

理想状态下，差动放大电路对共模分量起抑制作用，即 $u_{oc} = 0\text{V}$，则可得 $u_o = u_{od}$，电路的放大倍数为

$$A_u = \frac{u_o}{u_{i1} - u_{i2}} = \frac{u_{od}}{2u_{id}} = -\frac{\beta R_C}{r_{be}} \tag{3-16}$$

3.1.5　差动放大电路其他输入方式的动态分析

差动放大电路有两个输入端和两个输出端，在实际使用时除了双端输入双端输出方式外，还可以采用双端输入单端输出、单端输入双端输出和单端输入单端输出三种工作状态。

（1）单端输入双端输出

单端输入双端输出差动放大电路的交流通路如图 3-7a 所示。晶体管 VT_1 接入输入信号 u_{i1}，晶体管 VT_2 的基极接地，即 $u_{i2} = 0V$。对于单端输入双端输出差动放大电路，可以将输入信号进行等价变换，如图 3-7b 所示。从图 3-7b 中可以看出，等价变换后的单端输入双端输出差动放大电路就可以等效为双端输入双端输出差动放大电路了，且可以得到一对差模信号 $\pm\dfrac{u_{i1}}{2}$ 和一对共模信号 $\dfrac{u_{i1}}{2}$。所以，单端输入双端输出差动放大电路的电路分析可以采用双端输入双端输出差动放大电路的分析方法。

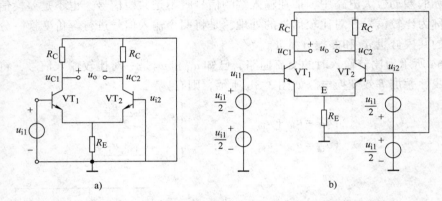

图 3-7 单端输入双端输出差动放大电路的交流通路及信号变换

（2）双端输入单端输出

图 3-8a 所示为双端输入单端输出差动放大电路的交流通路，设电路的输入信号 u_{i1} 和 u_{i2} 是一对比较输入信号，将信号分解成共模信号与差模信号线性叠加的等效变换电路如图 3-8b 所示。

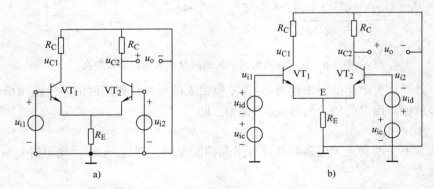

图 3-8 基本差动放大电路双端输入单端输出的交流通路及信号变换

图 3-8b 可知，在差模分量单独作用下，输入信号为 $u_{i1} - u_{i2} = 2u_{id}$，$u_o = u_{C2}$，差模电压放大倍数为

$$A_{ud} = \frac{u_o}{u_{i1} - u_{i2}} = \frac{u_{C2}}{2u_{id}} = -\frac{i_c R_C}{2i_b r_{be}} = -\frac{\beta i_b R_C}{2i_b r_{be}} = -\frac{\beta R_C}{2r_{be}} \tag{3-17}$$

在共模分量单独作用下，输入信号为 u_{iC}，$u_o = u_{C2}$，共模电压放大倍数为

$$A_{uc} = \frac{u_o}{u_{ic}} = \frac{u_{C2}}{u_{ic}} = \frac{-\beta i_b R_C}{i_b r_{be} + 2(1+\beta) i_b R_E} = -\frac{\beta R_C}{r_{be} + 2(1+\beta) R_E} \qquad (3-18)$$

差模分量单独作用时，差模输入电阻为

$$r_{id} = \frac{u_{i1} - u_{i2}}{i_b} = \frac{2u_{id}}{i_b} = 2r_{be} \qquad (3-19)$$

共模分量单独作用时，共模输入电阻为

$$r_{ic} = \frac{u_{ic}}{2i_b} = \frac{i_b r_{be} + 2i_e R_E}{2i_b} = \frac{r_{be} + 2(1+\beta) R_E}{2} \qquad (3-20)$$

图 3-9 所示电路为开路短路法求差模输入时，放大电路输出电阻的计算电路，其中，图 3-9a 所示为开路电压的计算电路，由此可得开路电压为 $u_{oc} = i_c R_C$；图 3-9b 所示为短路电流的计算电路，由此可得短路电流为 $i_{sc} = i_c$，故输出电阻为

$$r_o = \frac{u_{oc}}{i_{sc}} = \frac{i_c R_C}{i_c} = R_C \qquad (3-21)$$

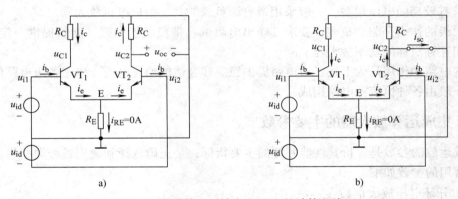

图 3-9　差模输入时输出电阻 r_o 的计算电路

（3）单端输入单端输出

图 3-10a 所示为单端输入单端输出差动放大电路，图 3-10b 所示为其交流通路。在分析单端输入单端输出差动放大电路时，首先需要将输入端的输入信号分解成一对差模信号和一对共模信号的线性叠加，其次按照双端输入单端输出差动放大电路的分析方法进行性能指标的分析，这样即可得出相应的结论。限于篇幅，不再赘述。

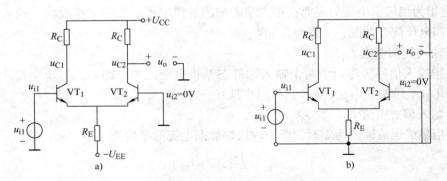

图 3-10　单端输入单端输出的基本差动放大电路

3.2 集成运算放大器

3.2.1 集成运算放大器的基本结构

图 3-11 所示为典型集成运算放大器的原理框图，它主要由输入级、中间级、输出级和偏置电路四个主要环节构成。

输入级通常采用差动放大电路，它有同相和反相两个输入端。要求其输入电阻高，抑制干扰，减小零点漂移。它是集成运算放大器性能的关键环节。

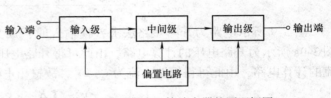

图 3-11　典型集成运算放大器的原理框图

中间级主要是完成电压放大任务，要求有较高的电压增益，一般采用带有源负载的共发射极电压放大器。

输出级的作用是驱动负载，要求其输出电阻低、带负载能力强，能够提供一定的功率，一般采用互补对称的功率放大器。

偏置电路的作用是为上述各级电路提供稳定和合适的偏置电流，决定各级电路的静态工作点，一般由各种恒流源电路构成。

3.2.2 集成运算放大器的主要参数

集成运放的参数是评价其性能好坏的主要指标，是正确选择和使用各种类型集成运放的依据，常用的参数如下。

（1）开环电压放大倍数 A_{uo}

A_{uo} 是指集成运放的输出端与输入端之间在无外加回路时的输出电压与两输入端之间的信号电压之比，常用分贝（dB）表示，定义为

$$A_{uo} = 20 \lg \frac{U_o}{U_i} (dB) \tag{3-22}$$

常用集成运放的开环电压放大倍数一般为 80～140dB。

（2）输入失调电压 U_{IO}

U_{IO} 是指为使输出电压为零而在输入端需加的补偿电压。它的大小反映了输入级电路的对称程度和电位配合情况，一般为几 mV。

（3）输入失调电流 I_{IO}

I_{IO} 是指输入信号为零时，两个输入端静态基极电流之差，即 $I_{IO} = |I_{B1} - I_{B2}|$，$I_{IO}$ 一般在零点零几 μA 到零点几 μA 级，其值越小越好。

（4）输入偏置电流 I_{IB}

I_{IB} 是指集成运放输出为零时，两个输入端静态电流的平均值，即

$$I_{IB} = \frac{1}{2}(I_{B1} + I_{B2}) \tag{3-23}$$

它是衡量差分管输入偏置电流大小的标志。I_{IB} 的大小反映了放大器的输入电阻和输入

失调电流的大小，输入偏置电流越小越好，一般为零点几 μA 级。

（5）最大共模输入电压 U_{ICM}

U_{ICM} 表示集成运放输入端所能承受的最大共模输入电压。若超过此值，它的共模抑制性能将显著恶化。

（6）最大差模输入电压 U_{IDM}

U_{IDM} 是指集成运放正常工作时，在两个输入端之间允许加载的最大的差模输入电压。

（7）差模输入电阻 r_{id}

r_{id} 是集成运放的两个输入端加入差模信号时的交流输入电阻，此电阻越大越好。

（8）最大输出电压 U_{OPP}

U_{OPP} 是指集成运放在额定电源电压和额定负载下，不出现明显非线性失真的最大输出电压峰-峰值。它与集成运放的电源电压值有关。

除上述介绍的几项主要参数指标外，其他参数（如差模输出电阻、共模抑制比、温度漂移等）的含义比较明显，故在此不一一说明。

3.2.3　集成运算放大器的传输特性

1. 理想集成运算放大器的特性

集成运算放大器是一种高放大倍数的多级直接耦合放大电路，其电路符号如图 3-12 所示，其中，u_+、u_-、u_o 均是相对"地"而言的。u_o 是输出端，u_+ 是同相输入端，标有" + "号，表示输入信号从该端送入时，输出信号与输入信号极性相同；u_- 是反相输入端，标有" – "号，表示输入信号从该端送入时，输出信号与输入信号极性相反。

理想运算放大器的主要特性如下：

1）开环电压放大倍数 $A_{uo} \to \infty$，即只要它的输入端有电压输入信号，其输出端就会输出所能输出的最大信号。

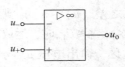

图 3-12　集成运算放大器的电路符号

2）差模输入电阻 $r_{id} \to \infty$，即无论器件上加多大的电压信号，真正的输入电流都近似于零，也就是说，几乎不从信号源吸取能量。

3）开环输出电阻 $r_o \to 0\Omega$，即不带反馈时的输出电阻近似为零，带负载的能力非常强。

4）共模抑制比 $K_{CMRR} \to \infty$，即对差模信号有放大作用，对共模信号几乎能全部抑制。

5）没有失调现象，即当输入信号为零时，输出信号也为零。

2. 运算放大器的线性区和非线性区

在运算放大器的实际使用过程中，常常需要对运算放大器的工作状态进行分析，这就必须分清运放是工作在线性区还是非线性区。

（1）线性区

在实际应用中，运算放大器需要引入深度负反馈才能使其工作在线性区。此时，输出电压 u_o 与两输入端之间电压（$u_+ - u_-$）成线性关系，即

$$u_o = A_{uo}(u_+ - u_-) \tag{3-24}$$

由于理想运放的 $A_{uo} \to \infty$，而输出电压 u_o 为有限值，所以 $u_+ - u_- = \dfrac{u_o}{A_{uo}} \to 0V$，即

$$u_+ \approx u_- \tag{3-25}$$

理想运算放大器同相输入端与反相输入端电位相等时称为"虚短"。

同时，由于理想运放的差模输入电阻 $r_{id} \rightarrow \infty$，故流入集成运放两个输入端的电流均接近零，即

$$i_+ = i_- \approx 0\text{A} \tag{3-26}$$

此结论称为"虚断"。值得注意的是，"虚断"只能说明 i_+ 和 i_- 都很小（接近零），实际上并未真正断开。

（2）非线性区

如果集成运算放大器处于开环状态或者引入了正反馈，集成运放就工作在非线性区，此时微小的输入电压 u_i 变化都会使运算放大器的输出电压 u_o 达到饱和，即

$$\begin{cases} u_+ > u_- \text{ 时，} u_o = +U_{o(sat)} \\ u_+ < u_- \text{ 时，} u_o = -U_{o(sat)} \end{cases} \tag{3-27}$$

而且在非线性区中，理想运放 $i_+ = i_- \approx 0\text{A}$ 依然成立，即"虚断"现象仍然成立。

3. 电压传输特性

集成运算放大器的电压传输特性是描述输出电压与两个输入端电压差（$u_+ - u_-$）的关系曲线，即

$$u_o = f(u_+ - u_-) \tag{3-28}$$

图 3-13a 所示为理想运放的电压传输特性，实际运算放大器的电压传输特性如图 3-13b 所示，它分为线性区和饱和区。当两个输入电压之差（$u_+ - u_-$）满足条件 $|u_+ - u_-| \leqslant U_{Im}$ 时，运放工作在线性区，输出电压 u_o 与两输入电压之差（$u_+ - u_-$）呈线性关系，即 $u_o = A_{uo}(u_+ - u_-)$；当两个输入电压之差（$u_+ - u_-$）

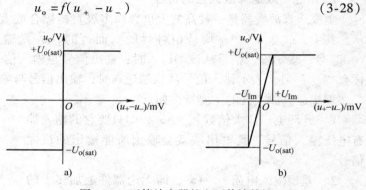

图 3-13　运算放大器的电压传输特性

满足条件 $|u_+ - u_-| > U_{Im}$ 时，运放工作在饱和区。

通过以上分析可知，集成运算放大器的特点：开环增益高，$A_{uo} \approx 10^4 \sim 10^7$；在深度负反馈状态下系统增益稳定、非线性失真小；差模输入电阻可以达到几十 kΩ 或者几十 MΩ；开环输出电阻仅为几十 Ω；可靠性高、寿命长、体积小、重量轻和耗电少等。因此其得到了广泛的应用。

3.3　集成运算放大器的线性应用

3.3.1　集成运算放大器的比例运算电路

将输入信号按比例放大的电路，称为比例运算电路，包括反相比例运算电路和同相比例运算电路。

（1）反相比例运算电路

反相比例运算电路如图 3-14 所示。图中输入信号 u_i 经电阻 R_1 与运算放大器的反相输入端相连，运算放大器的同相输入端经过 R_2 接地。电阻 R_2 是平衡电阻，取值为 $R_2 = R_1 /\!/ R_F$，它可以保证运放的输入级差分放大电路的对称性，R_F 为电压并联负反馈的反馈电阻。

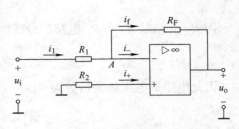

图 3-14 反相比例运算电路

在如图 3-14 所示的电路中，由基尔霍夫电流定律可得 A 点的电流方程为 $i_1 = i_- + i_f$；由于虚断，$i_+ = i_- \approx 0\text{A}$，所以可得

$$i_1 \approx i_f$$

又因为"虚短"、$u_+ \approx u_- = 0\text{V}$ 可得，A 点的电位为零，此处又可以称为"虚地"，可得

$$i_1 = \frac{u_i - u_-}{R_1} = \frac{u_i}{R_1}; \quad i_f = \frac{u_- - u_o}{R_F} = -\frac{u_o}{R_F}$$

即

$$\frac{u_i}{R_1} = -\frac{u_o}{R_F} \tag{3-29}$$

从而可推导出输出信号 u_o 为

$$u_o = -\frac{R_F}{R_1} u_i \tag{3-30}$$

电路的电压放大倍数为

$$A_{uf} = \frac{u_o}{u_i} = -\frac{R_F}{R_1} \tag{3-31}$$

式（3-31）表明，反相比例运算电路的输入信号 u_i 与输出信号 u_o 成反比例关系，可以通过改变 R_1 和 R_F 比值来改变比例放大倍数，而与运算放大器本身的参数无关。

如果图 3-14 中 $R_1 = R_F$，则有

$$A_{uf} = \frac{u_o}{u_i} = -1 \tag{3-32}$$

就构成了一个反相器，即

$$u_o = -u_i \tag{3-33}$$

例 3-1 在如图 3-15 所示的电路中，已知 R_F 的阻值远远大于 R_4 的阻值，R_F 支路对 R_3 和 R_4 电路的分流作用可忽略不计，求电路的电压放大倍数 A_{uf}。

解： 因为 $u_- \approx u_+ = 0\text{V}$，所以有

$$i_1 = \frac{u_i - u_-}{R_1} = \frac{u_i}{R_1}; \quad i_f = \frac{u_- - u_{o1}}{R_F} = -\frac{u_{o1}}{R_F}$$

又因为 $i_1 = i_f$，可得

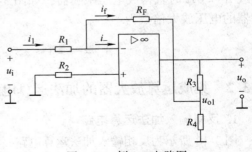

图 3-15 例 3-1 电路图

$$u_{o1} = -\frac{R_F}{R_1}u_i$$

因 R_F 支路对 R_3 和 R_4 电路的分流作用可忽略，所以 u_{o1} 可表示为

$$u_{o1} = \frac{R_4}{R_3 + R_4}u_o$$

因此电路的电压放大倍数为

$$A_{uf} = \frac{u_o}{u_i} = -\frac{R_F}{R_1}\left(1 + \frac{R_3}{R_4}\right) \tag{3-34}$$

该电路是一个反相比例运算电路。

（2）同相比例运算电路

同相比例运算电路如图 3-16 所示。图中输入信号 u_i 经电阻 R_2 与运算放大器的同相输入端相连，电阻 R_1 与电阻 R_F 为电压串联负反馈电路，平衡电阻是 R_2，$R_2 = R_1 /\!/ R_F$。

由运算放大器的虚短和虚断可得

$$u_- \approx u_+ = u_i; \quad i_1 = i_f$$

由图 3-16 可得

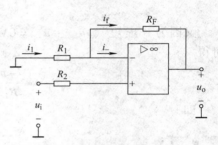

图 3-16　同相比例运算电路

$$i_1 = \frac{0V - u_-}{R_1} = \frac{0V - u_i}{R_1} = -\frac{u_i}{R_1}$$

$$i_f = \frac{u_- - u_o}{R_F} = \frac{u_i - u_o}{R_F}$$

$$-\frac{u_i}{R_1} = \frac{u_i - u_o}{R_F}$$

从而推导出电路的输出电压为

$$u_o = \left(1 + \frac{R_F}{R_1}\right)u_i \tag{3-35}$$

电路的电压放大倍数为

$$A_{uf} = \frac{u_o}{u_i} = 1 + \frac{R_F}{R_1} \tag{3-36}$$

由以上分析可知，输出信号 u_o 和输入信号 u_i 相位相同，成正比例关系，调整 R_F 和 R_1 可改变电压放大倍数。当 $R_1 = \infty$ 或 $R_F = 0\Omega$ 时就构成电压跟随器，如图 3-17 所示，电压跟随器的电压放大倍数为

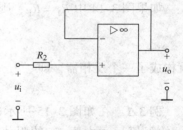

图 3-17　电压跟随器电路

$$A_{uf} = \frac{u_o}{u_i} = 1 \tag{3-37}$$

3.3.2　集成运算放大器的加法运算电路

1. 反相输入加法运算电路

图 3-18 所示为反相输入加法运算电路，它可以实现多个模拟量的求和运算。图 3-18 中的

运算放大器反相输入端接有 3 个输入信号 u_{i1}、u_{i2} 和 u_{i3}，平衡电阻 $R_2 = R_{11} /\!/ R_{12} /\!/ R_{13} /\!/ R_F$。

由图 3-18 可得

$$u_- \approx u_+ = 0V$$

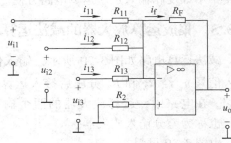

图 3-18　反相输入加法运算电路

$$\begin{cases} i_{11} = \dfrac{u_{i1} - u_-}{R_{11}} = \dfrac{u_{i1}}{R_{11}} \\[2mm] i_{12} = \dfrac{u_{i2} - u_-}{R_{12}} = \dfrac{u_{i2}}{R_{12}} \\[2mm] i_{13} = \dfrac{u_{i3} - u_-}{R_{13}} = \dfrac{u_{i3}}{R_{13}} \\[2mm] i_f = \dfrac{u_- - u_o}{R_F} = -\dfrac{u_o}{R_F} \end{cases}$$

因为 $i_- \approx 0A$，所以可得

$$i_f = i_{11} + i_{12} + i_{13}$$

$$-\frac{u_o}{R_F} = \frac{u_{i1}}{R_{11}} + \frac{u_{i2}}{R_{12}} + \frac{u_{i3}}{R_{13}}$$

整理后可得

$$u_o = -R_F\left(\frac{u_{i1}}{R_{11}} + \frac{u_{i2}}{R_{12}} + \frac{u_{i3}}{R_{13}}\right) \tag{3-38}$$

当 $R_{11} = R_{12} = R_{13} = R_1$ 时，式(3-38) 为

$$u_o = -\frac{R_F}{R_1}\,(u_{i1} + u_{i2} + u_{i3}) \tag{3-39}$$

当 $R_F = R_1$ 时，则

$$u_o = -(u_{i1} + u_{i2} + u_{i3}) \tag{3-40}$$

2. 同相输入加法运算电路

同相输入加法运算电路如图 3-19 所示。图中，运算放大器同相输入端接有 3 个输入信号 u_{i1}、u_{i2} 和 u_{i3}。

该电路运放的反相输入端电压为

$$u_- = \frac{R_1}{R_1 + R_F}u_o$$

同相输入端电压满足的关系式为

$$\frac{u_+ - 0V}{R_2} = \frac{u_{i1} - u_+}{R_{11}} + \frac{u_{i2} - u_+}{R_{12}} + \frac{u_{i3} - u_+}{R_{13}}$$

由 $u_- \approx u_+$ 可得

$$u_o = \left(1 + \frac{R_F}{R_1}\right) \frac{1}{\dfrac{1}{R_2} + \dfrac{1}{R_{11}} + \dfrac{1}{R_{12}} + \dfrac{1}{R_{13}}}\left(\frac{u_{i1}}{R_{11}} + \frac{u_{i2}}{R_{12}} + \frac{u_{i3}}{R_{13}}\right)$$

当 $R_2 = R_{11} = R_{12} = R_{13}$ 时，则有

$$u_o = \left(\frac{1}{4} + \frac{R_F}{4R_1}\right)(u_{i1} + u_{i2} + u_{i3}) \tag{3-41}$$

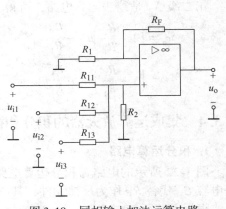

图 3-19　同相输入加法运算电路

由同相输入加法运算电路的推导过程可以看出，该电路的电阻阻值调整比较麻烦，实际使用中不如反相输入加法运算电路方便。

3.3.3 集成运算放大器的减法运算电路

减法运算电路如图 3-20 所示，输入信号 u_{i1} 经电阻 R_1 接入运算放大器的反相输入端，输入信号 u_{i2} 经 R_2 和 R_3 分压后接入运算放大器的正相输入端。在电路中，运算放大器的两个输入端都有信号输入，也称为差分输入放大器。

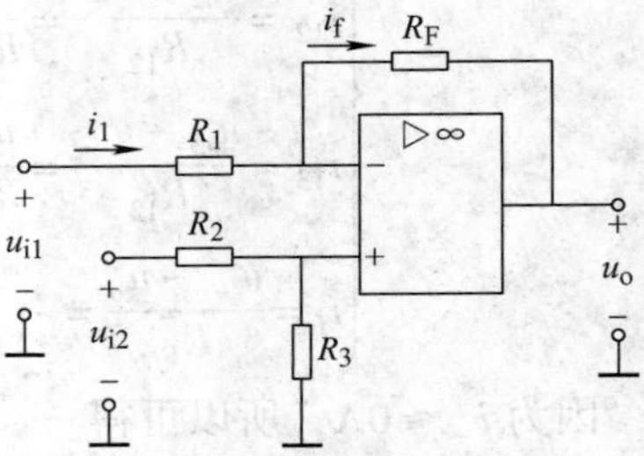

由图 3-20 可得

$$u_+ = \frac{R_3}{R_3 + R_2} u_{i2} \qquad (3\text{-}42)$$

$$u_- = u_{i1} - i_1 R_1 = u_{i1} - \frac{R_1}{R_1 + R_F}(u_{i1} - u_o)$$

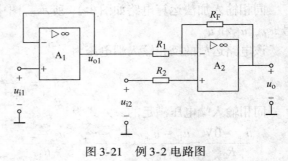

图 3-20　减法运算电路

因为 $u_+ \approx u_-$，所以从式(3-42) 可得

$$u_o = \left(1 + \frac{R_F}{R_1}\right)\frac{R_3}{R_2 + R_3} u_{i2} - \frac{R_F}{R_1} u_{i1} \qquad (3\text{-}43)$$

当 $\dfrac{R_F}{R_1} = \dfrac{R_3}{R_2} = K$ 时，式(3-43) 为

$$u_o = \frac{R_F}{R_1}(u_{i2} - u_{i1}) = K(u_{i2} - u_{i1})$$

当 $R_F = R_1$ 时，$K = 1$，则得

$$u_o = u_{i2} - u_{i1}$$

由上述推导可知，图 3-20 所示电路的输出信号 u_o 与输入信号的差值 $u_{i2} - u_{i1}$ 成正比，实现了减法运算。

例 3-2　图 3-21 所示为由运算放大器构成的两级电路，试求输出电压 u_o。

解： 第一级 A_1 是电压跟随器，可得

$$u_{o1} = u_{i1}$$

第二级 A_2 是减法运算电路，可得

$$u_o = \left(1 + \frac{R_F}{R_1}\right)u_{i2} - \frac{R_F}{R_1}u_{o1}$$

$$= \left(1 + \frac{R_F}{R_1}\right)u_{i2} - \frac{R_F}{R_1}u_{i1}$$

图 3-21　例 3-2 电路图

3.3.4 集成运算放大器的积分和微分运算电路

1. 积分运算电路

图 3-22 所示的电路为积分运算电路，积分运算电路与反相比例运算电路类似，不同的是电容 C_F 代替 R_F 作为反馈元件，其中平衡电阻 $R_2 = R_1$。

根据电路可知，$u_- \approx u_+ = 0V$，故

$$i_1 = i_f = \frac{u_i}{R_1}$$

$$u_o = -u_C = -\frac{1}{C_F}\int i_f \mathrm{d}t = -\frac{1}{R_1 C_F}\int u_i \mathrm{d}t \tag{3-44}$$

式(3-44)表明 u_o 与 u_i 的积分成比例。

当 u_i 为阶跃电压时，输出电压 u_o 为

$$u_o = -\frac{1}{R_1 C_F}\int_0^t u_i \mathrm{d}t = -\frac{U_i}{R_1 C_F}t \tag{3-45}$$

由运算放大器构成的积分电路的输入信号 u_i 和输出信号 u_o 的波形如图 3-23 所示，最后达到运放的负饱和值 $-U_{o(\mathrm{sat})}$。

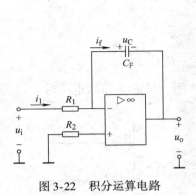

图 3-22 积分运算电路

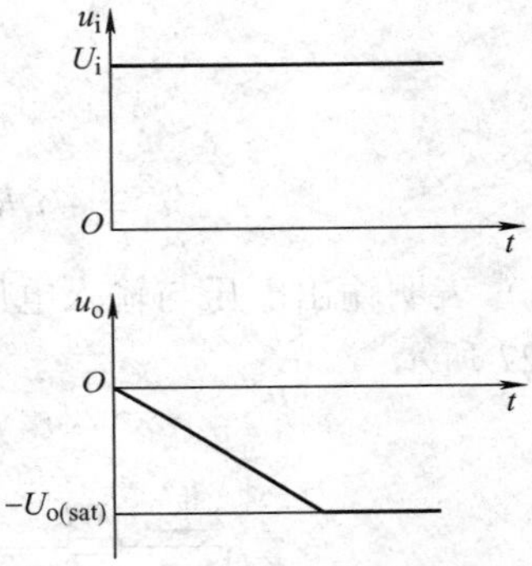

图 3-23 积分运算电路输入输出波形

在以前学过的简单 RC 积分电路中，当 u_i 一定时，u_o 随着电容的充电成指数规律增长，线性度较差。而由理想运放组成的积分电路，输出电压 u_o 是时间的一次函数，按线性规律变化。在实用电路中，为了防止低频信号电压放大倍数过大，常在电容上并联一个电阻加以限制。

例 3-3 电路如图 3-24 所示，电路中 $R_1 = 10\mathrm{k}\Omega$，$C_F = 0.005\mu\mathrm{F}$，电容 C_F 两端并联电阻 $R_F = 1\mathrm{M}\Omega$，输入电压 u_i 的波形如图 3-25a 所示，在 $t = 0\mu\mathrm{s}$ 时，电容 C_F 的初始电压为 $u_C(0) = 0\mathrm{V}$，试画出输出电压 u_o 的波形。

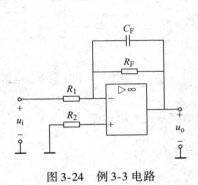

图 3-24 例 3-3 电路

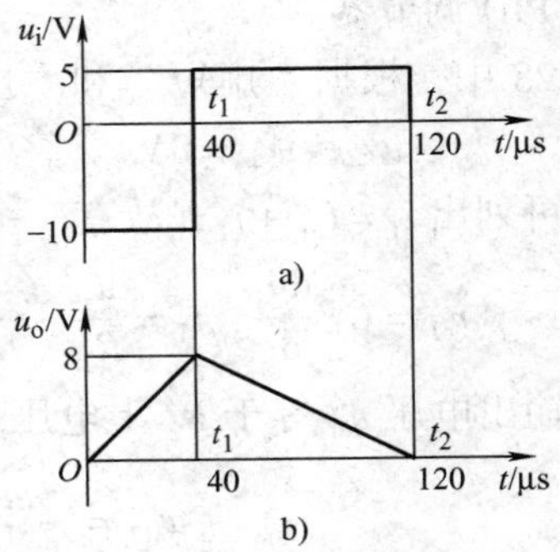

图 3-25 例 3-3 输入和输出波形

解：在 $t=0\mu s$ 时，$u_o(0)=0V$；当 $t_1=40\mu s$ 时，输出为

$$u_o(t_1)=-\frac{u_i}{R_1C_F}(t_1-t_0)=-\frac{-10V\times40\mu s}{10k\Omega\times0.005\mu F}=8V$$

当 $t_2=120\mu s$ 时，输出为

$$u_o(t_2)=u_o(t_1)-\frac{u_i}{R_1C_F}(t_2-t_1)=8V-\frac{5V\times(120-40)\mu s}{10k\Omega\times5\times0.005\mu F}=0V$$

输出电压的波形如图 3-25b 所示。

2. 微分运算电路

图 3-26 所示电路为微分运算电路。

由图 3-26 可得

$$u_-\approx u_+=0V$$

$$i_1=C_1\frac{du_C}{dt}=C_1\frac{du_i}{dt}$$

$$u_o=-i_fR_F=-i_1R_F=-R_FC_1\frac{du_i}{dt} \tag{3-46}$$

式(3-46) 表明输出电压与输入电压的微分成比例。当 u_i 为阶跃电压时，u_o 为尖脉冲电压，如图 3-27 所示。

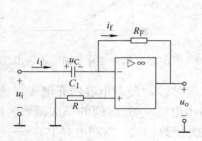

图 3-26　微分运算电路

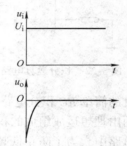

图 3-27　微分运算电路的阶跃响应

3. PID 调节器

在自动控制系统中，常采用图 3-28 所示的电路实现 PID 调节。该电路中包含了比例、积分和微分运算，称为 PID 调节器。

在图 3-28 中，根据"虚短"和"虚断"可知

$$u_-\approx u_+=0V$$

由电路可列出 $i_f=i_{c1}+i_1$，故有

$$i_{c1}=C_1\frac{du_i}{dt},\ i_1=\frac{u_i}{R_1}$$

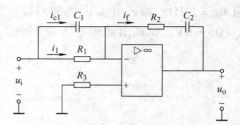

图 3-28　PID 调节器电路

又因为输出电压 u_o 等于 R_2 上电压 u_{R2} 和 C_2 上电压 u_{C2} 之和，而

$$u_{R2}=-i_fR_2=-\frac{R_2}{R_1}u_i-R_2C_1\frac{du_i}{dt}$$

$$u_{C2}=-\frac{1}{C_2}\int i_fdt=-\frac{1}{C_2}\int\left(C_1\frac{du_i}{dt}+\frac{u_i}{R_1}\right)dt=-\frac{C_1}{C_2}u_i-\frac{1}{R_1C_2}\int u_idt$$

所以有

$$u_o = -\left(\frac{R_2}{R_1} + \frac{C_1}{C_2}\right)u_i - R_2 C_1 \frac{du_i}{dt} - \frac{1}{R_1 C_2}\int u_i dt \qquad (3\text{-}47)$$

当 $R_2 = 0\Omega$ 时，电路只包含比例和积分运算，称为 PI 调节器；当 $C_2 = 0F$ 时，电路只包含比例和微分运算，称为 PD 调节器。实际使用时可以根据控制中的不同需要，采用不同的调节器。

3.4 集成运算放大器构成的比较电路

3.4.1 电压比较器

图 3-29a 所示为电压比较器电路。其中，在运算放大器的同相输入端接入参考电压 U_R，输入电压 u_i 加在反相输入端。运算放大器在没有负反馈的状态下，将工作于非线性区，其开环差模电压放大倍数很大，输入端微小的差值信号，也会使运算放大器饱和输出。电压比较器的电压传输特性如图3-29b 所示。

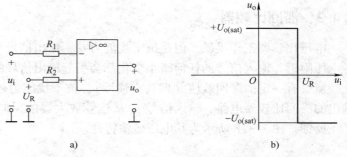

图 3-29　电压比较器电路及其电压传输特性

由于输入信号是从反相端输入的，图 3-29 所示的电压比较器的输出信号与输入信号相反，即

$$\begin{cases} u_i < U_R \Rightarrow u_o = +U_{o(\text{sat})} \\ u_i > U_R \Rightarrow u_o = -U_{o(\text{sat})} \end{cases} \qquad (3\text{-}48)$$

3.4.2 过零比较器

图 3-30a 所示为过零比较器电路。过零比较器可以被看成是电压比较器的一个特例，即当电压比较器的参考电压 $U_R = 0V$ 时，输入信号 u_i 与零电平比较，就构成了过零比较器，其电压传输特性如图 3-30b 所示。

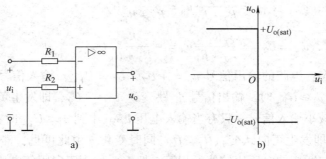

图 3-30　过零比较器电路及其电压传输特性

图 3-31a 所示为带限幅输出的过零比较器电路。把双向稳压二极管 VZ 接在比较器的输出端与地线之间，双向稳压二极管的稳压值为 $\pm U_Z$，这样输出电压 u_o 就被限制在 $+U_Z$ 或 $-U_Z$。

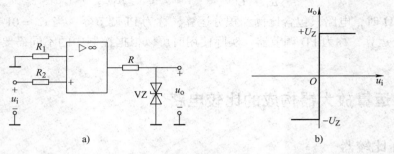

图 3-31 带限幅输出的过零比较器电路及其电压传输特性

3.4.3 滞回比较器

电压比较器工作灵敏，但是抗干扰能力差，输出信号受输入信号影响较大，尤其是在参考电压附近，输入信号的任何微小变化都会引起输出信号的跃变。和电压比较器相比，滞回比较器具有一定的滞回效应（即具有惯性），抗干扰能力较强。图 3-32a 所示电路是带限幅输出的滞回比较器电路，输入信号 u_i 从运算放大器的反向端输入，滞回比较器电路中引入了正反馈。图 3-32b 所示为其电压传输特性。

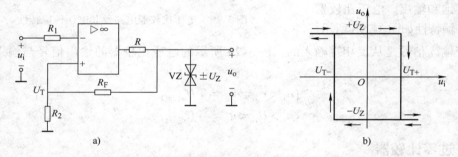

图 3-32 带限幅输出的滞回比较器电路及其电压传输特性

滞回比较器电路中的集成运算放大器工作在非线性区，由图 3-32 可知，电路的输出电压 $u_o = \pm U_Z$，同相输入端电压分别为

当 $u_o = +U_Z$ 时，$u_+ = U_{T+} = \dfrac{R_2}{R_2 + R_F} u_o = \dfrac{R_2}{R_2 + R_F} U_Z$。

当 $u_o = -U_Z$ 时，$u_+ = U_{T-} = \dfrac{R_2}{R_2 + R_F} u_o = -\dfrac{R_2}{R_2 + R_F} U_Z$。

电路的初始状态：电路的输出信号 $u_o = +U_Z$，$U_T = U_{T+}$，输入信号 $u_i \leqslant U_{T-}$。当输入信号 u_i 持续增大到 $u_i \geqslant U_{T+}$ 时，输出信号 u_o 跳变到 $u_o = -U_Z$，即发生负向跃变，$U_T = U_{T-}$ 也同时变化；然后减小输入信号，只有当输入电压 u_i 减小到 $u_i \leqslant U_{T-}$ 时，输出电压 u_o 才能跳变到 $u_o = +U_Z$，即发生正向跃变，$U_T = U_{T+}$ 同时变化。由此可见，滞回比较器输出信号发生负向跃变和正向跃变的电压比较值不相等，把 U_{T+} 称为正向阈值电压，U_{T-} 称为负向阈

值电压，两者之差 $U_{T+} - U_{T-}$ 称为回差 ΔU，即

$$\Delta U = U_{T+} - U_{T-} = \frac{2R_2}{R_2 + R_F}U_Z \tag{3-49}$$

调节正、负向阈值电压和回差可以通过改变正反馈系数 $\dfrac{R_2}{R_2 + R_F}$ 实现，回差的存在，使滞回比较器电路具有较强的抗干扰能力。

3.5 实验

3.5.1 实验1 差动放大电路的分析与测试

1. 实验目的

1）掌握差动放大电路静态工作点的调试和测量方法。

2）学习差动放大电路的差模电压放大倍数、共模电压放大倍数和共模抑制比的测量方法。

3）进一步加深对差动放大电路的性能和特点理解。

2. 实验设备与器件

1）直流稳压电源。

2）万用表。

3）示波器。

4）实验线路板。

3. 实验内容与步骤

差动放大电路的实验电路如图 3-33 所示。

（1）测试差动放大电路的静态工作点

1）按图 3-33 所示电路连接好线路，用直流稳压电源调节输出 $\pm U_{CC} = \pm 12V$ 为差动放大实验电路提供直流电源。

2）将输入端 A、B 短接，使得输入信号 $u_i = 0V$，将开关 K 拨到左侧。然后调节 R_W，使用万用表测量输出信号，使 $u_o = 0V$。

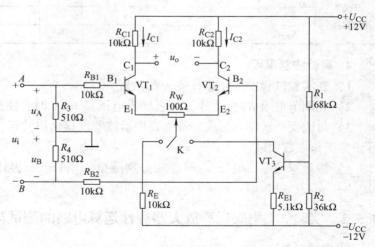

图 3-33　差动放大电路的实验电路

3）用万用表分别测量晶体管 VT_1 和 VT_2 的三个管脚对参考地的电压，以及电阻 R_{C1} 和 R_{C2} 上的电压 U_{RC1} 和 U_{RC2}，填入表 3-1 中。

表 3-1   静态工作点的测量

测量值				计算值		测量值				计算值	
U_{B1}	U_{E1}	U_{C1}	U_{RC1}	U_{CE1}	I_{C1}	U_{B2}	U_{E2}	U_{C2}	U_{RC2}	U_{CE2}	I_{C2}

（2）测量差动电压放大倍数 A_d

将开关 K 拨到右侧后，将输入端接成差动输入。根据表 3-2 中数据，给定相应的输入信号 u_i，用万用表测量相应输出信号 u_o 的大小，并计算相应的差动电压放大倍数 A_d，数据填入表 3-2 中。

表 3-2   差动电压放大倍数 A_d 的测量

实验条件	u_i/V	−1	−0.8	−0.6	−0.4	−0.2	+0.2	+0.4	+0.6	+0.8	+1
测量值	u_o/V										
计算值	A_d										

（3）差动放大电路共模抑制比 K_{CMRR} 的测量

将输入端 AB 短接，然后加入共模输入信号。根据表 3-3 中的数据，给定相应的输入信号 u_i，对开关 K 拨到右侧和左侧两种情况，分别用万用表测量相应输出信号 u_o 的大小，并计算相应的共模电压放大倍数 A_c 和共模抑制比 K_{CMRR}，数据填入表 3-3 中。

表 3-3   差动放大电路共模电压放大倍数 A_c 和共模抑制比 K_{CMRR} 的测量

实验条件	u_i/V	−0.5	−0.4	−0.3	−0.2	−0.1	+0.1	+0.2	+0.3	+0.4	+0.5
开关 K 拨到右侧	u_o/V										
	A_c										
	K_{CMRR}										
开关 K 拨到左侧	u_o/V										
	A_c										
	K_{CMRR}										

4. 实验注意事项

1）在实验过程中要注意开关 K 的位置。

2）在调节电阻 R_W 的大小，测量输出电压 u_o =0V 时，注意合理选择万用表量程。

3）每改变一次输入形式，都需要用示波器观察输出波形，确保在实验过程中各个晶体管正常工作在放大区。

4）测量双端输出电压 u_o 时，应分别测量 u_{o1} 和 u_{o2}，再计算出 u_o。差模输出时：$u_o = |u_{o1}| + |u_{o2}|$，共模时：$u_o = |u_{o1}| - |u_{o2}|$。

3.5.2   实验 2   集成运算放大器线性运算电路的测试与分析

1. 实验目的

1）掌握集成运算放大器线性运用，包括反相比例运算电路、反相加法器、差动运算放大电路的基本接线和测试方法。

2）掌握集成运算放大器非线性运用——积分器电路的基本接线和测试方法。

3）通过实验进一步理解运算放大器特性、"虚短""虚断"概念和具体电路的运算关系。

2. 实验设备

1）模拟电路实验箱。

2）示波器。

3）函数信号发生器。

4）万用表。

5）直流稳压电源。

6）芯片 LM324。

3. 实验内容与步骤

（1）运算放大器性能检测

1）图 3-34a 所示为集成运算放大器 LM324 芯片的引脚图，其中，4 脚为"V +"，11 脚为"V –"，这两个引脚在实际使用中分别接直流电源 ±U_{CC}，需要注意的是，在电路图中，运算放大器的直流电源往往是不画出来的，但实际使用时是必须接的，否则电路不能工作。

2）图 3-34b 所示电路为电压跟随器电路，将直流电源 ±15V 接入运算放大器的 4 脚和 11 脚上；选择 LM324 芯片上的一个运放（如引脚 1～3），按图 3-34b 所示电路接线；用直流稳压电源在输入端加入输入信号 u_i，用示波器检测输出信号 u_o；调节输入信号的大小，观测输出信号跟随输入信号的变化情况，从而判断运算放大器的好坏；用同样的方法检测 LM324 芯片上的其他三个运放的功能。在有运算放大器的电路中，运算放大器在安装使用之前都需要进行测试以确定能否正常使用。

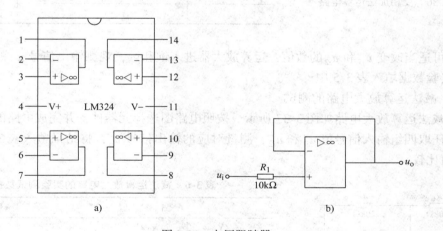

图 3-34　电压跟随器

（2）反相比例运算放大电路的测试

测试反相比例运算放大电路的实验电路图如图 3-35 所示。按照电路图选择元器件，接好实验电路，包括直流电源及输入信号；按照表 3-4 所给出 u_i 的数值，调节输入信号的大小；用万用表测量对应输出信号 u_o 的大小（注意正负），将测量结果填入表 3-4 中，根据测量结果计算放大倍数 A_f 并与理论计算得到的放大倍数 A_{uf} 比较。

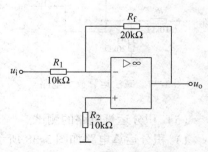

图 3-35　反相比例运算放大电路

表 3-4　反相比例运算放大电路的实验测试数据

	u_i/V	-5	-3	-1	0	+1	+3	+5
测量值	u_o/V							
	A_f							
理论值	A_{uf}							

（3）反相加法运算电路的测试

1）反相加法运算电路如图 3-36 所示。按照电路图选择元器件，并完成电路的接线。

2）任取四组输入信号值 u_{i1} 和 u_{i2}（可正可负），测量对应的输出信号 u_o，将结果填入表 3-5 中，并与理论值比较。

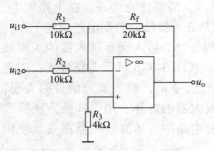

图 3-36　反相加法运算电路

表 3-5　反相加法运算电路的实验测试数据

测　量　值			理　论　值
u_{i1}/V	u_{i2}/V	u_o/V	u_o/V

3）可适当改变 u_{i1} 和 u_{i2} 的数值，运算放大器进入饱和区，观测输出信号 u_o 的变化，选取两组实验数据填入表 3-5 中。

（4）减法运算放大电路的测试

1）减法运算放大电路如图 3-37 所示。按照电路图选择元器件，并完成电路的接线。

2）任取四组输入信号值 u_{i1} 和 u_{i2}，测量对应的输出信号 u_o，将结果填入表 3-6 中，并与理论值比较。

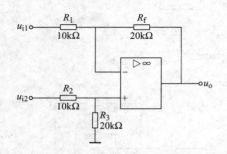

图 3-37　减法运算放大电路

表 3-6　减法运算放大电路的实验测试数据

测　量　值			理　论　值
u_{i1}/V	u_{i2}/V	u_o/V	u_o/V

（5）积分运算电路的测试

1）积分运算电路如图 3-38 所示，按照电路图选择元器件，并完成电路的接线。

2）调整函数信号发生器的输出信号为频率 500Hz、幅值 1V 的方波信号，接入图 3-38

所示电路的输入端作为积分电路的输入信号 u_i，用示波器双踪测量并显示出积分运算电路的输入信号 u_i 和输出信号 u_o 的波形，测试结果记录在表 3-8 中。

3）将万用表接至电路的输出端，测量并记录积分饱和电压值 U_{om}；用示波器测量并记录积分开始至饱和的时间 t，验证 $U_o = -\dfrac{U_i t}{R_1 C}$ 关系（注意两路信号在时间上的对应关系）。

4）将输入信号变为三角波、正弦波，其幅值、频率不变，观察输出 u_o 的波形，记录于表 3-7 中。

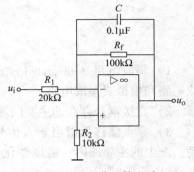

图 3-38　积分运算电路

表 3-7　积分运算电路的输出波形

输入信号类型	输入信号参数	u_i 和 u_o 双踪测量波形关系
方波		
三角波	频率为 500 Hz、幅值为 1 V	
正弦波		

4. 实验注意事项

1）实验过程注意用电安全，运放芯片 LM324 必须接上直流稳压电源后才能正常工作，运放芯片与电源连接时注意电源的正负极性。

2）积分运算电路中的电容应选择漏电小的电容。

3）为了保证集成芯片的安全，电源与输入信号的连接方法应该是，接入时先接电源，再加入输入信号；改接或拆除时，顺序相反，先去掉输入信号后再断开电源。

知识点梳理与总结

1）集成电路（integrated circuit）是一种具有特定功能的微型电子电路，分为数字式集成电路和模拟式集成电路。

2）直接耦合存在的主要问题：前后级之间静态工作点相互影响；零点漂移。

3）零点漂移是指当输入信号为零时，在放大器的输出端出现缓慢而不规则的电压波动。产生的主要原因：温度变化；电源电压不稳定。抑制零点漂移的措施是采用差动放大电路。

4）差动放大电路有两个输入端和两个输出端，电路左右对称，双电源供电 $U_{CC} = U_{EE}$。常用的工作模式有，双端输入双端输出、双端输入单端输出、单端输入双端输出和单端输入单端输出。

5）双端输入双端输出差动放大电路的静态值：$I_{EQ} \approx \dfrac{U_{EE}}{2R_E} \approx I_{CQ}$；$I_{BQ} = \dfrac{I_{EQ}}{(1+\beta)} \approx$ $\dfrac{U_{EE}}{2\,(1+\beta)R_E}$；$U_{CEQ} \approx U_{CC} - I_{CQ}R_C$。由于 $U_{CEQ1} = U_{CEQ2}$，故 $u_o = U_{CEQ1} - U_{CEQ2} = 0V$，电路在零输入状态下可以实现零输出，抑制了零点漂移。

6）共模输入信号是指差动放大器两个输入端的输入信号 u_{i1} 和 u_{i2} 大小相等、极性相同，即 $u_{i1} = u_{i2}$，用 u_{ic} 表示。差模输入信号是指差动放大器两个输入端的输入信号 u_{i1} 和 u_{i2} 大小相等，极性相反，即 $u_{i1} = -u_{i2}$，用 u_{id} 表示。不同工作模式下的动态性能指标见表 3-8。

7）将差动放大电路的差模电压放大倍数 A_{ud} 与共模电压放大倍数 A_{uc} 的比值称为差动放大电路的共模抑制比 K_{CMRR}，$K_{CMRR} = \left| \dfrac{A_{ud}}{A_{uc}} \right|$。共模抑制比越大，电路对共模信号（零点漂移）的抑制能力越强。理想状态下，双端输出的差动放大电路的共模抑制比 $K_{CMRR} \rightarrow \infty$。

8）在实际的差动放大电路中，加在输入端的信号既不是共模信号，也不是差模信号，这种输入信号称为比较信号。对比较信号的处理，是将两个输入信号进行等价变换，分解出信号中所包含的共模分量 u_{ic} 和差模分量 u_{id}。

9）集成运算放大器主要由输入级、中间级、输出级和偏置电路四个主要环节构成。

10）集成运算放大器常用的参数包括，开环电压放大倍数 A_{uo}、输入失调电压 U_{IO}、输入失调电流 I_{IO}、输入偏置电流 I_{IB}、最大共模输入电压 U_{ICM}、最大差模输入电压 U_{IDM}、差模输入电阻 r_{id}、最大输出电压 U_{OPP} 等。

11）理想集成运算放大器是一种高放大倍数的多级直接耦合放大电路，u_+ 是同相输入端，u_- 是反相输入端。

12）理想集成运算放大器的主要特性：$A_{uo} \rightarrow \infty$；$r_{id} \rightarrow \infty$；$r_o \rightarrow 0\Omega$；$K_{CMRR} \rightarrow \infty$；没有失调现象。

13）理想集成运算放大器线性应用时，同相输入端与反相输入端电位相等，即 $u_+ \approx u_-$，称为"虚短"；流入集成运放两个输入端的电流均接近零，即 $i_+ = i_- \approx 0A$，称为"虚断"。

表 3-8 差动放大电路不同工作模式下的动态性能指标

输入方式	双端输入		单端输入	
原理电路				
输出方式	双端输出	单端输出	双端输出	单端输出
共模信号放大倍数 A_{uc}	$A_{uc} = \dfrac{u_{oc}}{u_{ic}} \approx 0$	$A_{uc} = -\dfrac{\beta R_C}{r_{be} + 2(1+\beta)R_E}$	$A_{uc} = \dfrac{u_{oc}}{u_{ic}} \approx 0$	$A_{uc} = -\dfrac{\beta R_C}{r_{be} + 2(1+\beta)R_E}$
差模信号放大倍数 A_{ud}	$A_{ud} = \dfrac{u_{od}}{u_{i1} - u_{i2}} = -\dfrac{\beta R_C}{r_{be}}$	$A_{ud} = -\dfrac{\beta R_C}{2r_{be}}$	$A_{ud} = -\dfrac{\beta R_C}{r_{be}}$	$A_{ud} = -\dfrac{\beta R_C}{2r_{be}}$
共模输入电阻 r_{ic}	$r_{ic} = \dfrac{r_{be} + 2(1+\beta)R_E}{2}$			
差模输入电阻 r_{id}	$r_{id} = 2r_{be}$			
输出电阻 r_o	$r_o = 2R_C$	$r_o = R_C$	$r_o = 2R_C$	$r_o = R_C$

14）理想集成运算放大器非线性区应用时：$u_+ > u_-$ 时，$u_o = +U_{o(sat)}$；$u_+ < u_-$ 时，$u_o = -U_{o(sat)}$。

15）由集成运算放大器构成的运算电路输入信号和输出信号的关系见表 3-9。

表 3-9 常用运算电路输入信号和输出信号的关系

运 算 电 路	电 路 图	输入信号和输出信号关系
反相比例运算电路		$u_o = -\dfrac{R_F}{R_1} u_i$

109

运 算 电 路	电 路 图	输入信号和输出信号关系
同相比例运算电路		$u_{o} = \left(1 + \dfrac{R_{F}}{R_{1}}\right)u_{i}$
反相输入加法运算电路（输入信号 u_{i1}、u_{i2} 和 u_{i3}）		当 $R_{11} = R_{12} = R_{13} = R_{1}$ 时，$$u_{o} = -\frac{R_{F}}{R_{1}}(u_{i1} + u_{i2} + u_{i3})$$
减法运算电路		当 $\dfrac{R_{F}}{R_{1}} = \dfrac{R_{3}}{R_{2}} = K$ 时，$$u_{o} = \frac{R_{F}}{R_{1}}(u_{i2} - u_{i1}) = K(u_{i2} - u_{i1})$$
积分运算电路		$u_{o} = -\dfrac{1}{R_{1}C_{F}}\displaystyle\int u_{i}\mathrm{d}t$
微分运算电路		$u_{o} = -R_{F}C_{1}\dfrac{\mathrm{d}u_{i}}{\mathrm{d}t}$
PID 调节器		$u_{o} = -\left(\dfrac{R_{2}}{R_{1}} + \dfrac{C_{1}}{C_{2}}\right)u_{i} - R_{2}C_{1}\dfrac{\mathrm{d}u_{i}}{\mathrm{d}t} - \dfrac{1}{R_{1}C_{2}}\displaystyle\int u_{i}\mathrm{d}t$

16) 由集成运算放大器构成的比较器性能对比见表3-10。

表3-10 比较器性能对比

比较器类型	电 路 图	性 能
电压比较器	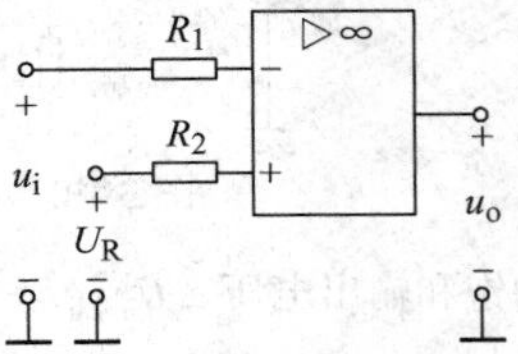	$\begin{cases} u_i < U_R \Rightarrow u_o = +U_{o(sat)} \\ u_i > U_R \Rightarrow u_o = -U_{o(sat)} \end{cases}$
过零比较器	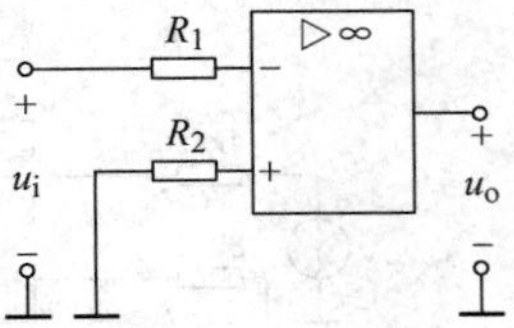	$\begin{cases} u_i < 0 \Rightarrow u_o = +U_{o(sat)} \\ u_i > 0 \Rightarrow u_o = -U_{o(sat)} \end{cases}$
带限幅输出的过零比较器	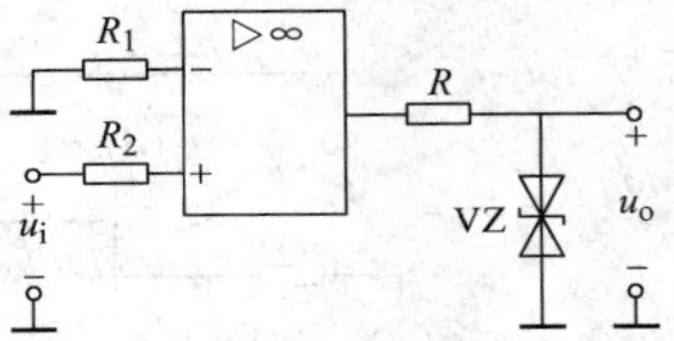	$\begin{cases} u_i > 0 \Rightarrow u_o = +U_Z \\ u_i < 0 \Rightarrow u_o = -U_Z \end{cases}$
带限幅输出的滞回比较器	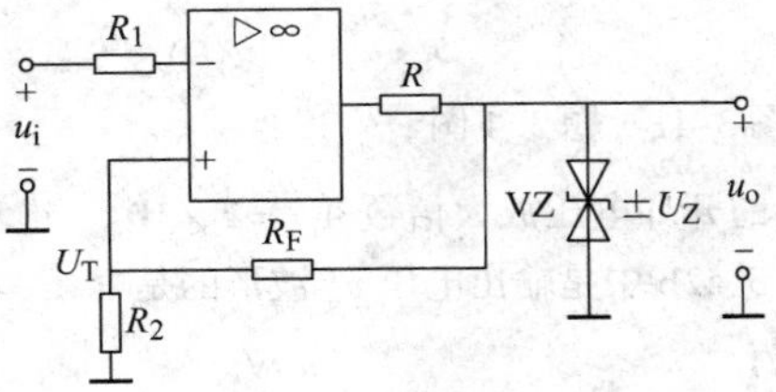	当 $u_o = +U_Z$ 时：$u_+ = U_{T+} = \dfrac{R_2}{R_2 + R_F} U_Z$ 当 $u_o = -U_Z$ 时：$u_+ = U_{T-} = -\dfrac{R_2}{R_2 + R_F} U_Z$ $\begin{cases} u_i \geqslant U_{T+} \Rightarrow u_o = -U_Z \\ u_i \leqslant U_{T-} \Rightarrow u_o = +U_Z \end{cases}$ U_{T+}——正向阈值电压； U_{T-}——负向阈值电压； $U_{T+} - U_{T-}$——回差 ΔU

思考与练习3

一、选择题（请将唯一正确选项的字母填入对应的括号内）

3.1 已知某运算放大器的开环电压放大倍数 $A_{uo} = 4 \times 10^5$，饱和输出电压 $\pm U_{o(sat)} = \pm 12V$，今在其反相输入端和同相输入端分别接入不同电压，则能使得该运算放大器工作在线性区的是（　　）。

(A) $u_- = 3mV$，$u_+ = 2mV$　　　　　(B) $u_- = 3mV$，$u_+ = 2\mu V$

(C) $u_- = 3\mu V$，$u_+ = 2\mu V$　　　　　(D) $u_- = 3\mu V$，$u_+ = 2mV$

3.2 图3-39所示电路的输出电压 u_o 为（　　）。

(A) 0V　　　　(B) 2V　　　　(C) 4V　　　　(D) -2V

3.3 在如图3-40所示的电路中，理想运算放大器的饱和输出电压 $\pm U_{o(sat)} = \pm 12V$，则当输入电压 $u_i = 7V$ 时，输出电压 u_o 为（　　）。

(A) -12V　　　　(B) 12V　　　　(C) 14V　　　　(D) -14V

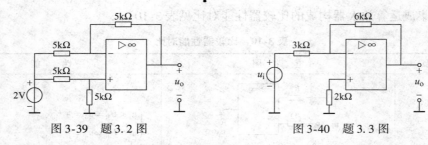

图 3-39　题 3.2 图　　　　　　　　　图 3-40　题 3.3 图

3.4　已知图 3-41 四个电路中理想运算放大器的饱和输出电压 $\pm U_{o(sat)} = \pm 13V$，则哪个电路中的运放工作在线性区？（　　）

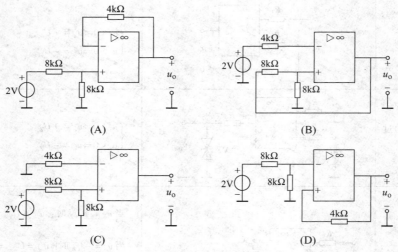

图 3-41　题 3.4 图

3.5　如图 3-42a 所示，已知运算放大器的开环电压放大倍数 $A_{uo} = 2 \times 10^4$，饱和输出电压 $\pm U_{o(sat)} = \pm 12V$，如果输入电压 $u_i = 10\sin\omega t$ mV，则图 3-42b 中是输出电压 u_o 波形的是（　　）。

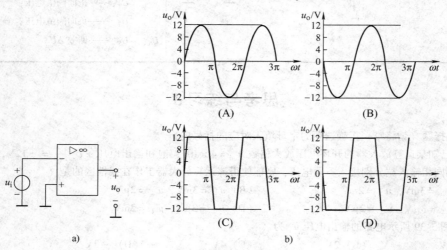

图 3-42　题 3.5 图

3.6　电路如图 3-43 所示，流过电阻 R 的电流 I 为（　　）。

（A）1mA　　　　　　　　　　　（B）0.5mA

（C）0.25mA　　　　　　　　　　　　（D）与电阻 R 的大小相关，无法确定

3.7　电路如图 3-44 所示，流过电阻 R 的电流 I 为（　　　）。

（A）1mA　　　　　　　　　　　　　（B）0.5mA

（C）0.25mA　　　　　　　　　　　　（D）与电阻 R 的大小相关，无法确定

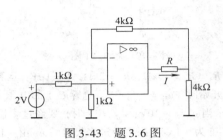

图 3-43　题 3.6 图　　　　　　　　　　　　　　图 3-44　题 3.7 图

3.8　电路如图 3-45 所示，运算放大器的饱和输出电压 $\pm U_{o(sat)} = \pm 12V$，二极管 VD 的正向导通电压忽略不计，当输入电压 $U_i = 2V$ 时，输出电压 U_o 为（　　　）。

（A）2V　　　　　（B）0V　　　　　（C）12V　　　　　（D）−12V

3.9　电路如图 3-45 所示，运算放大器的饱和输出电压 $\pm U_{o(sat)} = \pm 12V$，二极管 VD 的正向导通电压忽略不计，当输入电压 $U_i = -2V$ 时，输出电压 U_o 为（　　　）。

（A）2V　　　　　（B）0V　　　　　（C）12V　　　　　（D）−12V

3.10　某电路如图 3-46 所示，运算放大器的饱和输出电压 $\pm U_{o(sat)} = \pm 12V$，双向稳压二极管 VZ 的稳定电压为 $U_Z = \pm 6V$，当输入电压 $U_i = 2V$，则输出电压 U_o 为（　　　）。

（A）12V　　　　　（B）6V　　　　　（C）−12V　　　　　（D）−6V

3.11　某电路如图 3-47 所示，为保证运算放大器的输入级差分放大电路的对称性，平衡电阻 R 应为（　　　）。

（A）$R = R_1 /\!/ R_F /\!/ R_2 /\!/ R_3$　　　　　　　（B）$R = R_1 /\!/ R_F /\!/ (R_2 + R_3)$

（C）$R = R_1 /\!/ (R_F + R_2 /\!/ R_3)$　　　　　　　（D）$R = (R_1 /\!/ R_F) + (R_2 /\!/ R_3)$

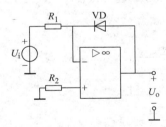　　　　　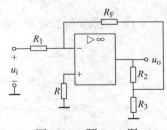

图 3-45　题 3.8（题 3.9）图　　　　图 3-46　题 3.10 图　　　　图 3-47　题 3.11 图

3.12　下面哪种由运算放大器构成的电路可实现函数 $Y = aX_1 + bX_2 + cX_3$（其中 a、b 和 c 均大于零）？（　　　）

（A）同相加法运算电路　　　　　　　（B）减法运算电路

（C）反相加法运算电路　　　　　　　（D）反相比例电路

二、解答题

3.13　如图 3-48 所示，当输入电压 $u_i = 100mV$ 时，输出电压 $u_o = -5V$，求电阻 R_F 的大小。

3.14　电路如图 3-49 所示，集成运放输出电压的最大幅值为 $\pm 14V$，求输入电压 u_i 分别为 100mV 和 2V 时输出电压 u_o 的值。

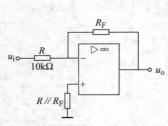

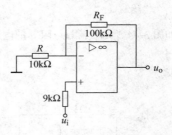

图 3-48 题 3.13 图　　　　　　　　　图 3-49 题 3.14 图

3.15　电路如图 3-50 所示，已知 $R_1 = R_2 = 100\text{k}\Omega$，$R_3 = R_4 = 10\text{k}\Omega$，$R_5 = 2\text{k}\Omega$，$C = 1\mu\text{F}$，运算放大器 A_1 和 A_2 输出电压的最大幅值均为 $\pm 12\text{V}$。试求：（1）开始时，$u_{i1} = u_{i2} = 0\text{V}$，电容 C 上的电压 $u_C = 0\text{V}$，运算放大器 A_2 的输出电压 u_o 为最大幅值 $u_o = +12\text{V}$。求当 $u_{i1} = -10\text{V}$、$u_{i2} = 0\text{V}$ 时，要经过多长时间 u_o 由 $+12\text{V}$ 变为 -12V？（2）若 u_o 变为 -12V 后，u_{i2} 由零变为 $+15\text{V}$，问再经过多长时间 u_o 由 -12V 变为 $+12\text{V}$？（3）画出（1）、（2）过程中，u_o、u_{o1} 的波形。

3.16　电路如图 3-51 所示，集成运放输出电压的最大幅值为 $\pm 14\text{V}$，u_i 为 2V 的直流电压信号，电阻 $R_1 = 50\text{k}\Omega$，$R_2 = R_3 = 100\text{k}\Omega$，$R_4 = 2\text{k}\Omega$。试求：（1）输出电压 u_o 的大小；（2）若 R_2 短路，输出电压 u_o 的大小；（3）若 R_3 短路，输出电压 u_o 的大小；（4）若 R_4 短路，输出电压 u_o 的大小；（5）若 R_4 断路，输出电压 u_o 的大小。

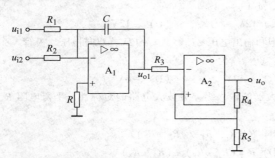

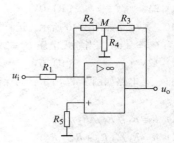

图 3-50　题 3.15 图　　　　　　　　图 3-51　题 3.16 图

3.17　试求如图 3-52 所示各电路输出电压与输入电压的运算关系式。

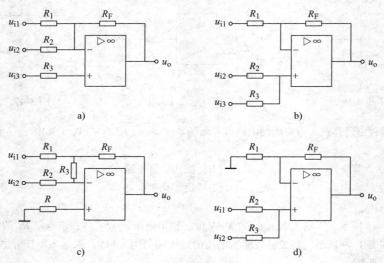

图 3-52　题 3.17 图

3.18 在如图 3-53 所示的电路中，已知 $R_1 = R_2 = R_3 = R_F = R = 100\text{k}\Omega$，$C = 1\mu\text{F}$。试求：（1）$u_o$ 与 u_i 的运算关系；（2）设 $t = 0\text{s}$ 时 $u_o = 0\text{V}$，当 u_i 由零跃变为 -1V，试求输出电压 u_o 由零上升到 $+6\text{V}$ 所需的时间。

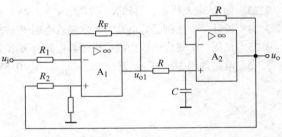

图 3-53 题 3.18 图

3.19 在如图 3-54a 所示的电路中，已知 $R = 100\text{k}\Omega$，$C = 0.1\mu\text{F}$，输入电压 u_i 的波形如图 3-54b 所示，当 $t = 0\text{ms}$ 时 $u_o = 0\text{V}$。试画出输出电压 u_o 的波形。

3.20 某运放电路如图 3-55 所示，已知 $R_1 = R_2 = 2\text{k}\Omega$，$R_F = 20\text{k}\Omega$，$R_3 = 18\text{k}\Omega$，$u_i = 1\text{V}$，求 u_o。

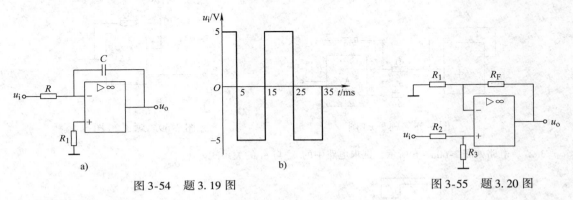

图 3-54 题 3.19 图

图 3-55 题 3.20 图

3.21 求图 3-56 所示电路中 u_o 与 u_i 的运算关系。

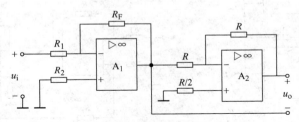

图 3-56 题 3.21 图

3.22 在如图 3-57a 所示电路中，$R_{11} = R_{12} = R_F$，如 u_{i1} 和 u_{i2} 分别为图 3-57b 中所示的三角波和矩形波，试画出输出电压 u_o 的波形。

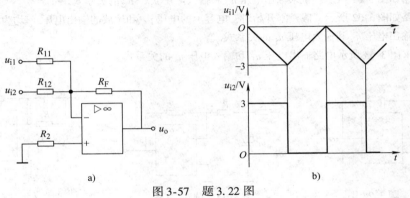

图 3-57 题 3.22 图

3.23　如图 3-58 所示，已知 $R_F = 2R_1$，$u_i = -2\text{V}$，求 u_o。

3.24　设计一个比例运算电路，要求输入电阻 $R_i = 20\text{k}\Omega$，比例系数为 $K = -100$。

3.25　试用一个集成运放构成一个运算电路，要求实现以下运算关系：$u_o = 2u_{i1} - 5u_{i2} + 0.1u_{i3}$。

3.26　电路如图 3-59 所示，已知 $u_i = u_{i1} - u_{i2} = 0.5\text{V}$，$R_1 = R_2 = 10\text{k}\Omega$，$R_3 = 2\text{k}\Omega$，求 u_o。

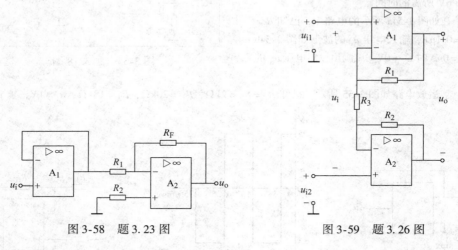

图 3-58　题 3.23 图　　　　　　　　　　　　图 3-59　题 3.26 图

3.27　电路如图 3-60a ~ b 所示，试求电路中的 u_o 与 u_i 的关系式。

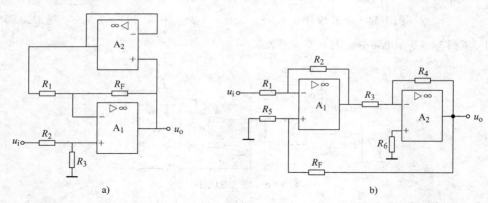

a)　　　　　　　　　　　　　　　　　b)

图 3-60　题 3.27 图

3.28　电路如图 3-61 所示，试求输出电压 u_o 和输入电压 u_{i1}、u_{i2} 的关系式。

3.29　电路如图 3-62 所示，假设刚开始时，电容上的电压 u_C 和运放的输出电压 u_o 均为零，当 u_i 接入电路后，试求输出电压 u_o 和输入电压 u_i 的关系式。

3.30　试求图 3-63 所示电路输出电压 u_o 和输入电压 u_i 的关系式。

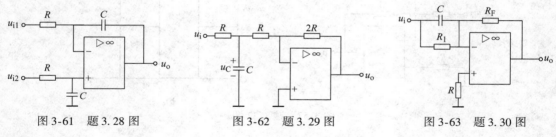

图 3-61　题 3.28 图　　　　　　图 3-62　题 3.29 图　　　　　　图 3-63　题 3.30 图

3.31 已知某微分电路如图 3-64a 所示，输入电压 u_i 的波形如图 3-64b 所示，已知 $R = 20\text{k}\Omega$，$C = 100\mu\text{F}$，试画出输出电压 u_o 的波形。

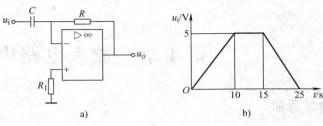

图 3-64　题 3.31 图

3.32 某运算放大器构成的电路如图 3-65 所示，已知运算放大器的饱和输出电压 $U_{o(sat)} = \pm 14\text{V}$，其中输入电压 $U_I = 1\text{V}$，而 $R_1 = R_2 = R_3 = 1\text{k}\Omega$，电位器 RP 电阻从 $0 \sim 10\text{k}\Omega$ 可调，其中接入电路中电阻的大小设定为 x，即 $0\text{k}\Omega \leqslant x \leqslant 10\text{k}\Omega$，忽略运算放大器静态基极电流对输出电压的影响。那么：(1) 当 $x = 0\text{k}\Omega$ 时，求 U_o 的大小；(2) 当 $x = 10\text{k}\Omega$ 时，求 U_o 的大小；(3) 要求运放的输出电压 U_o 不超过饱和输出电压，即 $-14\text{V} < U_o < 14\text{V}$ 时，则电位器接入电路中的电阻 x 取值范围是多少？

3.33 某运算放大器构成的电路如图 3-66 所示，已知两个运算放大器 A_1 和 A_2，它们的饱和输出电压 $U_{o(sat)} = \pm 15\text{V}$，其中输入电压 $U_I = 0.5\text{V}$，而电阻 $R_2 = R_4 = 10\text{k}\Omega$，$R_1 = R_3 = R_5 = 5\text{k}\Omega$，忽略运算放大器静态基极电流对输出电压的影响。那么：(1) 当 K 断开时，求两个运算放大器的输出电压 U_{o1} 和 U_o 的大小；(2) 当 K 闭合时，求两个运算放大器的输出电压 U_{o1} 和 U_o 的大小；(3) 当 K 闭合时，求流过电阻 R_3 的电流 I 的大小。

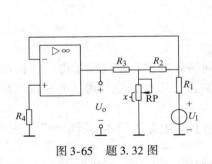

图 3-65　题 3.32 图

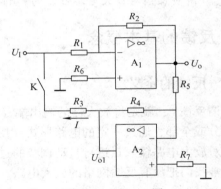

图 3-66　题 3.33 图

3.34 由运算放大器组成的电压比较器如图 3-67 所示，运算放大器饱和输出电压 $U_{o(sat)} = \pm 12\text{V}$，稳压二极管 VZ 的稳定电压 $U_Z = 6\text{V}$，其正向电压 $U_D = 0.7\text{V}$，$u_i = 12\sin\omega t \text{ V}$。在参考电压 $U_R = +3\text{V}$ 和 -3V 两种情况下，试画出输出电压 u_o 的波形。

3.35 图 3-68 所示为监控报警装置电路，u_i 是由传感器转换来的监控信号，U_R 是参考电压。当 u_i 超过正常值时，报警指示灯亮，试说明其工作原理。二极管 VD 和电阻 R_3 在此电路中起什么作用？

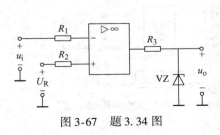

图 3-67　题 3.34 图

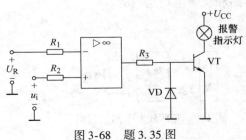

图 3-68　题 3.35 图

第4章 放大电路中的负反馈

教学导航

　　反馈是一个非常重要的概念，产生于电子领域，其相关理论在电子电路和自动控制系统等众多技术领域有非常广泛的应用。在前面章节中学过的晶体管放大电路和集成运算放大器构成的电子电路中，几乎都带有负反馈结构，其目的就是要提高电路工作的稳定性，改善放大电路的性能。

教学目标

1）理解反馈的基本概念和原理框图。
2）掌握反馈类型的判定方法。
3）理解瞬时极性法，掌握交流负反馈四种组态的判定方法。
4）理解负反馈对放大电路性能的影响。

4.1 反馈的基本概念

4.1.1 反馈的定义

　　所谓反馈⊖，就是将放大器的输出端（或输出回路）的输出量（输出电压或输出电流）的一部分或全部，通过一定的电路形式（反馈网络）反向送回到输入端（或输入回路），从而实现对放大电路输入量进行自动调节的过程。

　　通常我们把没有反馈网络的放大电路，称为开环放大电路，图4-1所示为开环放大电路结构图。

　　为了把放大器的输出信号送回到输入端，通常用外接电阻或电容器等元件组成引导反馈信号的电路，这个电路称为反馈电路。把带有反馈网络的放大电路，称为闭环放大电路，如图4-2所示。图中取样环节表示反馈信号从放大器的输出端取出，取出的方式不同，反映了反馈的物理量不同；合成环节表示反馈信号送回到放大器的输入端和原来的输入信号进行合成，合成的方式不同，反映了反馈的串并联类型的不同。由此可见，反馈放大器是由基本放大电路和反馈电路组成的。

图4-1　开环放大电路结构图

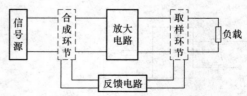

图4-2　闭环放大电路组成

⊖ 本书只讨论放大电路中的反馈。

虽然放大电路的具体结构和反馈网络的形式是多种多样的，但可用框图来描述所有放大电路的两种结构：无反馈网络的放大电路与带有反馈网络的放大电路。

无反馈网络的放大电路框图如图 4-3 所示，输入信号 $\dot{X}_i$ 通过不带反馈网络的基本放大电路 A（可以是单级或多级的），送出输出信号 $\dot{X}_o$。

带有反馈网络的放大电路框图如图 4-4 所示。下面一个方框表示反馈网络 F，它把输出信号 $\dot{X}_o$ 的一部分送回到输入端。箭头表示信号的传递方向，符号"$\otimes$"表示比较环节。输入信号 $\dot{X}_i$ 与反馈信号 $\dot{X}_f$ 比较（加或减）后得到净输入信号 $\dot{X}_d$（即 $\dot{X}_d = \dot{X}_i \pm \dot{X}_f$），送给放大电路的基本放大电路 A 后，再得到一个新的输出信号 $\dot{X}_o$。

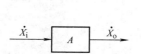

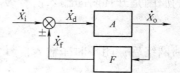

图 4-3　无反馈网络的放大电路框图　　图 4-4　带有反馈网络的放大电路框图

在输入端比较环节 $\otimes$ 上的 $\dot{X}_i$、$\dot{X}_d$ 和 $\dot{X}_f$ 这 3 个量，满足关系等式：$\dot{X}_d = \dot{X}_i \pm \dot{X}_f$，如果等式取加号"＋"（即 $\dot{X}_d = \dot{X}_i + \dot{X}_f$），表示放大电路带有正反馈网络；等式取减号"－"（即 $\dot{X}_d = \dot{X}_i - \dot{X}_f$），表示放大电路带有负反馈网络。

输出端的输出信号 $\dot{X}_o$，根据放大电路的具体结构，要么为电压信号（即 $\dot{U}_o$），要么为电流信号（即 $\dot{I}_o$）。

下面以图 4-4 所示框图为例讨论带有负反馈网络放大电路的开环增益（或称开环放大倍数）、反馈系数、闭环增益（或称闭环放大倍数）、反馈深度等一般性能指标。
开环增益为

$$A = \frac{\dot{X}_o}{\dot{X}_d} \tag{4-1}$$

反馈系数为

$$F = \frac{\dot{X}_f}{\dot{X}_o} \tag{4-2}$$

闭环增益为

$$A_f = \frac{\dot{X}_o}{\dot{X}_i} = \frac{\dot{X}_o}{\dot{X}_d + \dot{X}_f} = \frac{A\dot{X}_d}{\dot{X}_d + F\dot{X}_o} = \frac{A\dot{X}_d}{\dot{X}_d + AF\dot{X}_d} = \frac{A}{1 + AF} \tag{4-3}$$

式（4-3）称为负反馈放大电路的基本方程式，式中的分母 $1 + AF$，它的大小反映了反馈对放大电路性能指标的影响程度，称为反馈深度，以 D 表示，即

$$D = |1 + AF| \tag{4-4}$$

将式(4-3) 变形为

$$\left| \frac{A_f}{A} \right| = \left| \frac{\dot{X}_d}{\dot{X}_i} \right| = \frac{1}{|1 + AF|} \qquad (4\text{-}5)$$

式(4-5) 反映了负反馈引入放大电路后，其闭环增益相对于开环增益的变化程度，与反馈深度 D 的倒数有关。

下面就式(4-5) 中反馈深度 $D = |1 + AF|$ 不同取值时，放大电路的所处工作状况加以说明。

1）当 $|1 + AF| > 1$ 时，则 $|A_f| < |A|$，表示负反馈使得闭环增益相对于开环增益下降了，放大电路处于负反馈的状态。

下降的原因是开环时净输入信号为

$$| \dot{X}_d | = | \dot{X}_i | \qquad (4\text{-}6)$$

引入负反馈网络后，闭环时净输入信号变为

$$| \dot{X}_d | = \frac{1}{|1 + AF|} | \dot{X}_i | \qquad (4\text{-}7)$$

可见，净输入信号减小了，而开环增益 $|A|$ 的大小没有丝毫变化，所以输出信号 $\dot{X}_o$ 减小了。

2）当 $|1 + AF| \gg 1$ 时，有

$$A_f = \frac{A}{1 + AF} \approx \frac{A}{AF} = \frac{1}{F} \qquad (4\text{-}8)$$

式(4-8) 具有广泛的实用意义，因为放大电路的闭环增益 A_f 几乎只取决于反馈网络的系数 F，而与开环增益 A 无关，这种情况称为深度负反馈。一般 $AF > 10$ 就可以认为是深度负反馈。在实际应用中，带有负反馈网络的放大电路往往设计成深度负反馈的形式，便于电路参数的调控。

3）当 $|1 + AF| < 1$ 时，则 $|A_f| > |A|$，表示正反馈的情况。正反馈使闭环增益提高，这是由于反馈信号 $\dot{X}_f$ 与输入信号 $\dot{X}_i$ 叠加后，使得净输入信号 $| \dot{X}_d |$ 比无反馈时增大了。

4）当 $|1 + AF| = 1$ 时，则 $F = 0$，$|A_f| = |A|$，表示无反馈的情况。闭环增益和开环增益相等。

图4-5 所示为图4-4 的反馈网络 F 断开或者反馈系数 $F = 0$ 所得到的框图，其中，图4-5a 表示断开反馈网络的输出端；图4-5b 表示断开反馈网络的输入端；图4-5c 表示反馈网络的反馈系数为零。显然 $\dot{X}_d = \dot{X}_i$，其电路实质上与图4-3 所示无反馈电路的框图基本相同。因此，从这个意义上来讲，无反馈电路结构是带反馈网络电路结构的一种特殊形式，即 $F = 0$（或 $\dot{X}_f = 0$）。

5）当 $|1 + AF| \to 0$ 时，则 $|A_f| \to \infty$，这意味着反馈放大电路即使在无输入信号 $\dot{X}_i$（即 $\dot{X}_i \to 0$）的情况下，还是有一定幅度和频率的输出信号 $\dot{X}_o$ 存在。这种工作状态称为自激振荡。

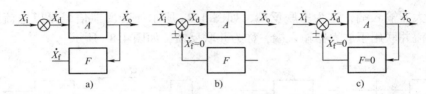

图 4-5　无反馈放大电路的框图

4.1.2　反馈的分类

由于反馈的极性不同、反馈信号的取样对象不同，反馈信号在输入回路中的连接方式也不同。反馈大致可分为以下几类。

正反馈和负反馈——如果反馈信号与输入信号极性相同，使净输入信号增强，叫作正反馈；反馈信号起削弱输入信号的作用（使净输入信号削弱），叫作负反馈。正反馈虽然能使输出信号增大，电压放大倍数增大，但使放大器的性能显著变差（工作不稳定、失真增加等），所以在放大电路中不采用正反馈，正反馈一般用于振荡电路中。

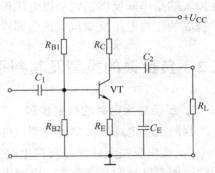

图 4-6　分压式射极负反馈偏置电路

直流反馈和交流反馈——对直流量起反馈作用的叫作直流反馈，对交流量起反馈作用的叫作交流反馈。图 4-6 所示为分压式射极负反馈偏置电路，其稳定静态工作点的作用过程实质上就是直流负反馈。

反馈电阻为 R_E，当 I_{CQ} 上升时，$I_{EQ}(I_{EQ} \approx I_{CQ})$ 在 R_E 电阻上产生的电压 U_{EQ} 也上升，此电压又被送回到输入回路中，使 U_{BEQ} 发生变化（减小），通过 U_{BEQ}（减小）去调整 I_{BQ} 和 I_{CQ}，最终使 I_{CQ} 稳定。如果电阻 R_E 两端不并联 C_E，则 R_E 两端也会产生交流电压，此时 R_E 不仅对直流量有反馈作用，对交流量也有反馈作用，可以使交流分量 i_C 得到稳定。下面讨论的只是交流反馈。

电压反馈和电流反馈——根据反馈信号从放大器输出端取出方式的不同，可确定是电压反馈还是电流反馈。反馈信号直接取自输出端负载两端的电压称为电压反馈，电压反馈的取样环节与放大器输出端并联，如图 4-7a 所示；如果反馈信号取的是输出电流，则是电流反馈，电流反馈的取样环节与放大器的输出端串联，如图 4-7b 所示。

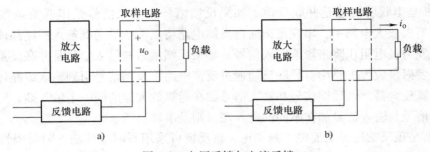

图 4-7　电压反馈与电流反馈

串联反馈和并联反馈——根据反馈信号在放大器输入端与输入信号连接方式的不同，确定是串联反馈还是并联反馈。若反馈信号在输入端是以电压形式出现，且与输入电压是串联起来加到放大器输入端，称为串联反馈，如图 4-8a 所示；若反馈信号是以电流形式出现，且与输入电流并联用于放大器输入端，称为并联反馈，如图 4-8b 所示。

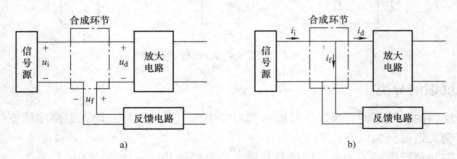

图 4-8　串联反馈与并联反馈

注意：电流反馈不应该理解为反馈到输入端的信号一定以电流形式出现，虽然它在输出端取出的是电流，但在输入端以何种形式出现完全决定于它在输入端的连接方式。反馈信号在输入端是串联反馈，它是以电压形式合成的；如果在输入端是并联反馈，它则是以电流形式合成的。对电压反馈也应该做同样的理解。

4.2　负反馈的类型及其判别方法

1. 反馈放大电路的判别步骤

判断放大电路中反馈的类型，可以按如下步骤进行：

1）找出反馈元件（或反馈电路）。即确定在放大电路输出和输入回路间起联系作用的元件，如有这样的元件存在，电路中才有反馈存在，否则就不存在反馈。

2）判断电路中的反馈是电压反馈还是电流反馈。如果反馈信号取自放大电路的输出电压，就是电压反馈。在共发射极放大电路中，电压反馈的反馈信号一般是由输出级晶体管的集电极取出的；如果反馈信号取自输出电流，则是电流反馈。在共发射极放大电路中，电流反馈的反馈信号一般是由输出级晶体管的发射极取出的。另外，可用输出端短路法判别，即将放大电路的输出端短路（注意：放大器的输出可等效为信号源；输出短路即是将负载短路），如短路后反馈信号消失，则为电压反馈，否则为电流反馈。

3）判断是串联反馈还是并联反馈。如果反馈信号和输入信号是串联关系则为串联反馈。在共发射极放大电路中，串联反馈通过反馈电路将反馈信号送到输入回路晶体管的发射极上，通过发射极电阻压降来影响输入信号。如果反馈信号和输入信号是并联关系则为并联反馈。在共发射极放大电路中，并联反馈通过反馈电路将反馈信号引到输入级晶体管的基极上。对于运算放大器，若反馈信号和输入信号加在运算放大器的同一个输入端，则是并联反馈；若反馈信号与输入信号加在不同的输入端，则是串联反馈。

4）判断是正反馈还是负反馈。判别正、负反馈可采用瞬时极性法。瞬时极性是指交流信号某一瞬间的极性，一般要在交流通路里进行。首先假定放大电路输入电压对地的瞬时极性是正或负，然后按照闭环放大电路中信号的传递方向，依次标出有关各点在同一瞬间对地的极性（用 + 或 − 表示）。如果反馈信号削弱输入信号则属负反馈，反之属正反馈。

2. 负反馈的 4 种组态形式

（1）电压并联负反馈

图 4-9a 所示为具有电压并联负反馈形式的晶体管放大电路，反馈元件 R_f 跨接在晶体管的集电极和基极之间，将输出电压反馈到输入端，属于电压反馈。根据瞬时极性法，假设输入电压 u_i 的瞬时极性为 $\oplus$，则集电极的瞬时极性为 $\ominus$，反馈信号的极性为 $\ominus$，它反馈到输入端时和输入电压的极性相反，故为负反馈。因为反馈信号是加到基极上的，$i_b = i_i - i_f$ 故为并联反馈。所以，图 4-9a 所示的电路是具有电压并联负反馈的放大器。

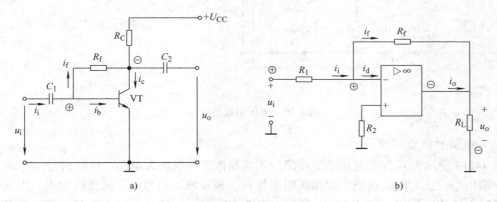

图 4-9　电压并联负反馈

图 4-9b 所示电路为由集成运算放大器组成的电压并联负反馈放大电路。电路中的反馈量 $i_f = \dfrac{u_o}{R_f}$，说明反馈量与输出电压成正比，为电压反馈；用瞬时极性法判别反馈的正负极性。如图 4-9b 所示，假设输入信号 u_i 的瞬时极性为 $\oplus$，它加在集成运放的反相输入端，故输出信号 u_o 的极性为 $\ominus$，因此，输出电流 i_o 的实际方向与参考方向不一致，但流过反馈电阻 R_f 的反馈电流 i_f 实际方向与参考方向一致，而且运算放大器的净输入量 $i_d = i_i - i_f$，所以为负反馈；在输入端，输入信号 i_i 与反馈信号 i_f 为并联关系，为并联反馈。通过上述分析可知，图 4-9b 所示电路为电压并联负反馈。

（2）电压串联负反馈

图 4-10a 为具有电压串联负反馈形式的晶体管两级放大电路，反馈信号由放大器输出端经反馈元件 R_f 送到第一级放大器的发射极，所以是电压反馈。根据瞬时极性法假设输入信号电压的瞬时极性为 $\oplus$，则其余各极的瞬时极性均可标出，如图 4-10a 所示。由图 4-10a 中可见，反馈信号极性为 $\oplus$，它反馈到 VT_1 的发射极，与发射极瞬时极性相同，且 $u_{be} = u_i - u_f$ 故为负反馈，而且是串联反馈，即电路是具有电压串联负反馈的放大器。顺便指出，图中 R_{E1} 和 R_f 都起着电压串联负反馈的作用，而且 R_{E1} 还起着第一级放大器本身的电流串联负反馈的作用。

图 4-10b 所示电路为由集成运算放大器组成的电压串联负反馈放大电路。电路中的反馈量 $u_f = \dfrac{R_2}{R_2 + R_F} u_o$，说明反馈量与输出电压成正比，为电压反馈；用瞬时极性法判别反馈的正负极性。如图 4-10b 所示，假设输入信号 u_i 瞬时极性为 $\oplus$，它加在集成运放的同相输入端，故输出信号 u_o 的极性也为 $\oplus$，而电阻 R_2 右端的极性也为 $\oplus$，运算放大器的净输入量

$u_d = u_i - u_f$，所以为负反馈；在输入端，输入信号 u_i 与反馈信号 u_f 为串联关系，为串联反馈。通过上述分析可知，图 4-10b 所示电路为电压串联负反馈。

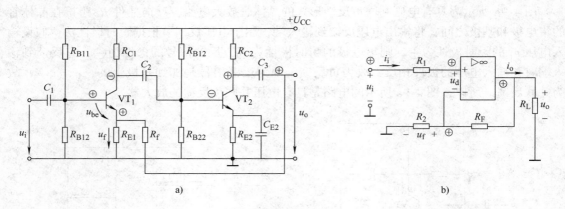

图 4-10　电压串联负反馈

（3）电流并联负反馈

图 4-11a 所示为具有电流并联负反馈形式的晶体管两级放大电路。反馈信号不是取自放大器的输出端，故为电流反馈。根据瞬时极性法，假设输入信号电压的极性为 ⊕，则其余各极的瞬时极性均可标出，如图 4-11a 所示。由图中可见，反馈信号极性为 ⊖，它反馈到 VT_1 的基极，并且极性相反，故为负反馈，且 $i_{b1} = i_i - i_f$ 而且是并联反馈。所以图 4-11a 是具有电流并联负反馈的放大器。

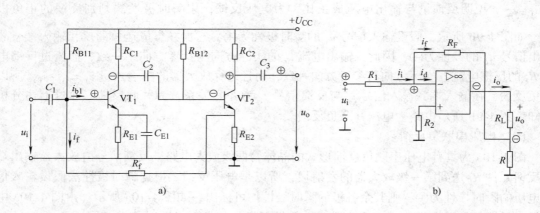

图 4-11　电流并联负反馈

图 4-11b 所示电路为由集成运算放大器组成的电流并联负反馈放大电路。反馈电阻 R_F 跨接在输入端和输出端之间，与电阻 R 一起构成反馈网络，但其输入取样点位于负载 R_L 和电阻 R 之间，该电路是一个并联电流负反馈电路。由图可见，输入电流 i_i 和反馈电流 i_f 都接入集成运放的反相输入端，依据图所标示的参考方向，输入电流 i_i、反馈电流 i_f 和净输入电流 i_d 三者满足等式 $i_i = i_d + i_f$，即 $i_d = i_i - i_f$，故为并联反馈。在输出回路中，反馈网络的输入端口与负载 R_L 串联，流过它们的电流同为 i_o，显然是对输出电流 i_o 取样。根据反馈网

络的结构，流过电阻 R_F 的反馈电流 i_f 的大小为 $i_f = \dfrac{R}{R + R_F} i_o$，即 i_f 与 i_o 成正比，故为电流反馈。

用瞬时极性法判别反馈的正负极性。如图 4-11b 所示，假设输入信号 u_i 的瞬时极性为 $\oplus$，它加在集成运放的反相输入端，故输出信号 u_o 的极性为 $\ominus$，负载 R_L 和电阻 R 之间连接点的极性也为 $\ominus$，因此，输出电流 i_o 的实际方向与图上的参考方向不一致，但流过反馈电阻 R_f 的反馈电流 i_f 实际方向与框图上的参考方向一致，故为负反馈。

（4）电流串联负反馈

图 4-12a 所示为具有电流串联负反馈的晶体管放大器。此电路就是前述的分压式偏置电路，反馈信号不是取自放大器的输出端，故其是电流反馈。根据瞬时极性法，反馈信号 u_f 的极性为 $\oplus$，它反馈到发射极，并和发射极的瞬时极性相同，$u_{be} = u_i - u_f$ 故为负反馈，而且是串联负反馈。所以图 4-12 是具有电流串联负反馈的放大器。

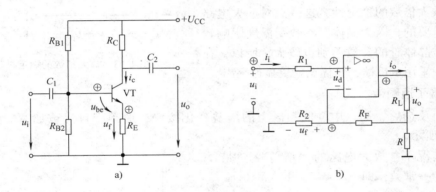

图 4-12　电流串联负反馈

图 4-12b 所示电路为由集成运算放大器组成的电流串联负反馈放大电路。电路中由于虚断，电阻 R_1 上流过的电流 $i_i \approx 0A$，故电阻 R_1 上不产生压降，即电阻 R_1 左右两端的电压皆为输入电压 u_i。由图可见，输入信号 u_i、反馈信号 u_f 和净输入信号 u_d 满足关系等式：$u_i = u_f + u_d$，即 $u_d = u_i - u_f$，故为串联反馈。在输出回路中，反馈网络的输入端口与负载 R_L 串联，流过它们的电流同为 i_o，显然其是对输出电流 i_o 取样。根据反馈网络的结构，电阻 R_2 两端为反馈电压 u_f 的大小为 $u_f = \dfrac{R_2 R}{R_2 + R_F + R} i_o$，即 u_f 与 i_o 成正比，故为电流反馈。

用瞬时极性法判别反馈的正负极性。如图 4-12b 所示，假设输入信号 u_i 的瞬时极性为 $\oplus$，它加在集成运放的同相输入端，故输出信号 u_o 的极性也为 $\oplus$，而电阻 R_2 右端的极性也为 $\oplus$，故反馈电压 u_f 的实际参考方向，与图中参考方向一致，所以为负反馈。

综上所述，对电压负反馈而言，无论反馈信号以何种方式送回输入端，它都是利用输出电压本身的变化，通过反馈电路自动调整净输入信号的大小，从而自动调整输出电压。因此，电压负反馈的特点是使放大电路的输出电压稳定。同样，对于电流负反馈而言，它也是利用输出电流本身的变化最终自动调整输出电流，使放大器输出电流稳定。

4.3 负反馈对放大器性能的影响

1. 降低了放大倍数

反馈电压的存在，使真正加到晶体管发射结的净输入电压下降，所以输出电压也下降，同样，包含反馈回路后的电压放大倍数必然减小。反馈电压越大，则电压放大倍数减小得越多。

2. 提高了放大倍数的稳定性

在放大电路工作过程中，环境温度变化、晶体管老化、电源电压变化等情况，都会引起放大器电压放大倍数发生变化，使放大倍数不稳定。加入负反馈后，在同样外界条件下，由于上述各种原因所引起的电压放大倍数的变化就比较小，即放大倍数比较稳定。

上述过程如图 4-13 所示。

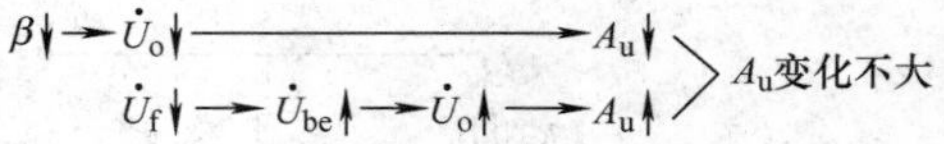

提高放大倍数的稳定性，这一点对放大电路来说是很重要的。因为晶体管参数受温度影响较大，同型号晶体管的参数差别也较大。所以，在放大电路中采用负反馈，其优点就更显得突出。

$$\beta{\downarrow} \to \dot{U}_{\text{o}}{\downarrow} \longrightarrow A_{\text{u}}{\downarrow}$$
$$\dot{U}_{\text{f}}{\downarrow} \to \dot{U}_{\text{be}}{\uparrow} \to \dot{U}_{\text{o}}{\uparrow} \to A_{\text{u}}{\uparrow}$$
$$\Big\rangle A_{\text{u}} \text{变化不大}$$

图 4-13　放大倍数的稳定过程

3. 扩展了通频带

引入负反馈后，高、中、低频区上的增益变化缓慢，通频带自然被加宽。幅频特性如图 4-14 所示。

通常情况下，放大电路的"增益""带宽"之积为一常数，即

$$A_{\text{f}}(f_{\text{Hf}} - f_{\text{Lf}}) = A(f_{\text{H}} - f_{\text{L}}) \qquad (4\text{-}9)$$

一般 $f_{\text{H}} \gg f_{\text{L}}$，所以 $A_{\text{f}}f_{\text{Hf}} \approx Af_{\text{H}}$，这表明，当引入负反馈后，电压放大倍数下降为几分之一，通频带就扩展了几倍。可见，引入负反馈能扩展通频带，但这是以降低放大倍数为代价的。

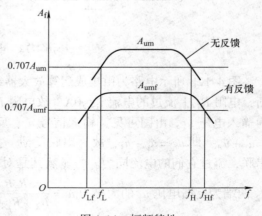

图 4-14　幅频特性

4. 改善了波形失真

放大电路工作点选择不合适或者输入信号过大，都将引起输出信号波形的失真，如图 4-15a 所示。但引入负反馈后，可将失真的输出信号反送到输入端，使净输入信号发生某种程度的失真，经过放大后，即可使输出信号的失真得到一定程度的补偿。从本质上讲，负反馈是利用失真的波形来改善波形的失真，因此只能减小失真，不能完全消除失真，如图 4-15b 所示。

5. 影响了放大电路输入电阻和输出电阻

不同类型的负反馈对放大电路的输入、输出电阻影响不同。串联负反馈使输入电阻增大；并联负反馈使输入电阻减小。电压负反馈能减小输出电阻，稳定输出电压；电流负反馈

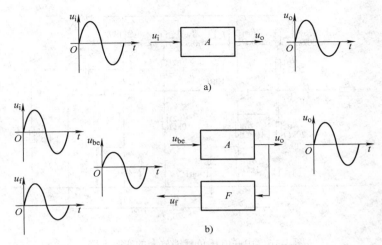

图 4-15 负反馈改善波形失真

使输出电阻增大，稳定输出电流。因此，必须根据不同用途引入不同类型的负反馈。此外，负反馈还可以使放大电路的通频带得到扩展。

4.4 实验 负反馈放大电路的分析与测试

1. 实验目的

1）加深理解负反馈放大电路的工作原理，了解在电压放大电路中引入负反馈的形式与方法。

2）巩固负反馈对放大电路性能影响的认识；理解串联电压负反馈对放大电路性能的改善。

3）学习负反馈放大电路性能的一般测量和调试方法。

2. 实验设备

1）模拟电路实验箱。

2）交流毫伏表。

3）示波器。

4）函数信号发生器。

5）直流稳压电源。

6）万用表。

3. 实验内容与步骤

（1）放大电路静态工作点的调整

按图 4-16 所示电路连接好线路，将直流稳压电源的输出端接入电路的 " $+U_{CC}$ " 与 "接地" 之间，并将输出直流电压信号调整为 $U_{CC} = 12V$。不接入信号源 u_S，断开开关 K，使得 R_F 反馈支路断开。调节电路中的电阻 R_{W1} 和 R_{W2}，用万用表测量晶体管 VT_1 和 VT_2 的 U_{CE}，使 $U_{CE1} = U_{CE2} = 6V$，放大器具有合适的静态工作点。用万用表测量晶体管 VT_1 和 VT_2 的三个管脚对参考点的静态电位，数据填入表 4-1 中。

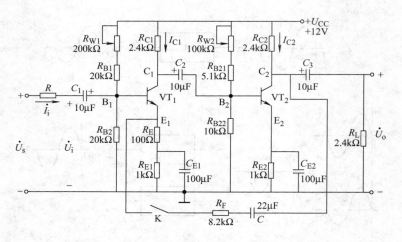

图 4-16　串联电压负反馈放大的实验电路

表 4-1　静态工作点的测量

测量值/V			计算值/V		测量值/V			计算值/V	
U_{B1}	U_{E1}	U_{C1}	U_{BE1}	U_{CE1}	U_{B2}	U_{E2}	U_{C2}	U_{BE2}	U_{CE2}

（2）负反馈对放大电路电压放大倍数的影响

首先断开开关 K，接入用函数信号发生器，调整输出信号为幅值 20mV、频率 1kHz 的正弦信号源 u_S，将该信号接入图 4-16 所示电路的输入端，用交流毫伏表测量输入电压 U_i 和输出电压 U_o 的大小。在使用交流毫伏表测量时请注意量程的选择，同时用示波器观察放大器输出电压的波形，在波形不失真的条件下读取 U_o 的值。然后，接通开关 K，引入负反馈，输入信号不变，再次测量输入电压 U_i 和输出电压 U_o 的大小，数据填入表 4-2 中。

表 4-2　负反馈对放大电路的电压放大倍数的影响

K 断开（开环）			K 接通（闭环）		
测量值/V		计算值	测量值/V		计算值
U_i	U_o	A_u	U_i	U_o	A_u

（3）负反馈对放大电路输入电阻和输出电阻的影响

调整函数信号发生器输出信号为幅值 20mV、频率 1kHz 的正弦信号作为信号源 u_S，接入图 4-16 所示电路的输入端。首先，断开开关 K（即无反馈），接入负载电阻 R_L，用交流毫伏表测量信号源电压 u_S、输入电压 U_i 以及输出电压 U_o；去掉负载电阻 R_L 后，再测量一次输出电压 U_o。然后，接通开关 K（即有反馈），接上负载电阻 R_L，用交流毫伏表测量信号源电压 u_S，输入电压 U_i 以及输出电压 U_o；去掉负载电阻 R_L 后，再测量一次输出电压 U_o，将每次测量的数据记入表 4-3 中。

表 4-3　负反馈对放大电路输入电阻和输出电阻的影响

	实验条件		测量值			计算值	
	电阻 R /kΩ	输入电压 U_i/V	信号源电压 U_s/V	输出电压 U_o/V		r_i/kΩ	r_o/kΩ
				$R_L = 2.4$kΩ	$R_L = \infty$		
K 断开							
K 接通							

选择合适的电阻 R，串接在信号源 u_S 与 C_1 之间。则可求得

$$r_i = \frac{U_i}{U_s - U_i}R; \qquad r_{if} = \frac{U_{if}}{U_s - U_{if}}R$$

$$r_o = \left(\frac{U_o}{U_L} - 1\right)R_L; \qquad r_{of} = \left(\frac{U_{of}}{U_{Lf}} - 1\right)R_L$$

式中，U_o 为开环、无负载电阻状态下的输出电压；U_L 为开环、有负载电阻状态下的输出电压；U_{of} 为闭环、无负载电阻状态下的输出电压；U_{Lf} 为闭环、有负载电阻状态下的输出电压。

4. 实验思考题

1）接入 R_F 反馈支路后，对两个晶体管的静态工作点有无影响？为什么？

2）为了稳定输出电流，应采用什么形式的反馈电路？试设计出电路，并在实验装置上进行调试运行。

知识点梳理与总结

1）所谓反馈，就是将放大器的输出端（或输出回路）的输出量（输出电压或输出电流）的一部分或全部，通过一定的电路形式（反馈网络）反向送回到输入端（或输入回路），从而实现对放大电路的输入量进行自动调节的过程。

2）通常把没有反馈网络的放大电路，称为开环放大电路；用外接电阻或电容器等元件组成引导反馈信号的电路，可以把放大器的输出信号送回到输入端的电路叫作反馈电路；把带有反馈网络的放大电路，称为闭环放大电路。反馈放大器是由基本放大电路和反馈电路组成的。

3）带有负反馈网络的放大电路的性能指标：

开环增益：$A = \dfrac{\dot{X}_o}{\dot{X}_d}$；

反馈系数：$F = \dfrac{\dot{X}_f}{\dot{X}_o}$；

闭环增益：$A_f \dfrac{\dot{X}_o}{\dot{X}_i} = \dfrac{A}{1 + AF}$；

反馈深度：$D = |1 + AF|$。

由闭环增益公式可得：$\left|\dfrac{A_f}{A}\right| = \left|\dfrac{\dot{X}_d}{\dot{X}_i}\right| = \dfrac{1}{|1 + AF|}$

4）反馈深度 $D = |1+AF|$ 不同的取值情况：负反馈时，$|1+AF| > 1$；深度负反馈时，$|1+AF| \gg 1$，$A_f = \dfrac{A}{1+AF} \approx \dfrac{A}{AF} = \dfrac{1}{F}$；正反馈时，$|1+AF| < 1$；无反馈时，$|1+AF| = 1$，即 $F = 0$，$|A_f| = |A|$；自激振荡时，$|1+AF| \to 0$，即 $|A_f| \to \infty$。

5）按照不同的分类方法，反馈可分为正反馈和负反馈，直流反馈和交流反馈，电压反馈和电流反馈，串联反馈和并联反馈等。本书重点分析交流负反馈。

6）负反馈放大电路的判别步骤：①找出反馈元件（或反馈电路）；②判断电路中的反馈是电压反馈还是电流反馈；③判断是串联反馈还是并联反馈；④判断正反馈和负反馈。判别正、负反馈可采用瞬时极性法，判别时一般要在交流通路里进行。

7）负反馈的四种组态形式：电压并联负反馈；电压串联负反馈；电流并联负反馈和电流串联负反馈。

8）负反馈对放大器性能的影响：降低了放大倍数；提高了放大倍数的稳定性；扩展了通频带；改善了波形失真；影响了电路的输入电阻和输出电阻，见表4-4。

表4-4 负反馈对电路输入输出电阻的影响

反馈组态形式	对输入电阻的影响	对输出电阻的影响
电压并联负反馈	减小	减小
电压串联负反馈	增大	减小
电流并联负反馈	减小	增大
电流串联负反馈	增大	增大

思考与练习 4

一、选择题（请将唯一正确选项的字母填入对应的括号内）

4.1 某电路如图 4-17 所示，该电路所引入的反馈类型是（　　）。

（A）串联电压负反馈　　　　　　　　（B）串联电流负反馈

（C）并联电压负反馈　　　　　　　　（D）并联电流负反馈

4.2 某电路如图 4-18 所示，该电路所引入的反馈类型是（　　）。

（A）串联电压负反馈　　　　　　　　（B）串联电流负反馈

（C）并联电压负反馈　　　　　　　　（D）并联电流负反馈

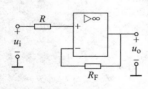
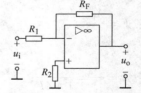

图 4-17 题 4.1 图　　　　　　　　图 4-18 题 4.2 图

4.3 为了稳定放大电路的输出电压，并降低输入电阻，应引入什么类型的负反馈？（　　）

（A）串联电压负反馈　　　　　　　　（B）并联电流负反馈

（C）串联电流负反馈　　　　　　　　（D）并联电压负反馈

4.4 为了稳定输出电流，并提高其输入电阻，图4-19中哪个原理框图所引入的负反馈能够实现？（　　）

4.5 某反馈放大器的框图如图4-20所示，则该放大器的总放大倍数是（　　）。

（A）9　　　　　　（B）10　　　　　　（C）81　　　　　　（D）100

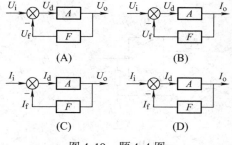

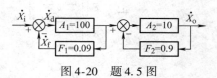

图4-19　题4.4图　　　　　　　　　　图4-20　题4.5图

4.6 在图4-21选项中，哪个电路中的电阻 R_F 所引入的负反馈类型可以达到稳定输出电压，并降低其输入电阻的效果？（　　）。

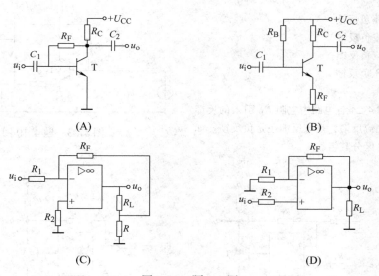

图4-21　题4.6图

4.7 假设某个放大器的开环放大倍数 A 的变化范围为 $100 \leqslant A \leqslant 200$，现引入负反馈 F，其取值为 $F = 0.05$，则闭环放大倍数 A_f 的变化范围是（　　）。

（A） $100 \leqslant A_f \leqslant 200$　　　　　　　　（B） $\dfrac{50}{3} \leqslant A_f \leqslant \dfrac{200}{11}$

（C） $10 \leqslant A_f \leqslant 15$　　　　　　　　　　（D） $\dfrac{100}{3} \leqslant A_f \leqslant \dfrac{300}{7}$

4.8 下列对电路中引入负反馈对放大电路影响的表述不正确的是（　　）。

（A）能够提高放大电路的放大倍数

（B）能够在一定程度上改善电路输出电压波形失真情况

（C）能够拓宽通频带

（D）能够提高放大电路倍数的稳定性

4.9 图4-22电路中没有引入负反馈的选项是（　　）。

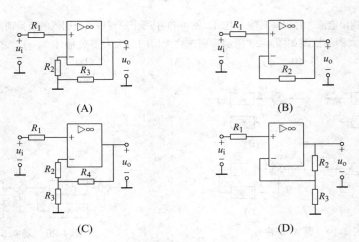

(A)　　　　　　　　　　　　(B)

(C)　　　　　　　　　　　　(D)

图 4-22　题 4.9 图

4.10　在如图 4-23 所示的电路中，电阻 R_F 引入
负反馈的类型是（　　　）。

（A）串联电压负反馈

（B）并联电流负反馈

（C）串联电流负反馈

（D）并联电压负反馈

二、解答题

4.11　判断图 4-24 各电路中电阻 R_F 引入的反馈
是直流反馈还是交流反馈，是正反馈还是负反馈。如
果是交流负反馈，区分其组态。

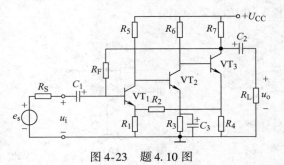

图 4-23　题 4.10 图

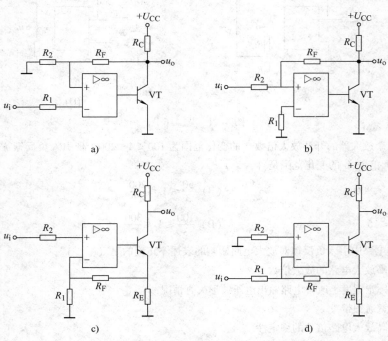

a)　　　　　　　　　　　　b)

c)　　　　　　　　　　　　d)

图 4-24　题 4.11 图

4.12 判断图 4-25 各电路中电阻 R_F 引入的反馈是直流反馈还是交流反馈，是正反馈还是负反馈。如果是交流负反馈，区分其组态。

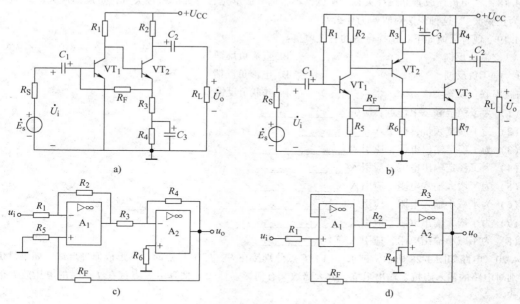

图 4-25 题 4.12 图

4.13 在图 4-26 中，要求达到以下效果，应该引入何种反馈？反馈电阻应从何处引至何处？（1）要求输出电压基本稳定，并能提高输入电阻；（2）要求输出电流基本稳定，并能减小输入电阻。

4.14 某反馈放大电路如图 4-27 所示，试分别说明电阻 R_{F1}、R_{F2}、R_{E1}、R_{E2} 给电路引入何种类型的反馈？

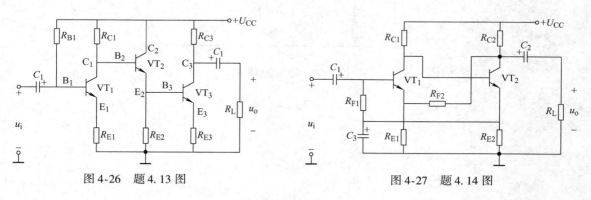

图 4-26 题 4.13 图   图 4-27 题 4.14 图

4.15 已知一个负反馈放大电路的开环放大倍数 $A = 10^5$，反馈系数 $F = 2 \times 10^{-3}$，求：（1）电路闭环放大倍数 A_f 为多少？（2）电路的反馈深度为多少？（3）如果 A 的相对变化率为 20%，则 A_f 的相对变化率为多少？

4.16 已知某个串联电压负反馈放大电路的电压放大倍数 $A_f = 20$，其开环基本放大电路的电压放大倍数 A 的相对变化率 $\dfrac{dA}{A} = 10\%$，而 A_f 的相对变化率 $\dfrac{dA_f}{A_f} < 0.1\%$，试估算 A 和 F 的大小。

4.17 某放大电路的开环放大倍数 $A = 10^4$，当它接成负反馈放大电路时，其闭环电压放大倍数 $A_f = 50$，

若 A 相对变化率 $\dfrac{\mathrm{d}A}{A} = 10\%$ ，则 A_f 的相对变化率 $\dfrac{\mathrm{d}A_\mathrm{f}}{A_\mathrm{f}}$ 为多少？

4.18 "负反馈改善非线性失真。所以，不管输入波形是否存在非线性失真，负反馈放大器总能将它改善为正弦波。"这种说法对吗？为什么？

4.19 现有反馈如下，选择合适的答案填空：

A. 交流负反馈   B. 直流负反馈

C. 电压负反馈   D. 电流负反馈

E. 串联负反馈   F. 并联负反馈

（1）为了稳定静态工作点，应引入_____。

（2）为了展宽频带，应引入_____。

（3）为了稳定输出电压，应引入_____。

（4）为了稳定输出电流，应引入_____。

（5）为了增大输入电阻，应引入_____。

（6）为了减小输入电阻，应引入_____。

（7）为了增大输出电阻，应引入_____。

（8）为了减小输出电阻，应引入_____。

4.20 电路如图 4-28 所示，试求：（1）F 点分别接在 H、J、K 三点时，各形成何种反馈？如果是负反馈，则对电路的输入阻抗、输出阻抗、放大倍数又有何影响？（2）估算出 F 点接在 J 点时的电压放大倍数表达式。

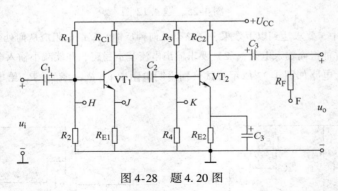

图 4-28 题 4.20 图

第 5 章　基本逻辑门电路和组合逻辑电路

教学导航

在信息时代，常常需要将模拟信号进行编码，以便大量的信息传输、分析和处理。把模拟信号转换成数字信号，就可以利用数字逻辑的方法和思路来分析和设计复杂的数字电路，这有力地推动了计算机及其相关技术的快速发展。和模拟电路一样，数字电路的发展同样经历了由电子管、半导体分立器件到集成电路的过程。自 20 世纪 60 年代开始，数字集成器件从以双极型工艺为主的小规模逻辑器件，发展到了中规模逻辑器件；20 世纪 70 年代末，微处理器的出现，使数字集成电路的性能产生了质的飞跃。

教学目标

1）了解模拟信号和数字信号的区别；了解数字电路的概念及特点；理解数制及其转换方法。

2）掌握基本逻辑门电路的功能；掌握由基本门电路构成的"与非门""或非门""与或非门""异或门"和"同或门"电路的功能；理解 TTL 门电路和 CMOS 门电路的构成原理及使用方法；能够根据实际电路的需要选择相应的门电路。

3）理解掌握逻辑代数运算规则和卡诺图化简逻辑函数的方法，并能灵活地选择和运用相应的方法化简逻辑关系。

4）掌握组合逻辑电路的分析和设计方法，初步掌握数字逻辑电路的设计和应用能力。

5）能够理解加法器、编码器、译码器、数显电路、数据选择器和数据分配器等组合逻辑器件的工作原理，能够运用上述组合逻辑器件完成简单组合逻辑电路的设计。

5.1　数字电路

5.1.1　数字电路及其特点

1. 模拟信号与数字信号

模拟信号是一种时间上和数值上都连续的物理量，如图 5-1 所示。从自然界感知的大部分物理量都是模拟性质的，如速度、压力、温度、声音、重量以及位置等都是常见的模拟量。

数字信号是指其变化在时间和数值上都是不连续的，是离散的，如图 5-2 所示。如电子表的秒信号，生产线上记录零件个数的计数信号等，此时只关心信号的有与无，而不太关心其形状。离散信号的值只有真或假，是与不是，因此可以使用二进制数中的 0 和 1 来表示。需要注意两点：①这里的 0 和 1 指的是逻辑 0 和逻辑 1；②逻辑电平不是一个具体的物理量，而是物理量的相对表示。

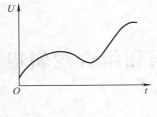

图 5-1　模拟信号

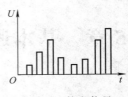

图 5-2　数字信号

2. 数字电路

用数字信号完成对数字量进行算术运算和逻辑运算的电路称为数字电路（或数字系统）。因为它具有逻辑运算和逻辑处理功能，所以又称为数字逻辑电路。现代的数字电路由半导体工艺制成的若干数字集成器件构造而成。逻辑门是数字逻辑电路的基本单元。存储器是用来存储二进制数据的数字电路。从整体上看，数字电路可以分为组合逻辑电路和时序逻辑电路两大类。

3. 数字电路的特点

（1）同时具有算术运算和逻辑运算功能

数字电路以二进制逻辑代数为数学基础，使用二进制数字信号，既能进行算术运算又能方便地进行逻辑运算（与、或、非、判断、比较等），因此极适合运算、比较、存储、传输、控制、决策等应用。

（2）实现简单，系统可靠

以二进制为基础的数字逻辑电路，非常可靠。电源电压小的波动对其没有影响，温度和工艺偏差对其工作的可靠性影响也比模拟电路小得多。

（3）集成度高，功能实现容易

集成度高、体积小、功耗低是数字电路突出的优点。电路的设计、维修、维护灵活方便，随着集成电路技术的高速发展，数字逻辑电路的集成度越来越高，集成电路块的功能随着小规模集成电路（SSI）、中规模集成电路（MSI）、大规模集成电路（LSI）、超大规模集成电路（VLSI）的发展也从元件级、器件级、部件级、板卡级上升到系统级。电路的设计组成只需采用一些标准的集成电路块单元连接而成。对于非标准的特殊电路还可以使用可编程序逻辑阵列电路，通过编程的方法实现任意的逻辑功能。

5.1.2　数制及其变换

1. 数制

数制（Number System），是计数进位的简称。日常生活中常采用的是十进制。

（1）十进制数

十进制数是人们最为熟悉的，它由 0、1、2、3、4、5、6、7、8、9 十个数码和一个小数点符号组成。十进制数的基数（Radix）为 10，进位规律为"逢十进一"。

数码在一个数中的位置不同，其值也不同。例如，十进制数 3545.2，个位和百位的数码都是 5，但个位的 5 代表"5"，可表示成 5×10^0，百位的 5 则代表"500"，可表示成 5×10^2。

3545.2 这个数可以展开为

$$3545.2 = 3 \times 10^3 + 5 \times 10^2 + 4 \times 10^1 + 5 \times 10^0 + 2 \times 10^{-1}$$

式中，10^3、10^2、10^1、10^0、10^{-1} 为相应数位的"权"。

综上，某数位上数码的值可表示成该数码和它的"权"的乘积。

因此，一个具有 n 位整数和 m 位小数的十进制数 $(N)_{10} = (d_{n-1}d_{n-2}\cdots d_1 d_0 \cdot d_{-1}\cdots d_{-m})_{10}$（其括号下标 10，代表十进制数）可按权展开为

$$(N)_{10} = d_{n-1} \times 10^{n-1} + d_{n-2} \times 10^{n-2} + \cdots + d_1 \times 10^1 +$$
$$d_0 \times 10^0 + d_{-1} \times 10^{-1} + \cdots + d_{-m} \times 10^{-m}$$
$$= \left(\sum_{i=-m}^{n-1} d_i \times 10^i\right)_{10}$$

式中，d_i 为第 i 位的数码，可取 $0 \sim 9$ 中的任何一个；10^i 为第 i 位的权。

同理，对于任意的 r 进制数来说，它的基数为 r，由 r 个数码组成，进位规律是"逢 r 进一"。那么，一个 n 位整数和 m 位小数的 r 进制数 $(N)_r = (d_{n-1}d_{n-2}\cdots d_1 d_0 \cdot d_{-1}\cdots d_{-m})_r$，按权展开为

$$(N)_r = d_{n-1} \times r^{n-1} + d_{n-2} \times r^{n-2} + \cdots + d_1 \times r^1 +$$
$$d_0 \times r^0 + d_{-1} \times r^{-1} + \cdots + d_{-m} \times r^{-m}$$
$$= \left(\sum_{i=-m}^{n-1} d_i \times r^i\right)_{10}$$

式中，d_i 为第 i 位的数码，可取 $0 \sim (r-1)$ 之间任何一个；r^i 为第 i 位的权。

在实际应用中，除了熟悉的十进制数，常用的还有二进制数、八进制数和十六进数等。

（2）二进制数

当 $r=2$ 时，为二进制（Binary），数码为 0、1，基数为 2。进位规律为"逢二进一"，即 $1+1=10$。如二进制数 $(1001.01)_2$ 的权展开式为

$$(1001.01)_2 = 1 \times 2^3 + 0 \times 2^2 + 0 \times 2^1 + 1 \times 2^0 + 0 \times 2^{-1} + 1 \times 2^{-2} = (9.25)_{10}$$

二进制数下标有时也写作字母 B，即 $(1001.01)_2 = (1001.01)_B$。

（3）八进制数

当 $r=8$ 时，为八进制（Octal），数码为 0、1、2、3、4、5、6、7，基数为 8；进位规律为"逢八进一"，即 $3+5=10$。如八进制数 $(3207.04)_8$ 的权展开式为

$$(3207.04)_8 = 3 \times 8^3 + 2 \times 8^2 + 0 \times 8^1 + 7 \times 8^0 + 0 \times 8^{-1} + 4 \times 8^{-2} = (1671.0625)_{10}$$

八进制数下标有时也写作字母 O，即 $(3207.04)_8 = (3207.04)_O$。

（4）十六进制数

当 $r=16$ 时，为十六进制（Hexadecimal），数码为 $0 \sim 9$、$A \sim F$，其中 $A=10$，$B=11$，$C=12$，$D=13$，$E=14$，$F=15$；基数为 16；进位规律为"逢十六进一"，即 $7+9=10$。如十六进制数 $(F3D8.A)_{16}$ 的权展开式为

$$(F3D8.A)_{16} = 15 \times 16^3 + 3 \times 16^2 + 13 \times 16^1 + 8 \times 16^0 + 10 \times 16^{-1} = (62424.625)_{10}$$

十六进制数下标有时也写作字母 H，即 $(F3D8.A)_{16} = (F3D8.A)_H$。

2. 不同数制之间的相互转换

（1）二进制、八进制和十六进制数转换成十进制数

应用按权展开的公式，可以把 r 进制数转换成等值的十进制数，现举例说明。

例 5-1 将 $(1001.101)_2$、$(5100.14)_8$、$(A02B.B)_{16}$ 转换成十进制数。

解： $(1001.101)_2 = 1 \times 2^3 + 0 \times 2^2 + 0 \times 2^1 + 1 \times 2^0 + 1 \times 2^{-1} + 0 \times 2^{-2} + 1 \times 2^{-3} = (9.625)_{10}$

$(5100.14)_8 = 5 \times 8^3 + 1 \times 8^2 + 0 \times 8^1 + 0 \times 8^0 + 1 \times 8^{-1} + 4 \times 8^{-2} = (2624.1875)_{10}$

$(A02B.B)_{16} = 10 \times 16^3 + 0 \times 16^2 + 2 \times 16^1 + 11 \times 16^0 + 11 \times 16^{-1} = (41003.6875)_{10}$

（2）十进制数转换成二进制、八进制和十六进制数

将十进制数 $(N)_{10}$ 转换成 r 进制数 $(M)_r$。假设 $(N)_{10}$ 的整数部分为 $(N_1)_{10}$，小数部分为 $(N_2)_{10}$，则 $(N)_{10} = (N_1)_{10} + (N_2)_{10}$；$(M)_r$ 整数部分为 $(M_1)_r$，小数部分为 $(M_2)_r$，则 $(M)_r = (M_1)_r + (M_2)_r$。因为 $(N)_{10} = (M)_r$，所以有 $(N_1)_{10} = (M_1)_r$；$(N_2)_{10} = (M_2)_r$。将 $(N)_{10}$ 的整数部分和小数部分分别转换成 r 进制数。转换方法就是对十进制数的整数部分 "除 r 取余"，对其小数部分 "乘 r 取整"。

例 5-2 将 $(27.75)_{10}$ 转换成二进制数、八进制数和十六进制数。

解： 整数部分 $(27)_{10}$ 根据 "除 2 取余" 法的原理，按如图 5-3 所示步骤转换。

则 $(27)_{10} = (11011)_2$。

小数部分 $(0.75)_{10}$ 根据 "乘 2 取整" 法的原理，按如图 5-4 所示步骤转换。

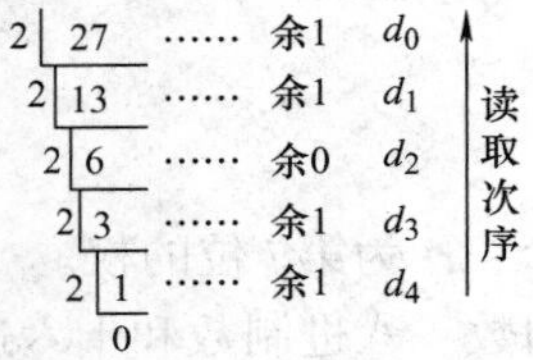

图 5-3　二进制的转换（整数部分） 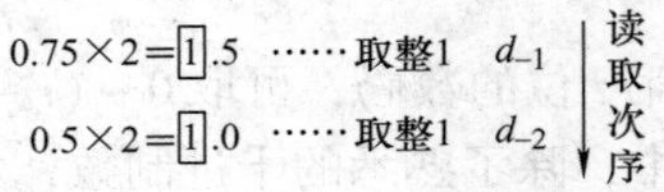　　　图 5-4　二进制的转换（小数部分）

则 $(0.75)_{10} = (0.11)_2$。

结果 $(27.75)_{10} = (11011.11)_2$。

同理，转换成八进制数，步骤如图 5-5 所示。

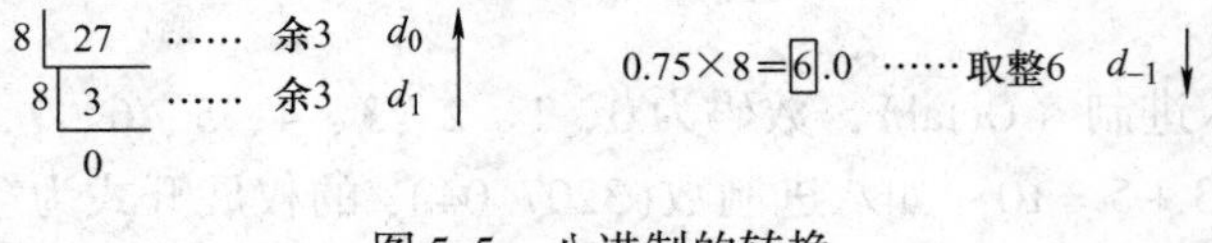

图 5-5　八进制的转换

结果 $(27.75)_{10} = (33.6)_8$。

转换成十六进制数，步骤如图 5-6 所示。

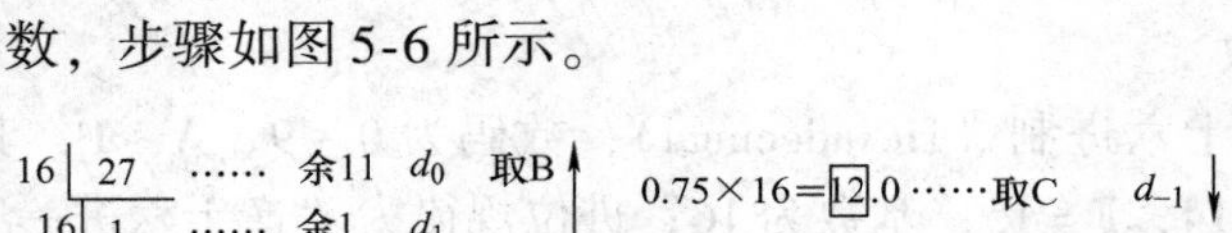

图 5-6　十六进制的转换

结果 $(27.75)_{10} = (B1.C)_{16}$。

（3）八进制数、十六进制数和二进制数的相互转换

由于 $2^3 = 8$，故每个八进制数码可以用三位二进制数来表示。表 5-1 中列出了八进制数码和三位二进制数之间的对应关系，因此二进制数码和八进制之间可以直接进行转换。

表 5-1 八进制数码和三位二进制数对照表

八进制数码	0	1	2	3	4	5	6	7
三位二进制数	000	001	010	011	100	101	110	111

二进制数转换成八进制数时，二进制数的整数部分从低位开始，每三位分为一组，若最左边一组不足三位，可在左边添 0 补足；二进制小数部分从小数点向右每三位分为一组，最后不足三位，可在右边添 0 补足；然后，将每组二进制数转换成八进数。

例 5-3 将二进制数 $(100111001001.1011101011001)_2$ 转换成八进制数。

解：根据表 5-1 有

$$\underline{100}\ \underline{111}\ \underline{001}\ \underline{001}\ .\ \underline{100}\ \underline{110}\ \underline{101}\ \underline{100}\ \underline{100}$$
$$4\quad 7\quad 1\quad 1\ .\ 4\quad 6\quad 5\quad 4\quad 4$$

$$(100111001001.1001101011001)_2 = (4711.46544)_8$$

同样，由于 $2^4 = 16$，故可用四位二进制数来表示一个十六进制数码。表 5-2 中列出了它们之间的对应关系。因此二进制和十六进制之间可以直接进行转换。

表 5-2 十六进制数码和四位二进制数对照表

十六进制数码	0	1	2	3	4	5	6	7
四位二进制数	0000	0001	0010	0011	0100	0101	0110	0111
十六进制数码	8	9	A	B	C	D	E	F
四位二进制数	1000	1001	1010	1011	1100	1101	1110	1111

二进制数转换成十六进制数时，二进制数的整数部分从低位开始，每四位分为一组，若最左边一组不足四位，可在左边添 0 补足；二进制小数部分从小数点向右每四位分为一组，最后不足四位，可在右边添 0 补足；然后，将每组二进制数转换成十六进数。

例 5-4 将二进制数 $(100111001001.1001101011001)_2$ 转换成十六进制数。

解：根据表 5-2 有

$$\underline{1001}\ \underline{1100}\ \underline{1001}\ .\ \underline{1001}\ \underline{1010}\ \underline{1100}\ \underline{1000}$$
$$9\quad C\quad 9\ .\ 9\quad A\quad C\quad 8$$

$$(100111001001.1001101011001)_2 = (9C9.9AC8)_{16}$$

由上可见，采用上述的逆过程，可将八进制数（或十六进制数）转换成二进制数。八进制数和十六进制数之间的转换，可用二进制数作桥梁。

5.1.3 脉冲波形

在数字电路中，加工和处理的都是脉冲波形，而应用最多的是矩形脉冲，如图 5-7 所示。

实际的脉冲波形不像图 5-7 那么理想，而是如图 5-8 所示。因而有必要了解脉冲波形的主要参数。

1）脉冲幅度 V_m：脉冲电压波形变化的最大值，单位为伏（V）。

2）脉冲上升时间 t_r：脉冲波形从 $0.1V_m$ 上升到 $0.9V_m$ 所需的时间。

3）脉冲下降时间 t_f：脉冲波形从 $0.9V_m$ 下降到 $0.1V_m$ 所需的时间。

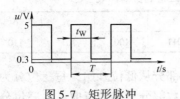

图 5-7　矩形脉冲

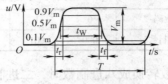

图 5-8　实际的脉冲波形

脉冲上升时间 t_r 和下降时间 t_f 越短，越接近理想的矩形脉冲。单位为秒（s）、毫秒（ms）、微秒（μs）、纳秒（ns）。

4）脉冲宽度 t_W：脉冲上升沿 $0.5V_m$ 到下降沿 $0.5V_m$ 所需的时间，单位和 t_r、t_f 相同。

5）脉冲周期 T：在周期性脉冲中，相邻两个脉冲波形重复出现所需的时间，单位和 t_r、t_f 相同。

6）脉冲频率 f：单位时间（1s）内，脉冲出现的次数。单位为赫兹（Hz）、千赫兹（kHz）、兆赫兹（MHz），$f = \dfrac{1}{T}$。

7）占空比 δ：描述脉冲波形疏密的参数，其值为脉冲宽度 t_W 与脉冲重复周期 T 的比值，$\delta = \dfrac{t_W}{T}$。

5.2　基本逻辑关系和逻辑门电路

5.2.1　基本逻辑门电路

逻辑电路是指输入和输出具有一定逻辑关系的电路。所谓逻辑关系，就是研究前提（条件）与结论（结果）之间的关系。如果把输入信号看作"条件"，把输出信号看作"结果"，那么当"条件"具备时，"结果"就会发生。逻辑电路就是当输入信号满足某种条件时才有输出信号的电路。门电路就是输入、输出之间按一定的逻辑关系控制信号通过或不通过的电路。基本逻辑关系有三种：与逻辑、或逻辑和非逻辑。实现这些逻辑关系的电路分别为与门、或门和非门电路。

（1）与门电路

在数理逻辑中，当决定某事件发生的全部条件同时具备时，该事件才发生，这种关系叫作"与逻辑"。如图 5-9 所示电路，只有当开关 $S_1(A)$、$S_2(B)$ 全部闭合时（全部条件同时具备），灯 L(Y) 才亮（事件才发生），否则灯 L(Y) 不亮。

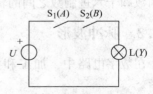

图 5-9　"与逻辑"的控制电路

输入 A、B 和输出 Y 的关系见表 5-3（其中设开关 $S_1(A)$、$S_2(B)$ 的闭合状态为"1"，断开状态为"0"；灯 L(Y) 亮为"1"，灭为"0"），这种表称为真值表。由表 5-3 可以看出，只有输入 A 和 B 都是"1"时，输出 Y 才是"1"，其逻辑功能为有 0 出 0、全 1 出 1，输出与输入之间为与逻辑关系。

表 5-3 "与逻辑"真值表

输	入	输 出
A	B	Y
0	0	0
0	1	0
1	0	0
1	1	1

与逻辑的表达式为

$$Y = A \cdot B = AB \tag{5-1}$$

式(5-1)中的"·"是逻辑乘运算符号，读作逻辑"与"，仅表示与的逻辑功能，并无数量相乘的概念，有时允许省去符号"·"。能实现"与"逻辑功能的电路称为"与"门电路，简称"与"门。与门逻辑电路符号如图 5-10 所示。

图 5-11 所示为由二极管构成的与门电路，图中，假定 VD_A、VD_B 为理想二极管，A、B 为两个输入（为全文统一，A、B 同时也表示两个输入端），Y 为输出（端）。根据电路的知识，可得到输出电压与输入电压的关系表，见表 5-4。

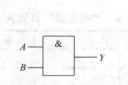

图 5-10 与门逻辑电路符号

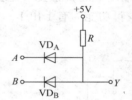

图 5-11 二极管与门电路

表 5-4 二极管与门电路电压关系表

输	入	二极管状态		输 出
A/V	B/V	VD_A	VD_B	Y/V
0	0	导通	导通	0
0	5	导通	截止	0
5	0	截止	导通	0
5	5	导通	导通	5

若用逻辑"1"表示高电平 5V，逻辑"0"表示低电平 0V，即可将表 5-4 的电路电压关系转换为表 5-3 所示的真值表，该电路符合与逻辑关系，为"与门"电路。

图 5-12a 为三输入与门逻辑符号，A、B、C 三个三输入波形如图 5-12b 所示，根据与门"有 0 出 0，全 1 出 1"的逻辑功能可以得到输出 Y 的波形如图 5-12b 所示。根据图 5-12b 可以

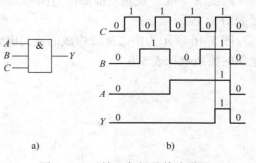

图 5-12 三输入与门及其波形图

看出，只有当输入 A、B、C 均为高电平时，输出 Y 才为高电平 "1"；在其他情况下，Y 均为低电平 "0"。

例 5-5 已知两输入与门 A、B 的输入波形如图 5-13 所示，试画出输出 Y 的波形，并说明输入 A 的控制作用。

解：输入 B 为脉冲信号，输入 A 为控制信号，只有当 A、B 全为高电平时，输出 Y 才为高电平，如图 5-13 所示 "Y" 波形。可见，只有当控制信号 A 为高电平期间，与门打开，B 端的脉冲信号才能通过；当 A 为低电平时，与门被封锁。

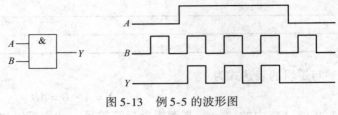

图 5-13　例 5-5 的波形图

（2）或门电路

在数理逻辑中，当决定事件发生的几个条件中，只要有一个或一个以上条件具备时，该事件就会发生，这就是 "或逻辑" 关系。如图 5-14 所示电路，只要开关 $S_1(A)$、$S_2(B)$ 其中一个闭合（任一个条件具备）时，灯 $L(Y)$ 就亮（事件就发生）。

输入 A、B 和输出 Y 的状态关系见表 5-5。由表可见，只要当输入 A 或 B 是 "1" 时，输出 Y 为 "1"，其逻辑功能为有 1 出 1、全 0 出 0，输出与输入之间为或逻辑关系。

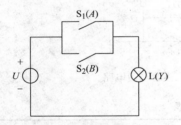

图 5-14　"或逻辑" 的控制电路

表 5-5　"或逻辑" 真值表

输　　　入		输　　　出
A	B	Y
0	0	0
0	1	1
1	0	1
1	1	1

或逻辑的表达式为

$$Y = A + B \qquad\qquad (5\text{-}2)$$

式（5-2）中的 "+" 是逻辑或的运算符号，读作逻辑 "或"，仅表示 "或" 的逻辑功能，无数量相加的概念。如当 $A = 1$、$B = 1$ 时，$Y = A + B = 1 + 1 = 1$。

能实现 "或" 逻辑功能的门电路称为 "或" 门电路，简称 "或" 门。或门逻辑电路符号如图 5-15 所示。

图 5-16 所示为由二极管构成的或门电路。A、B 为输入，Y 为输出。其输出电压与输入电压的关系表见表 5-6。

图 5-15　或门逻辑电路符号

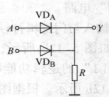

图 5-16　二极管或门电路

142

表5-6　二极管或门电路电压关系表

输　　入		二极管状态		输　　出
A/V	B/V	VD_A	VD_B	Y/V
0	0	截止	截止	0
0	5	截止	导通	5
5	0	导通	截止	5
5	5	导通	导通	5

若用逻辑"1"表示高电平5V,逻辑"0"表示低电平0V,即可将表5-6的电路电压关系转换为表5-5所示的真值表,该电路实现了或逻辑功能,是"或"门电路。

图5-17a所示为三输入或门逻辑符号,A、B、C三个输入波形如图5-17b所示,根据或门"有1出1,全0出0"的逻辑功能,可以得到输出Y的波形如图5-17b所示。从图5-17b可以看出,输入端A、B、C中只要有一个是高电平,输出Y便为高电平。

(3)非门电路

在数理逻辑中,决定某事件的条件只有一个,条件具备了,事件不发生,而当条件不具备时,事件却发生了,这种因果关系叫作非逻辑。在如图5-18所示电路中,开关S(A)和灯L(Y)并联,当开关S(A)闭合时,灯L(Y)灭;反之,灯亮。其逻辑功能为"有1出0、有0出1",输出与输入之间为非逻辑关系。非门电路也称为反相器。它的状态关系真值表见表5-7。

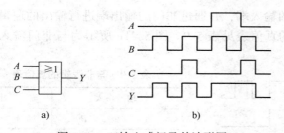

图5-17　三输入或门及其波形图

图5-18　"非逻辑"的控制电路

能实现"非"逻辑功能的门电路称"非"门电路,简称"非"门,非门逻辑符号如图5-19a所示,根据或门"有0出1、有1出0"的逻辑功能可以得到与输入A波形相反的输出Y的波形,如图5-19b所示。从图5-19b可以看出,若输入A是高电平,则输出Y便为低电平。

表5-7　　"或逻辑"真值表

输　　入	输　　出
A	Y
0	1
1	0

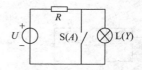

图5-19　非门逻辑符号及其波形图

非逻辑的表达式为

$$Y = \overline{A} \tag{5-3}$$

式中,A为原变量;$\overline{A}$为反变量;A和$\overline{A}$为一个变量A的两种形式。

逻辑非是逻辑代数所特有的一种形式，其功能是对变量求反（或称求补），当 $A=0$ 时，$\overline{A}=1$；当 $A=1$ 时，$\overline{A}=0$。

图 5-20 所示为晶体管构成的非门电路。可以看出，当输入 A 为低电平（0V）时，晶体管工作于截止状态，输出 Y 为高电平，当输入 A 为高电平（5V）时，只要保证 R_1、R_2 参数合理，即可使晶体管工作于饱和状态，输出 Y 为低电平（集电极与发射极间的饱和电压 $U_{CES} \approx 0.3V$）。A 与 Y 的电压关系见表 5-8，其状态关系符合表 5-7 所示非逻辑的真值表，实现了非逻辑功能。

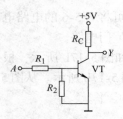

图 5-20　晶体管非门电路

表 5-8　非门电路电压关系表

输入	晶体管的状态	输出
A/V	T	Y/V
0	截止	5
5	饱和	0.3

5.2.2　基本逻辑门电路的组合

1. 与非门电路

与非门就是将与门的输出端接到非门的输入端，并通过非门的输出端进行输出的逻辑电路，逻辑符号如图 5-21b 所示，与非逻辑的真值表见表 5-9。图 5-21c 所示为与非门输入输出波形。

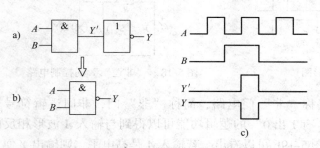

图 5-21　与非门的构成及输入输出波形

表 5-9　与非逻辑的真值表

输入		输出
A	B	Y
0	0	1
0	1	1
1	0	1
1	1	0

与非门的逻辑功能为"有 0 出 1、全 1 出 0"。可见，只有当输入 A、B 全为高电平"1"时，输出 Y 才为低电平"0"。只要有一个输入为"0"，输出 Y 就是"1"。与非逻辑的表达式为

$$Y = \overline{A \cdot B} = \overline{AB} \tag{5-4}$$

2. 或非门电路

或非门就是将或门的输出端接到非门的输入端，并通过非门的输出端进行输出的逻辑电路，或非门电路的逻辑符号如图 5-22b 所示，逻辑真值表见表 5-10，或非门的逻辑功能为"有 1 出 0、全 0 出 1"。

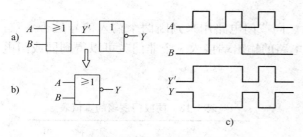

表 5-10 或非门逻辑的真值表

输 入		输 出
A	B	Y
0	0	1
0	1	0
1	0	0
1	1	0

图 5-22 或非门逻辑符号图

或非逻辑的表达式为

$$Y = \overline{A + B} \tag{5-5}$$

3. 与或非门电路

与或非门的内部电路结构如图 5-23a 所示。其有四个输入端,其中,第一级由两个与门构成:A 和 B 为第一个与门的输入,C 和 D 为第二个与门的输入;第一级两个与门的输出端作为第二级或门的输入;第二级或门的输出端接到非门的输入端,并通过非门的输出端进行输出。图 5-23b 所示为与或非门电路的逻辑符号。

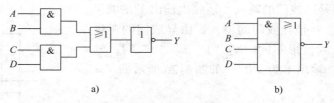

图 5-23 与或非门的内部电路结构及逻辑符号

与或非门电路的逻辑表达式为

$$Y = \overline{A \cdot B + C \cdot D} = \overline{AB + CD} \tag{5-6}$$

4. 异或门

异或门电路的逻辑符号如图 5-24 所示。异或门电路用来判断两个输入信号是否一致,如果一致则输出为 0,否则为 1。异或门逻辑的真值表见表 5-11。

表 5-11 异或门逻辑的真值表

输 入		输 出
A	B	Y
0	0	0
0	1	1
1	0	1
1	1	0

图 5-24 异或门电路的逻辑符号

异或逻辑的表达式为

$$Y = A\overline{B} + \overline{A}B = A \oplus B \tag{5-7}$$

5. 同或门

同或门电路的逻辑符号如图 5-25 所示。同或门电路用来判断两个输入信号是否一致，如果一致则输出为 1，否则为 0。在异或门电路的输出端接入一个非门就可以得到同或门电路，其功能推导将在 5.3.1 节中进行证明。

同或门逻辑的真值表见表 5-12。

图 5-25 同或门电路的逻辑符号

表 5-12 同或门逻辑的真值表

输	入	输 出
A	B	Y
0	0	1
0	1	0
1	0	0
1	1	1

同或逻辑的表达式为

$$Y = \bar{A} \cdot \bar{B} + AB = A \odot B \tag{5-8}$$

例 5-6 已知 A、B 的波形如图 5-26 所示，如果 A、B 是异或门的输入，请画出输出 Y 的波形；如果 A、B 是同或门的输入，请画出输出 Y' 的波形。

解：1）如果 A、B 是异或门的输入，由异或门的逻辑功能可知，当 A、B 的波形不同时为"1"或"0"时，输出 Y 为"1"，否则，输出 Y 为"0"，如图 5-26 所示的 $Y = A \oplus B$ 波形。

2）如果 A、B 是同或门的输入，由同或门的逻辑功能可知，当 A、B 的波形同时为"1"或"0"时，输出 Y 为"1"，否则输出 Y 为"0"，如图 5-26 所示的 $Y' = A \odot B$ 波形。

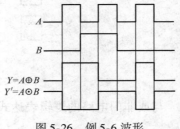

图 5-26 例 5-6 波形

5.2.3 集成门电路

利用半导体集成工艺将一个或多个完整的门电路做在同一块硅片上，称为集成门电路。集成门按内部有源器件的不同可分为两大类：一类为双极型晶体管集成电路，主要有晶体管 TTL 逻辑、射极耦合逻辑 ECL 和集成注入逻辑 I2L 等几种类型；另一类为单极型 MOS 集成电路，包括 NMOS、PMOS 和 CMOS 等几种类型。常用的是 TTL 和 CMOS 集成电路。集成门电路按其集成度又可分为小规模集成电路（SSI）、中规模集成电路（MSI）、大规模集成电路（LSI）和超大规模集成电路（VLSI）。

1. TTL 集成门电路

TTL 电路（Transistor－Transistor－Logic，晶体管-晶体管逻辑电路）是数字集成电路的一大门类。它采用双极型工艺制造，具有高速度、低功耗和品种多等特点。从 20 世纪 60 年代开发成功第一代产品以来现有以下几代产品。

第一代 TTL 包括 SN54/74 系列（其中 54 系列的工作温度为－55～125℃，74 系列的工作温度为 0～75℃），低功耗系列简称 LTTL，高速系列简称 HTTL。标准 TTL 输入高电平最小为 2V，输出高电平最小为 2.4V，典型值为 3.4V，输入低电平最大为 0.8V，输出低电平最大为 0.4V，典型值为 0.2V。

第二代 TTL 包括肖特基钳位系列（STTL）和低功耗肖特基系列（LSTTL）。STTL 输入高电平最小为 2V，输出高电平最小 I 类为 2.5V，Ⅱ、Ⅲ类为 2.7V，典型值为 3.4V，输入低电平最大为 0.8V，输出低电平最大为 0.5V。LSTTL 输入高电平最小为 2V，输出高电平最小 I 类为 2.5V，Ⅱ、Ⅲ类为 2.7V，典型值为 3.4V，输入低电平最大 I 类为 0.7V，Ⅱ、Ⅲ类为 0.8V，输出低电平最大 I 类为 0.4V，Ⅱ、Ⅲ类为 0.5V，典型值为 0.25V。

第三代为采用等平面工艺制造的先进的 STTL（ASTTL）和先进的低功耗 STTL（ALSTTL）。由于 LSTTL 和 ALSTTL 的电路延时功耗积较小，STTL 和 ASTTL 速度很快，因此获得了广泛的应用。

TTL 电路的电源 VDD 供电只允许在 5V ± 10% 范围内，扇出数为 10 个以下 TTL 门电路，所有 TTL 电路的工作电压都是 5V。

TTL 门电路一般由晶体管电路构成。根据 TTL 电路的输入伏安特性可知，当输入电压小于阈值电压 U_{TH} 时，输入低电平时输入电流比较大，一般为几百 μA；当输入电压大于阈值电压 U_{TH} 时，输入高电平时输入电流比较小，一般为几十 μA。由于输入电流的存在，如果 TTL 门电路输入端串接有电阻，则会影响输入电压。其输入阻抗特性为，当输入电阻较低时，输入电压很小，随外接电阻的增加，输入电平增大；当输入电阻大于 1kΩ 时，输入电平就变为阈值电压 U_{TH}（即为高电平），这样即使输入端不接高电平，输入电压也为高电平，影响了低电平的输入。所以对于 TTL 电路多余输入端的处理，应采用以下相应方法：

（1）TTL 与门和与非门电路

对于 TTL 与门电路，只要电路输入端有低电平输入，输出就是低电平；只有当输入端全为高电平时，输出才为高电平。对于 TTL 与非门而言，只要电路输入端有低电平输入，输出就为高电平；只有当输入端全部为高电平时，输出才为低电平。根据其逻辑功能，当某输入端外接高电平时对其逻辑功能无影响，根据这一特点应采用以下四种方法：

1）将多余输入端接高电平，即通过限流电阻与电源相连接。

2）根据 TTL 门电路的输入特性可知，当外接电阻为大电阻时，其输入电压为高电平，这样可以把多余的输入端悬空，此时输入端相当于外接高电平。

3）通过大电阻（大于 1kΩ）接地，这也相当于输入端外接高电平。

4）当 TTL 门电路的工作速度不高时，信号源驱动能力较强，多余输入端也可与使用的输入端并联使用。

（2）TTL 或门、或非门

对于 TTL 或门电路，逻辑功能是只要输入端有高电平，输出端就为高电平；只有当输入端全部为低电平时，输出端才为低电平。TTL 或非门电路逻辑功能是只要输入端有高电平，输出端就为低电平；只有当输入端全部为低电平时，输出才为高电平。根据上述逻辑功能，TTL 或门、或非门电路多余输入端的处理应采用以下方法：

1）接低电平。

2）接地。

3）由 TTL 输入端的输入伏安特性可知，当输入端接小于 1kΩ 的电阻时，输入端的电压很小，相当于接低电平，所以可以通过接小于 1kΩ（500Ω）的电阻到地。

TTL门电路有三种输出结构：

1）图 5-27a ~ b 所示为 TTL 与非门电路和逻辑符号，图 5-27a 中标准的输出为上、下晶体管状态相反，即 VT_4 和 VT_5。始终是一晶体管导通，另一晶体管截止，输出非高即低。

2）集电极开路输出（OC）。没有上晶体管，输出是下晶体管截止或导通。实际上这种电路必须接上拉负载才能工作，负载的电源 Vcc 一般可工作在 12 ~ 24V，这样就可以带一些小型的继电器。OC 门不是功能的分类，只是电路的输出结构不同，输出还可以并联，这种功能叫作线与。所谓线与逻辑，是指多个电路的输出端直接互连就可以实现"与"的逻辑功能。当多个集电极开路输出（OC）的端子共用一个上拉电阻时，只有全部输出端是高电平，即输出晶体管全部是截止状态时，Vcc 通过上拉电阻输出高电平，这就是"与"逻辑的结果，只要有一个输出端是低电平，即输出晶体管是导通状态，共用的上拉电阻就被晶体管接地，输出等于低电平。OC 门不用增加器件就可以完成与逻辑，这就是线与的优点。

3）三态输出。其是标准输出的改进，多一种输出状态：上、下晶体管可以同时截止，输出是高阻抗状态，简称高阻态，它是对地或对电源电阻极大的状态，如同开路。

高阻态是一个数字电路里常见的术语，指的是电路的一种输出状态，既不是高电平也不是低电平，如果高阻态再输入下一级电路的话，对下级电路无任何影响，和没接一样，如果用万用表测量，可能是高电平也可能是低电平，其电压值可以浮动在高、低电平之间的任意数值上，随它后面所接的电路而定。图 5-27c 所示为 TTL 三态输出与非门电路逻辑符号。

当控制端信号 $E = 1$ 时，与普通与非门一样，三态门输出状态取决于输入 A、B 的状态，即 $Y = \overline{AB}$。当控制端信号 $E = 0$ 时，输出端 Y 开路而处于高阻态。在这种状态下，无论输入 A、B 是低电平还是高电平都对输出 Y 的状态无任何影响。所以三态门有三种状态：高阻态、低电平和高电平。由于这种三态门在 $E = 1$ 时，$Y = \overline{AB}$，为工作状态，故称为控制端高电平有效的三态与非门。表 5-13 为三态输出与非门逻辑的真值表。

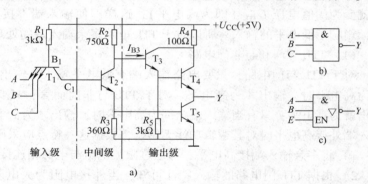

图 5-27 TTL 与非门电路、逻辑符号和 TTL 三态输出与非门逻辑符号

表 5-13 三态输出与非门逻辑的真值表

控制端信号 E	输 入		输 出
	A	B	Y
1	0	0	1
1	0	1	1
1	1	0	1
1	1	1	0
0	×	×	高阻态

另有一种三态输出与非门，其逻辑符号如图 5-28 所示，在控制端信号 $\overline{E}=0$ 时，$Y=\overline{AB}$，为工作状态，该门称为控制端低电平有效的三态与非门。表 5-14 为该三态与非门逻辑的真值表。

图 5-28　控制端低电平有效的 TTL 三态输出与非门逻辑符号

表 5-14　控制端低电平有效的三态输出与非门逻辑的真值表

控制端信号 $\overline{E}$	输　　入		输　　出
	A	B	Y
0	0	0	1
0	0	1	1
0	1	0	1
0	1	1	0
1	×	×	高阻态

　　三态门重要的应用是可以实现数据的总线传输。图 5-29 是一个通过控制三态门的控制端，利用一条总线把多组数据送出去的应用电路。当 $E_1=1$、$E_2=E_3=0$ 时，总线上的数据为 $Y=\overline{A_1B_1}$，即将 G_1 的输出数据送到总线；同样，当 $E_2=1$，$E_1=E_3=0$ 时，把 G_2 的输出数据送到总线；当 $E_3=1$，$E_1=E_2=0$ 时，把 G_3 的输出数据送到总线。在这里，G_1、G_2、G_3 三个三态门必须分时工作，即在同一时刻只能有一个门处于工作状态，其他的三态门应处于高阻态，这就要求在同一时刻 E_1、E_2、E_3 只能有一个为高电平。

　　三态门另一重要的应用是可以实现数据的双向传输。图 5-30 是一个通过控制三态门的控制端，实现数据双向传输的应用电路。当 $\overline{E}=0$ 时，三态非门 G_1 处于工作状态，G_2 处于高阻态，数据由 A 传输至 B；当 $\overline{E}=1$ 时，三态非门 G_2 处于工作状态，G_1 处于高阻态，数据由 B 传输至 A。

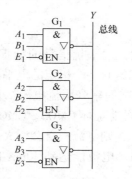

图 5-29　数据的总线传输

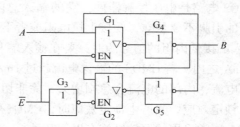

图 5-30　数据的双向传输

2. MOS 集成门电路

MOS 集成电路是由绝缘栅场效应晶体管（MOS 管）器件构成的。用 MOS 管作为开关元件的数字逻辑电路称为 MOS 逻辑电路。相对于双极型 TTL 逻辑门电路，也称单极型逻辑门。两者就逻辑功能而言，并无区别，但是 MOS 器件具有制造工艺简单、集成度高、体积小、功耗低、输入阻抗大、抗干扰能力强等优点，因此发展很快，在各种数字电路中得到广泛的应用。

MOS 逻辑电路可分为三类：PMOS、NMOS 和 CMOS。其中，PMOS 逻辑电路的特点是工艺简单，但开关速度最低，故较少采用；NMOS 逻辑电路则由于其导电的载流子是电子，故与 PMOS 逻辑电路中的空穴载流子相比，开关速度要高一些，但其工艺复杂一些；而 CMOS（Complementary MOS）逻辑电路是采用互补的 NMOS 管和 PMOS 管构成的逻辑电路。CMOS 电路较前两类 MOS 电路的突出优点是静态功耗低、开关速度高（与双极性晶体管的 TTL 电路速度接近），故目前应用最多。CMOS 电路产品主要为 CD4000 系列和高速 CMOS54/74HC 系列。其中 CD4000 系列的工作电压范围很宽（3~18V），能与 TTL 电路共用电源，因此与 TTL 电路连接方便。

CMOS 门电路一般是由 MOS 管构成的，由于 MOS 管的栅极和其他各极间有绝缘层相隔，在直流状态下，栅极无电流，所以静态时栅极不取电流，输入电平与外接电阻无关。由于 MOS 管在电路中是一压控元件，基于这一特点，输入端信号易受外界干扰，所以在使用 CMOS 门电路时输入端特别注意不能悬空，在使用时应采用以下方法：

1）与门和与非门电路：与门电路的逻辑功能是输入信号只要有低电平，输出信号就为低电平，只有当输入信号全部为高电平时，输出才为高电平；而与非门电路的逻辑功能是输入信号只要有低电平，输出信号就是高电平，只有当输入信号全部为高电平时，输出信号才是低电平。因此，某输入端输入电平为高电平时，对电路的逻辑功能并无影响，即其他使用的输入端与输出端之间仍具有与或者与非逻辑功能。这样对于 CMOS 与门、与非门电路的多余输入端就应采用高电平，即可通过限流电阻（500Ω）接电源。

2）或门、或非门电路：或门电路的逻辑功能是输入信号只要有高电平，输出信号就为高电平，只有当输入信号全部为低电平时，输出信号才为低电平；而或非门电路的逻辑功能是输入信号只要有高电平，输出信号就是低电平，只有当输入信号全部是低电平时，输出信号才是高电平。这样，当或门或者或非门电路某输入端的输入信号为低电平时，门电路的逻辑功能不受影响。所以或门和或非门电路多余输入端的处理方法应是将多余输入端接低电平，即通过限流电阻（500Ω）接地。

CMOS 电路的使用应注意以下几个问题：

1）CMOS 电路是电压控制器件，它的输入总阻抗很大，对干扰信号的捕捉能力很强。所以，不用的引脚不要悬空，要接上拉电阻或者下拉电阻，给它一个恒定的电平。

2）输入端接低内阻的信号源时，要在输入端和信号源之间串联限流电阻，使输入的电流限制在 1mA 之内，若 CMOS 的输入电流超过 1mA，就有可能烧坏 CMOS。CMOS 电路由于输入太大的电流，内部的电流会急剧增大，除非切断电源，否则电流一直会增大，这种效应就是 CMOS 锁定效应。当产生锁定效应时，CMOS 电路的内部电流能达到 40mA 以上，很容易烧毁芯片。通常采用的保护措施有以下几种：

① 在输入端和输出端加钳位电路，使输入和输出不超过规定电压。

② 在芯片的电源输入端加去耦电路，防止 VDD 端出现瞬间高压。

③ 在 VDD 端和外电源之间加阻流电阻，即使有大的电流也不让它进去。

3）当接长信号传输线时，在 CMOS 电路端接匹配电阻。

4）当输入端接大电容时，应该在输入端和电容间接保护电阻。电阻值 $R = U_0/1\text{mA}$，

（U_0 是外接电容上的电压）。

5）当系统由几个电源分别供电时，开关时要按以下顺序：开启时，先开启 CMOS 电路的电源，再开启输入信号和负载的电源；关闭时，先关闭输入信号和负载的电源，再关闭 CMOS 电路的电源。

3. TTL 电路和 CMOS 电路比较

1）TTL 电路是电流控制器件，而 CMOS 电路是电压控制器件。

2）TTL 电路的速度快，传输延迟时间短（5~10ns），但是功耗大。CMOS 电路的速度慢，传输延迟时间长（25~50ns），但功耗低。CMOS 电路本身的功耗与输入信号的脉冲频率有关，频率越高，芯片集越热，这是正常现象。

3）TTL 电平与 CMOS 电平的区别：TTL 电平 Vcc 为 5V，TTL 高电平为 3.6~5V，低电平为 0~2.4V；CMOS 电平 Vcc 可达到 12V，CMOS 电路输出高电平约为 0.9Vcc，而输出低电平约为 0.1Vcc。5V 的电平不能触发 CMOS 电路，12V 的电平会损坏 TTL 电路，因此不能互相兼容匹配。CMOS 电路不使用的输入端不能悬空，否则会造成逻辑混乱；TTL 电路不使用的输入端悬空为高电平。另外，CMOS 集成电路电源电压可以在较大范围内变化，因而对电源的要求不像 TTL 集成电路那样严格。

TTL 电路与 CMOS 电路的参数差别较大，在电路设计时，要尽量选用同一种型号的集成电路。如果在电路中需要混合使用 TTL 电路与 CMOS 电路，需要考虑电平转换和电流驱动能力等问题，要注意它们之间的连接。

4）TTL 电路驱动 CMOS 电路：由于 CMOS 电路的输入电流很小，在 TTL 电路驱动 CMOS 电路负载时，不需要考虑驱动电流问题，但要考虑它们之间的电平转换问题。

① 如果 TTL 电路与 CMOS 电路工作电源不同，可在 TTL 电路的输出端与电源之间连接一个上拉电阻，这样就可以提高 TTL 电路输出高电平的电压值，以适合 CMOS 电路的电路要求，如图 5-31 所示。

② 采用专用的电平转换器（如 CC4504、CC40109 等）实现 TTL 电路与 CMOS 电路之间的连接，如图 5-32 所示。

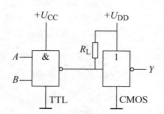

图 5-31　连接一个上拉电阻的
TTL 电路驱动 CMOS 电路

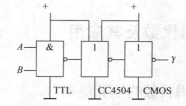

图 5-32　采用专用的电平转换器的
TTL 电路驱动 CMOS 电路

5）CMOS 电路驱动 TTL 电路：由于 CMOS 电路的输出灌电流较小（0.4mA），一个 CMOS 电路与非门电路只能驱动一个 74LS 系列的 TTL 与非门。如果需要一个 CMOS 电路带两个或多个 TTL 器件，就要在电路中增加驱动电路。

① 如果 TTL 电路与 CMOS 电路工作电源不同，可在 CMOS 电路的输出端与电源之间连接一个上拉电阻，以适合 TTL 电路的要求，如图 5-33 所示。

② 采用专用驱动电路 CC4049/CC4050。为防止出现晶体管效应，普通 CMOS 电路的输入电压不允许超过 U_{DD}，CC4049（六反相缓冲器/转换器）和 CC4050（六同相缓冲器/转换器）是专门设计用于 CMOS 驱动 TTL 的电路，其输入端设有保护电路，允许输入电压超过 U_{DD}，其电路如图 5-34 所示。

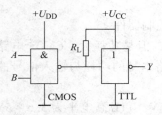

图 5-33　输出端与电源之间连接一个上拉
电阻的 CMOS 电路驱动 TTL 电路

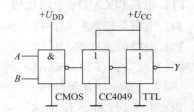

图 5-34　采用专用驱动电路 CC4049/CC4050 的
CMOS 电路驱动 TTL 电路

③ 采用专用驱动电路 CC4009/CC4010。CC4009（六反相缓冲器/转换器）和 CC4010（六同相缓冲器/转换器）是专门设计用于 CMOS 驱动 TTL 的接口电路，其灌电流为 8mA，可带动 TTL 门电路。它们采用双电源供电，直接接 U_{CC} 和 U_{DD}，其电路如图 5-35 所示。

④ 采用晶体管反相电路。利用晶体管的开关特性，实现 CMOS 电路驱动 TTL 电路，如图 5-36 所示。

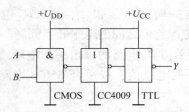

图 5-35　采用专用驱动电路 CC4009/CC4010 的
CMOS 电路驱动 TTL 电路

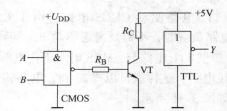

图 5-36　采用晶体管反相电路的
CMOS 电路驱动 TTL 电路

5.3　逻辑代数及其应用

5.3.1　逻辑代数的运算规则

1. 逻辑代数的基本公式

逻辑代数亦称布尔代数，在 1854 年由英国数学家布尔提出。由前面的分析可知，逻辑电路的输出和输入之间的逻辑关系可以用逻辑函数来描述，逻辑乘（与运算）、逻辑加（或运算）、逻辑非（非运算）是逻辑代数中的三种基本运算，在此基础上借助逻辑代数这个数学工具就可以对逻辑电路进行分析和设计。在逻辑代数中，"0" 和 "1" 不是具体的数值，而是表示两种逻辑状态，即逻辑 0 和逻辑 1。逻辑代数的基本运算定律见表 5-15。

表 5-15　逻辑代数的基本运算定律

基 本 定 律	与	或	非
基 本 定 律	$A \cdot 0 = 0$；$A \cdot 1 = A$ $A \cdot A = A$；$A \cdot \overline{A} = 0$	$A + 0 = A$；$A + 1 = 1$ $A + A = A$；$A + \overline{A} = 1$	$\overline{\overline{A}} = A$
交换律	$AB = BA$；$A + B = B + A$		
结合律	$ABC = (AB) \cdot C = A \cdot (BC)$；$A + B + C = A + (B + C) = (A + B) + C$		
分配律	$A(B + C) = AB + AC$；$A + BC = (A + B)(A + C)$		
反演律（德·摩根律）	$\overline{AB} = \overline{A} + \overline{B}$；$\overline{A + B} = \overline{A} \cdot \overline{B}$		
吸收律	$A + AB = A$；$A + \overline{A}B = A + B$；$A(\overline{A} + B) = AB$；$(A + B)(A + C) = A + BC$		
冗余律	$A \cdot B + \overline{A} \cdot C + B \cdot C = A \cdot B + \overline{A} \cdot C$；$A \cdot B + \overline{A} \cdot C + B \cdot C \cdot D = A \cdot B + \overline{A} \cdot C$		

表 5-15 中的运算规则都可用已有的公式加以证明，可直接使用。

例 5-7　证明吸收律：$(A + B)(A + C) = A + BC$ 和 $A + \overline{A}B = A + B$。

证：

$$(A + B)(A + C) = AA + AB + AC + BC$$
$$= A + A(B + C) + BC$$
$$= A[1 + (B + C)] + BC$$
$$= A + BC$$

$$A + \overline{A}B = A + AB + \overline{A}B$$
$$= A + (A + \overline{A})B$$
$$= A + B$$

例 5-8　证明冗余律：$A \cdot B + \overline{A} \cdot C + B \cdot C = A \cdot B + \overline{A} \cdot C$。

证：$A \cdot B + \overline{A} \cdot C + B \cdot C = A \cdot B + \overline{A} \cdot C + (A + \overline{A}) \cdot B \cdot C$
$$= A \cdot B + \overline{A} \cdot C + A \cdot B \cdot C + \overline{A} \cdot B \cdot C$$
$$= AB(1 + C) + \overline{A}C(1 + B)$$
$$= A \cdot B + \overline{A} \cdot C$$

例 5-9　证明：$\overline{A \oplus B} = A \odot B$ 等式成立。

证：$\overline{A \oplus B} = \overline{A\overline{B} + \overline{A}B} = \overline{A\overline{B}} \cdot \overline{\overline{A}B}$
$$= (\overline{A} + B)(A + \overline{B})$$
$$= \overline{A}A + \overline{A}\,\overline{B} + AB + B\overline{B}$$
$$= \overline{A}\,\overline{B} + AB$$
$$= A \odot B$$

2. 逻辑代数的基本规则

（1）代入规则

在同一个逻辑等式两边的同一个变量位置，都用一个变量或一个逻辑表达式代替，则逻辑等式仍然成立，这就是代入规则。

例 5-10　已知逻辑等式为 $\overline{AB} = \overline{A} + \overline{B}$，若将 $Y = A + C$ 代入逻辑等式中，试证明原等式仍然成立。

证：
$$左边 = \overline{AB} = \overline{(A+C)B} = \overline{(A+C)} + \overline{B} = \overline{A} \cdot \overline{C} + \overline{B}$$
$$右边 = \overline{A} + \overline{B} = \overline{A} + C + \overline{B} = \overline{A} \cdot \overline{C} + \overline{B}$$
左边 = 右边，得证。

（2）对偶规则

将一个逻辑函数 Y 中所有的"与（·）"变为"或（+）"，"或（+）"变为"与（·）"，将"0"换为"1"，将"1"换为"0"，得到的新函数表达式就是 Y 的对偶式，用 Y' 表示。所谓对偶规则，是指如果两个逻辑函数表达相等，则它们的对偶式也一定相等。

例 5-11 写出 $A \cdot (B+C) = A \cdot B + A \cdot C$ 的对偶式。

解： 对偶式为
$$A + B \cdot C = (A+B) \cdot (A+C)$$

（3）反演规则

将一个逻辑函数中的"与（·）"换成"或（+）"，"或（+）"换成"与（·）"，原变量换成反变量，反变量换成原变量，就得到逻辑表达式 Y 的反函数 $\overline{Y}$，这就是反演规则，也称为摩根定理。

例 5-12 已知逻辑函数 $Y = (A+B)(\overline{C} + \overline{D})$，利用反演规则证明 $\overline{Y} = \overline{A} \cdot \overline{B} + C \cdot D$。

证： 已知 $Y = (A+B)(\overline{C} + \overline{D})$，利用反演规则：$A \rightarrow \overline{A}$，$B \rightarrow \overline{B}$，$\overline{C} \rightarrow C$，$\overline{D} \rightarrow D$，$+ \rightarrow \cdot$，$\cdot \rightarrow +$，就可得
$$\overline{Y} = \overline{A} \cdot \overline{B} + C \cdot D$$

3. 逻辑表达方式的相互转换

（1）真值表转换成逻辑表达式

用来反映逻辑描述中变量的可能取值情况和与之对应的函数的表格称为真值表，真值表能够直观地反映出逻辑函数输入和输出的对应关系，见表 5-16。在列真值表时，如果输入有 n 个变量，就会有 2^n 个状态，将这些状态按照二进制数递增规律排列，同时给出相应的输出状态。

表 5-16　逻辑函数真值表

A	B	C	Y	逻辑函数项
0	0	0	1	$\overline{A}\,\overline{B}\,\overline{C}$
0	0	1	0	$\overline{A}\,\overline{B}C$
0	1	0	1	$\overline{A}B\overline{C}$
0	1	1	0	$\overline{A}BC$
1	0	0	1	$A\overline{B}\,\overline{C}$
1	0	1	0	$A\overline{B}C$
1	1	0	1	$AB\overline{C}$
1	1	1	1	ABC

将真值表转换成逻辑表达式的方法如下：

1）先横向写出逻辑函数项，对于每一个输入状态的组合，当变量的状态为"1"时，

154

变量写成原变量；当变量的状态为"0"时，变量写成反变量；各变量之间是"与"的关系。

2）将表中函数值等于 1 的变量状态组合选出来，这些组合之间的关系是"或"关系，这样就得到了相应的逻辑表达式。

例 5-13　将表 5-16 所示的逻辑函数真值表转换成表达式。

解：1）根据真值表各输入状态写出逻辑函数项，以 A、B、C 取值为 000 为例，对应的逻辑函数项为 $\overline{A}\,\overline{B}\,\overline{C}$，以此类推（见表 5-16）。

2）根据真值表可知，满足输出 $Y = 1$ 的输入 A、B、C 组合取值为 000、010、100、111 四种情况，其对应的逻辑函数项为 $\overline{A}\,\overline{B}\,\overline{C}$、$\overline{A}B\overline{C}$、$A\,\overline{B}\,\overline{C}$ 和 ABC。因此，Y 的逻辑表达式是以上四个逻辑函数项之和，即

$$Y = \overline{A}\,\overline{B}\,\overline{C} + \overline{A}B\overline{C} + A\,\overline{B}\,\overline{C} + ABC$$

（2）由逻辑表达式填写真值表

可将输入变量取值的所有组合逐一代入表达式，填写真值表。

例 5-14　将逻辑表达式 $Y = \overline{A}B + C$ 转换成真值表。

解：将 A、B、C 取值的所有组合 000，001，…，111 逐一代入逻辑表达式，计算出逻辑表达式的值并填入真值表，见表 5-17。

表 5-17　$Y = \overline{A}B + C$ 逻辑函数真值表

A	B	C	Y
0	0	0	0
0	0	1	1
0	1	0	1
0	1	1	1
1	0	0	0
1	0	1	1
1	1	0	0
1	1	1	1

（3）由逻辑表达式画逻辑图

用逻辑符号代替逻辑表达式中的运算符号即可得到逻辑表达式所对应的逻辑图。

例 5-15　将逻辑表达式 $Y = \overline{A}B + C$ 转换成逻辑图。

解：绘制逻辑图如图 5-37 所示。

（4）由逻辑图写逻辑表达式

用运算符号代替逻辑图中的逻辑符号即可得到所对应的逻辑表达式。

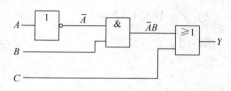

图 5-37　$Y = \overline{A}B + C$ 的逻辑图

例 5-16　逻辑图如图 5-38 所示，请将其表达的逻辑关系转换成逻辑表达式。

解：逐级写出表达式，如图 5-39 所示。

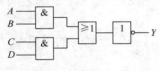

图 5-38 例 5-16 逻辑图

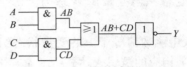

图 5-39 逐级写出表达式

逻辑表达式为

$$Y = \overline{AB + CD}$$

5.3.2 逻辑函数的公式化简法

一个逻辑函数的表达方式并不是唯一的，可以有多种不同的形式，如与非表达式、与或表达式、与非-与非表达式等。举例如下：

与或：$Y = \overline{A}B + AC$

或与：$Y = (A + B)(\overline{A} + C)$

与非-与非：$Y = \overline{\overline{\overline{A}B} \cdot \overline{AC}}$

或非-或非：$Y = \overline{\overline{A + B} + \overline{\overline{A} + C}}$

与或非：$Y = \overline{A\,\overline{B} + \overline{A}C}$

在实际应用中，往往希望得到最简单的逻辑函数表达式，这样的逻辑关系清楚，可以用较为简单的电路实现逻辑关系。所以，在逻辑分析和设计中会采用不同方法对复杂的逻辑函数进行化简，得到最简与或表达式。逻辑函数的公式化简法就是运用逻辑代数的基本公式、定理和规则来化简逻辑函数。常用逻辑函数的公式化简法包括并项法、吸收法、配项法和消去冗余项法等几种。

（1）并项法

利用公式 $A + \overline{A} = 1$，将两项合并为一项，并消去一个变量。若两个乘积项中分别包含同一个因子的原变量和反变量，而其他因子都相同，则这两项可以合并成一项，并消去互为反变量的因子。

例 5-17 试化简下列逻辑函数：

1）$Y = ABC + \overline{A}BC + B\overline{C}$

2）$Y = ABC + A\overline{B} + A\overline{C}$

解：1）

$$Y = ABC + \overline{A}BC + B\overline{C}$$
$$= (A + \overline{A})BC + B\overline{C}$$
$$= BC + B\overline{C} = B(C + \overline{C})$$
$$= B$$

2）

$$Y = ABC + A\overline{B} + A\overline{C}$$
$$= ABC + A(\overline{B} + \overline{C})$$

$$= ABC + A\overline{BC}$$
$$= A(BC + \overline{BC})$$
$$= A$$

（2）吸收法

可以利用公式 $A + AB = A$，消去多余的项，即如果乘积项是另外一个乘积项的因子，则这另外一个乘积项是多余的；也可以利用公式 $A + \overline{A}B = A + B$，消去多余的变量，即如果一个乘积项的反变量是另一个乘积项的因子，则这个因子是多余的。

例 5-18　试化简下列逻辑函数：

1）$Y = \overline{A}B + \overline{A}BCD(E + F)$

2）$Y = A + \overline{B} + \overline{\overline{CD}} + \overline{\overline{AD}\,\overline{B}}$

3）$Y = AB + \overline{A}C + \overline{B}C$

4）$Y = A\overline{B} + C + \overline{A}\,\overline{C}D + B\overline{C}D$

解：1）
$$Y = \overline{A}B + \overline{A}BCD(E + F)$$
$$= \overline{A}B + [\,1 + CD(E + F)\,]$$
$$= \overline{A}B$$

2）
$$Y = A + \overline{B} + \overline{\overline{CD}} + \overline{\overline{AD}\,\overline{B}}$$
$$= A + BCD + AD + B$$
$$= (A + AD) + (B + BCD)$$
$$= A + B$$

3）
$$Y = AB + \overline{A}C + \overline{B}C$$
$$= AB + (\overline{A} + \overline{B})C$$
$$= AB + \overline{AB}C$$
$$= AB + C$$

4）
$$Y = A\overline{B} + C + \overline{A}\,\overline{C}D + B\overline{C}D$$
$$= A\overline{B} + C + \overline{C}(\overline{A} + B)D$$
$$= A\overline{B} + C + (\overline{A} + B)D$$
$$= A\overline{B} + C + \overline{A\overline{B}}D$$
$$= A\overline{B} + C + D$$

（3）配项法

可以利用公式 $A = A$ $(B + \overline{B})$，为某一项配上其所缺的变量，以便用其他方法进行化简；也可以利用公式 $A + A = A$，为某项配上其所能合并的项。

例 5-19　试化简下列逻辑函数：

1）$Y = A\overline{B} + B\overline{C} + \overline{B}C + \overline{A}B$

2）$Y = ABC + AB\overline{C} + \overline{A}\overline{B}C + \overline{A}BC$

解：1）
$$Y = A\overline{B} + B\overline{C} + \overline{B}C + \overline{A}B$$
$$= A\overline{B} + B\overline{C} + (A + \overline{A})\overline{B}C + \overline{A}B(C + \overline{C})$$
$$= A\overline{B} + B\overline{C} + A\overline{B}C + \overline{A}\,\overline{B}C + \overline{A}BC + \overline{A}B\overline{C}$$
$$= A\overline{B}(1 + C) + B\overline{C}(1 + \overline{A}) + \overline{A}C(\overline{B} + B)$$
$$= A\overline{B} + B\overline{C} + \overline{A}C$$

2）
$$Y = ABC + AB\overline{C} + \overline{A}BC + \overline{A}\overline{B}C$$
$$= (ABC + AB\overline{C}) + (ABC + A\overline{B}C) + (ABC + \overline{A}BC)$$
$$= AB + AC + BC$$

（4）消去冗余项法

利用冗余律 $A \cdot B + \overline{A} \cdot C + B \cdot C = A \cdot B + \overline{A} \cdot C$，将冗余项 BC 消去。

例 5-20 试化简下列逻辑函数：

1）$Y = A\overline{B} + AC + ADE + \overline{C}D$

2）$Y = A + \overline{A}CDE + (\overline{C} + \overline{D})\ E$

3）$Y = \overline{\overline{(AB + \overline{A} \cdot B)}\ \overline{(BC + \overline{B} \cdot C)}}$

解：1）
$$Y = A\overline{B} + AC + ADE + \overline{C}D$$
$$= A\overline{B} + (AC + \overline{C}D + ADE)$$
$$= A\overline{B} + AC + \overline{C}D$$

2）
$$Y = A + \overline{A}CDE + (\overline{C} + \overline{D})E$$
$$= A + CDE + \overline{CD} \cdot E \quad （吸收律、反演律）$$
$$= A + E$$

3）
$$Y = \overline{\overline{(AB + \overline{A} \cdot B)}\ \overline{(BC + \overline{B} \cdot C)}}$$
$$= \overline{\overline{(AB + \overline{A} \cdot B)}} + \overline{\overline{(BC + \overline{B} \cdot C)}}（反演律）$$
$$= AB + \overline{A} \cdot B + BC + \overline{B} \cdot C（还原律）$$
$$= AB + \overline{A} \cdot B(C + \overline{C}) + BC(A + \overline{A}) + \overline{B} \cdot C（配项）$$
$$= AB + \overline{A} \cdot B \cdot C + \overline{A} \cdot B \cdot \overline{C} + ABC + \overline{A} \cdot BC + \overline{B} \cdot C（分配律）$$
$$= AB + \overline{A} \cdot B \cdot \overline{C} + \overline{B} \cdot C + \overline{A} \cdot BC（吸收律）$$
$$= AB + \overline{A} \cdot C(\overline{B} + B) + \overline{B} \cdot \overline{C}$$
$$= AB + \overline{A} \cdot C + \overline{B} \cdot \overline{C}$$

5.3.3 逻辑函数的卡诺图化简法

1. 最小项与最小项表示法

对于有 n 个变量的逻辑函数来说，如在其与或表达式的各个乘积项中，n 个变量都以原变量或反变量的形式出现且仅出现一次，这样的乘积项称为函数的最小项。三变量函数的最小项编号见表 5-18。

表 5-18　三变量函数的最小项编号

变量			最小项	对应十进制数	最小项编号
A	B	C			
0	0	0	$\overline{A}\,\overline{B}\,\overline{C}$	0	m_0
0	0	1	$\overline{A}\,\overline{B}C$	1	m_1
0	1	0	$\overline{A}B\overline{C}$	2	m_2
0	1	1	$\overline{A}BC$	3	m_3
1	0	0	$A\overline{B}\,\overline{C}$	4	m_4
1	0	1	$A\overline{B}C$	5	m_5
1	1	0	$AB\overline{C}$	6	m_6
1	1	1	ABC	7	m_7

　　n 个变量的逻辑函数一共有 2^n 个最小项，通常用最小项编号 m_i 表示最小项，其下标为最小项的编号。编号的方法是最小项中的原变量取 1，反变量取 0，则最小项取值为一组二进制数，其对应的十进制数值为该最小项的编号。对于 n 个变量的函数，$i = 0$、1、$\cdots$、$2^n - 1$。

　　最小项具有以下性质：

　　1）任意一个最小项，只有一组变量取值使其值为 1。

　　2）任意两个最小项的逻辑乘积为 0，例如 $m_3 \cdot m_5 = \overline{A}BC \cdot A\overline{B}C = 0$。

　　3）所有最小项的和为 1。对于三变量有 $\sum (m_0, m_1, m_2, \cdots, m_7) = \sum m(0,1,2,\cdots,7) = 1$。

　　4）若两个最小项的变量取值只有一个不同，则称为相邻最小项。相邻最小项具有逻辑相邻性。

2. 逻辑函数的最小项表达式

　　任何一个逻辑函数都可以表示成唯一的一组最小项之和，称为标准与或表达式，也称为最小项表达式。对于不是最小项表达式的与或表达式，可利用公式 $A + \overline{A} = 1$ 和 $A(B + C) = AB + AC$ 来配项展开成最小项表达式。

　　例 5-21　试写出逻辑函数 $Y = \overline{A}\,\overline{B}C + \overline{A}B\overline{C} + \overline{A}BC + A\overline{B}C + ABC$ 的最小项表达式。

　　解：
$$Y = \overline{A}\,\overline{B}C + \overline{A}B\overline{C} + \overline{A}BC + A\overline{B}C + ABC$$
$$= m_1 + m_2 + m_3 + m_5 + m_7$$
$$= \sum m(1,2,3,5,7)$$

因为真值表是唯一的，所以这个表达式也是唯一的，故其又叫作标准与或表达式。

　　例 5-22　试写出逻辑函数 $Y = \overline{A} + BC$ 的最小项表达式。

　　解：
$$Y = \overline{A} + BC$$
$$= \overline{A}(B + \overline{B})(C + \overline{C}) + (A + \overline{A})BC$$
$$= \overline{A}BC + \overline{A}B\overline{C} + \overline{A}\,\overline{B}C + \overline{A}\,\overline{B}\,\overline{C} + ABC + \overline{A}BC$$

$$= \overline{A}\,\overline{B}\,\overline{C} + \overline{A}\,\overline{B}C + \overline{A}B\overline{C} + \overline{A}BC + ABC$$

$$= m_0 + m_1 + m_2 + m_3 + m_7$$

$$= \sum m(0,1,2,3,7)$$

3. 逻辑函数的卡诺图表示

卡诺图是由美国工程师卡诺（Karnaugh）最先提出的。他将逻辑函数真值表中的最小项重新排列成矩阵形式，并且使矩阵的横方向和纵方向的逻辑变量的取值按照格雷码（Gray码）的顺序排列，这样构成的图形就是卡诺图。如图 5-40～图 5-42 所示。格雷码（Gray码）又称循环码，是一种常用的十进制数的二进制编码，其规则是从一个编码变为相邻的另一个编码时，其中只有一位二进制数码变化。

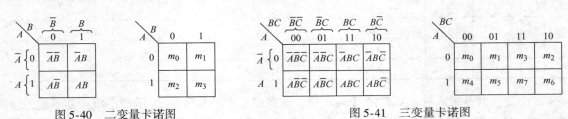

图 5-40　二变量卡诺图　　　　　　　　　　　　　图 5-41　三变量卡诺图

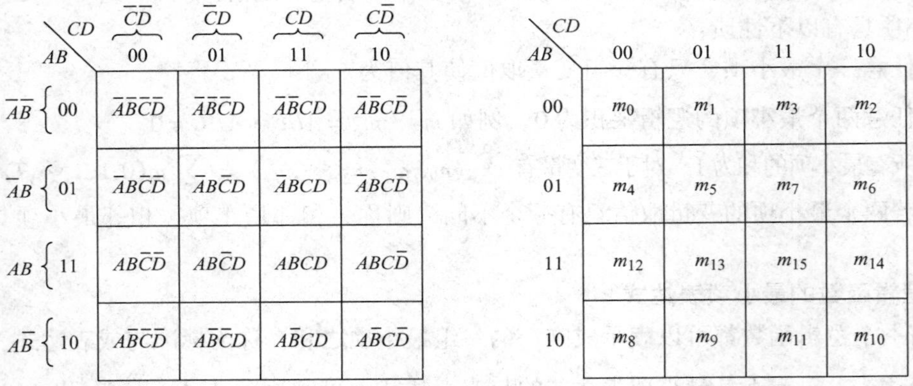

图 5-42　四变量卡诺图

卡诺图的特点是任意两个相邻的最小项在图中也是相邻的。在填卡诺图时，将卡诺图中对应于函数式中包含的最小项的方格填"1"，其余的方格填"0"。

卡诺图化简法在变量较少时（变量≤4），具有直观、便捷的优点。卡诺图化简法是吸收律 $AB + A\overline{B} = B(A + \overline{A}) = B$ 的直接应用，即在与或表达式中，如两乘积项仅有一个因子不同，而这一因子又是同一变量的原变量和反变量，则两项可合并为一项，消除其不同的因子，合并后的项为这两项的公因子。据此，利用卡诺图逻辑上的相邻性（即任意两个相邻小方格对应的输入变量仅有一个变量取反），当相邻小方格内都标"1"时，应用该公式即可将它们对应的输入变量合并。

化简步骤如下：

1）将逻辑函数式转换成与或表达式或者最小项表达式，然后用卡诺图表示出来。

160

2）将取值为"1"的相邻小方格圈成矩形或方形，相邻小方格包括最上行与最下行及最左列与最右列，同列或同行两端的两个小方格，并使合并方格圈包含 2^n 个相邻小方格。且圈的个数应最少，圈内的小方格个数要尽可能多。每圈一个新的圈时，必须包含至少一个在已存在的所有圈中未出现过的小方格。每一个取值为"1"的小方格可重复圈多次，但不能遗漏。

3）对每个方格合并圈进行化简，相邻的两项可以合并为一项，并消去一个因子；相邻的四项可合并为一项，并消去两个因子；以此类推，相邻的 2^n 项可合并为一项，并消去 n 个因子。将合并结果作为乘积项，并进行逻辑加，写出最简的与或表达式。

例 5-23 某逻辑函数 Y 的卡诺图如图 5-43a 所示，试化简此函数。

解： 1）根据化简步骤将卡诺图中 2^n 个相邻为"1"的小方格圈起来，如图 5-43b 所示。

2）根据所画方格圈写出各个方格圈的乘积项，然后进行逻辑加即得化简后的与或表达式，即

$$Y = C + A\overline{D} + \overline{A}BD$$

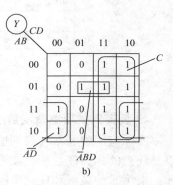

图 5-43　例 5-23 的卡诺图

例 5-24 试用卡诺图将函数

$Y = \overline{A} \cdot \overline{B} \cdot \overline{C} \cdot \overline{D} + A \cdot \overline{C} \cdot \overline{D} + ABD + C$ 化为最简与或表达式。

解： 1）画出该逻辑函数的卡诺图。

① 在最小项 $\overline{A} \cdot \overline{B} \cdot \overline{C} \cdot \overline{D}$ 对应的小方格中标"1"。

② $A \cdot \overline{C} \cdot \overline{D}$ 项不含变量 B，即 B 取值是任意的，可为"0"，也可为"1"，但必须有 $A=1$、$C=0$、$D=0$，由此可在最小项 $A \cdot B \cdot \overline{C} \cdot \overline{D}$ 和 $A \cdot \overline{B} \cdot \overline{C} \cdot \overline{D}$ 对应的小方格中标"1"。

③ ABD 项不含变量 C，即 C 取值是任意的，但必须有 $A=1$、$B=1$、$D=1$，由此可在最小项 $A \cdot B \cdot \overline{C} \cdot D$ 和 $A \cdot B \cdot C \cdot D$ 对应的小方格中标"1"。

④ C 项不含 A、B、D，即它们的取值任意，但必须有 $C=1$，由此可在八个最小项对应小方格中标"1"，这八个最小项分别是 $\overline{A} \cdot \overline{B} \cdot C \cdot D$、$A \cdot \overline{B} \cdot C \cdot \overline{D}$、$\overline{A} \cdot B \cdot C \cdot D$、$\overline{A} \cdot B \cdot C \cdot \overline{D}$、$A \cdot B \cdot C \cdot D$、$A \cdot B \cdot C \cdot \overline{D}$、$A \cdot \overline{B} \cdot C \cdot D$、$A \cdot \overline{B} \cdot C \cdot \overline{D}$，如图 5-44a 所示。

2）按照卡诺图化简步骤化简，如图 5-44b 所示，最简与或表达式为

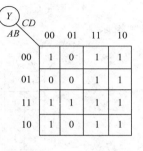

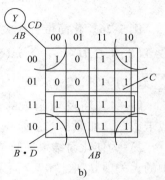

图 5-44　例 5-24 的卡诺图

$$Y = \overline{B} \cdot \overline{D} + AB + C$$

值得注意的是，有时卡诺图化简也会出现化简的结果不唯一的情况。例如某逻辑函数 Y 的卡诺图如图 5-45a 所示，其化简的结果如图 5-45b ~ c 所示，显然得到的最简与或表达式不同，但其化简结果都正确。

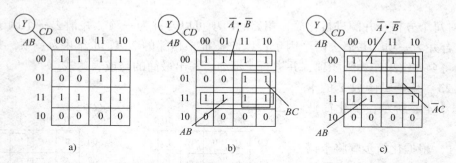

图 5-45 卡诺图化简结果不唯一的实例

4. 具有无关项逻辑函数的化简

实际应用中经常会遇到这样的问题，在逻辑函数中的有些变量取值下，对应的函数值可以是任意的称为任意项，或者这些变量的组合不允许出现或不可能出现，其对应的最小项称作约束项。约束项和任意项统称为无关项。对于无关项，它对应的输出是 "0" 或 "1" 是 "无关" 的，所以在卡诺图的小方格中用符号 "×" 表示，或者用字母 "d" 表示。在卡诺图化简时，可以根据具体情况将这些 "无关" 的小方格取 "1" 或取 "0"，使得化简合并圈更大，化简结果更简单。

例 5-25 某逻辑函数 Y 的卡诺图如图 5-46a 所示，试化简该函数。

解： 图中 m_5 和 m_7 为无关项，其状态为 "×"，从化简需要出发，当它们都取 "1" 时，可在图中画两个包含 4 个小方格的合并圈，它们分别为 $\overline{B}$ 和 C，此时逻辑函数化简结果最简单，即

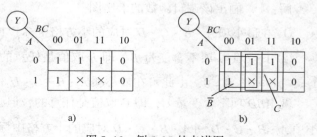

图 5-46 例 5-25 的卡诺图

$$Y = \overline{B} + C$$

例 5-26 化简带有无关项的逻辑函数 $Y(A,B,C,D) = \sum m(5,7,8,9) + \sum d(2,10,11,12,13,14,15)$。

解： 1）将逻辑函数的表达式转化成卡诺图，如图 5-47a 所示。

2）为使化简结果最简单，图 5-47a 中的无关项 d_2 取 "0"，而无关项 $d_{10} \sim d_{15}$ 取 "1"，则在图中可画两个合并圈，

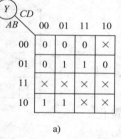
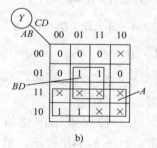

图 5-47 例 5-26 的卡诺图

162

一个包含 4 个小方格，另一个包含 8 个小方格，它们的表达式分别为 A 和 BD，如图 5-47b 所示，因此化简结果为

$$Y = A + BD$$

5.4 组合逻辑电路的分析和设计

5.4.1 组合逻辑电路

所谓组合逻辑电路，是指电路任一时刻的输出状态只取决于该时刻各输入状态的组合，而与电路的原状态无关。组合电路是由门电路组合而成的，电路中没有记忆单元，没有反馈通路。图 5-48 所示为组合逻辑电路系统图，该系统具有 n 个输入，m 个输出。

图 5-48 组合逻辑电路系统图

5.4.2 组合逻辑电路的分析方法

通过分析，可以了解并确定组合逻辑电路的逻辑功能。组合逻辑电路的分析过程一般包含以下几个步骤：

1）根据逻辑图从输入到输出逐级写出逻辑表达式。

2）根据写出的逻辑表达式进行化简，得到最简"与或"表达式。

3）根据最简"与或"表达式，写出真值表。

4）根据真值表和逻辑表达式对逻辑电路进行分析，最后确定其功能。

例 5-27 试分析图 5-49 所示逻辑电路的逻辑功能。

解： 根据逻辑图从输入到输出逐级写出逻辑表达式，即

$$Y_1 = \overline{AB} \qquad Y_2 = \overline{BC} \qquad Y_3 = \overline{AC}$$

$$Y = \overline{Y_1 Y_2 Y_3} = \overline{\overline{AB}\,\overline{BC}\,\overline{AC}}$$

根据写出的逻辑表达式进行化简，得到最简"与或"表达式，即

$$Y = \overline{\overline{AB}\,\overline{BC}\,\overline{AC}} = AB + BC + CA = AB + BC + CA$$

根据最简"与或"表达式，写出真值表，见表 5-19。

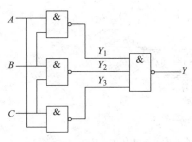

图 5-49 例 5-27 逻辑电路

表 5-19 $Y = AB + BC + CA$ 的真值表

输	入		输 出
A	B	C	Y
0	0	0	0
0	0	1	0
0	1	0	0
0	1	1	1
1	0	0	0
1	0	1	1
1	1	0	1
1	1	1	1

根据真值表和逻辑表达式对逻辑电路进行分析：输入 A、B、C 中有 2 个或 3 个为 "1" 时，输出 Y 为 "1"，否则输出 Y 为 "0"。所以这个电路实际上是一种 3 人表决用的组合电路：只要有 2 票或 3 票同意，表决就通过。

例 5-28 试分析图 5-50 所示电路的逻辑功能。

解： 根据逻辑图从输入到输出逐级写出逻辑表达式，即

$$Y_1 = \overline{A+B+C} \qquad Y_2 = \overline{A+\overline{B}} \qquad Y_3 = \overline{Y_1+Y_2+\overline{B}}$$

$$Y = \overline{Y_3} = Y_1 + Y_2 + \overline{B} = \overline{A+B+C} + \overline{A+\overline{B}} + \overline{B}$$

根据写出的逻辑表达式进行化简，得到最简 "与或" 表达式，即

$$Y = \overline{A+B+C} + \overline{A+\overline{B}} + \overline{B} = \overline{A}\,\overline{B}\,\overline{C} + \overline{A}B + \overline{B} = \overline{A}B + \overline{B} = \overline{A} + \overline{B}$$

根据最简 "与或" 表达式，写出真值表，见表 5-20。

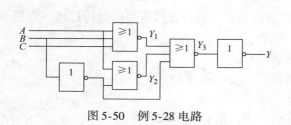

图 5-50　例 5-28 电路

表 5-20　$Y = \overline{A} + \overline{B}$ 的真值表

输	入		输　出
A	B	C	Y
0	0	0	1
0	0	1	1
0	1	0	1
0	1	1	1
1	0	0	1
1	0	1	1
1	1	0	0
1	1	1	0

根据真值表和逻辑表达式对逻辑电路进行分析：电路的输出 Y 只与输入 A 和 B 有关，而与输入 C 无关。Y 和 A、B 的逻辑关系：A、B 中只要有一个为 0，$Y=1$；A、B 全为 1 时，$Y=0$。所以 Y 和 A、B 的逻辑关系为与非运算的关系，该题的电路可用图 5-51 逻辑电路替代。

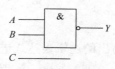

图 5-51　与图 5-50 功能相同的逻辑电路

例 5-29 分析图 5-52 所示电路的逻辑功能。

解： 根据逻辑图从输入到输出逐级写出逻辑表达式：

$$Y_1 = \overline{AB} \qquad Y_2 = \overline{Y_1 A} = \overline{\overline{AB} \cdot A} \qquad Y_3 = \overline{Y_1 B} = \overline{\overline{AB} \cdot B}$$

$$Y = \overline{Y_2 Y_3} = \overline{\overline{Y_1 A} \cdot \overline{Y_1 B}} = \overline{\overline{\overline{AB} \cdot A} \cdot \overline{\overline{AB} \cdot B}}$$

根据写出的逻辑表达式进行化简，得到最简 "与或" 表达式：

$$Y = \overline{AB} \cdot A + \overline{AB} \cdot B = \overline{AB}(A+B) = (\overline{A}+\overline{B})(A+B) = A\overline{B} + \overline{A}B$$

根据最简 "与或" 表达式，写出真值表，见表 5-21。

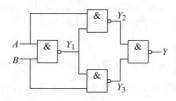

图 5-52 例 5-29 的组合逻辑电路

表 5-21 $Y = \overline{A}B + A\overline{B}$ 的真值表

输	入	输 出
A	B	Y
0	0	0
0	1	1
1	0	1
1	1	0

根据真值表和逻辑表达式对逻辑电路进行分析：若输入变量 A、B 相同，则输出 Y 为 "0"；若输入变量 A、B 相异（0、1 或 1、0），则输出 Y 为 "1"。输入 A、B 和输出 Y 实现了异或逻辑关系，即

$$Y = A \cdot \overline{B} + \overline{A} \cdot B = A \oplus B$$

5.4.3 组合逻辑电路的设计应用实例

逻辑设计是数字技术中的一个重要课题。组合逻辑电路的设计是将命题规定的逻辑功能抽象和化简，从而得到满足要求的逻辑电路的过程。组合逻辑电路的设计通常要求电路尽可能简单，所用电子元器件最少。其一般的设计步骤如下：

1）根据逻辑功能列真值表。

2）根据真值表写出逻辑函数表达式或画出卡诺图，化简成最简的逻辑表达式。

3）由化简后的逻辑表达式，画出逻辑电路图。

例 5-30 设计要求：设置两个开关，一个安装于楼上，另一个安装于楼下。两个开关都可以控制楼梯上的电灯。上楼前，用楼下开关打开电灯，上楼后，用楼上开关关灭电灯；或者在下楼前，用楼上开关打开电灯，下楼后，用楼下开关关灭电灯。设计一个与非门开关控制逻辑电路实现上述功能，还可以采用其他形式吗？

解：设楼上开关为 A，楼下开关为 B，开关选用双联开关，并设 A、B 合向左侧时为 "0"，合向右侧时为 "1"；电灯为 Y，灯亮时 Y 为 "1"，灯灭时 Y 为 "0"。根据逻辑关系列出真值表，见表 5-22。

根据真值表写出逻辑函数表达式，即

$$Y = \overline{A}\,\overline{B} + AB$$

转换成最简的 "与非" 表达式，即

$$Y = \overline{A}\,\overline{B} + AB = \overline{\overline{\overline{A}\,\overline{B} + AB}} = \overline{\overline{\overline{A}\,\overline{B}} \cdot \overline{AB}}$$

由化简后的逻辑表达式，画出与非逻辑控制电路图，如图 5-53 所示。若采用同或门实现，如图 5-54 所示。

表 5-22 例 5-30 电路的真值表

输	入	输 出
A	B	Y
0	0	1
0	1	0
1	0	0
1	1	1

图 5-53 例 5-30 逻辑电路图

图 5-54 例 5-30 用 "同或门" 实现

例5-31 设计一个十进制的数值范围指示器,输入量为四位二进制码 A、B、C、D,$(ABCD)_2 = (X)_{10}$,要求当 $X < 7$ 时,输出 $Y = 0$。试用与非门实现该逻辑电路。

解: 1)根据逻辑要求列出真值表。

根据题意可知,十进制数 $0 \sim 9$ 十个数对应的二进制编码为 $0000 \sim 1001$,对应的最小项为 $m_0 \sim m_9$,其中 $Y = 1$ 的最小项有 $\sum m(7,8,9)$,其余的 1010,1011,$\cdots$,1111 六种组合不可能出现,即无关项为 $\sum d(10,11,12,13,14,15)$,列出真值表,见表 5-23。

表 5-23　例 5-31 真值表

最小项编号	输　入				输　出	最小项编号	输　入				输　出
	A	B	C	D	Y		A	B	C	D	Y
m_0	0	0	0	0	0	m_8	1	0	0	0	1
m_1	0	0	0	1	0	m_9	1	0	0	1	1
m_2	0	0	1	0	0	m_{10}	1	0	1	0	×
m_3	0	0	1	1	0	m_{11}	1	0	1	1	×
m_4	0	1	0	0	0	m_{12}	1	1	0	0	×
m_5	0	1	0	1	0	m_{13}	1	1	0	1	×
m_6	0	1	1	0	0	m_{14}	1	1	1	0	×
m_7	0	1	1	1	1	m_{15}	1	1	1	1	×

2)由真值表可列出 Y 的逻辑表达式为

$$Y = \sum m(7,8,9) + \sum d(10,11,12,13,14,15)$$

3)用卡诺图化简,如图 5-55 所示:

4)根据卡诺图化简可得:

$$Y = A + BCD$$

5)将 $Y = A + BCD$ 转化为与非-与非表达式:$Y = \overline{\overline{A} \cdot \overline{BCD}}$,画出逻辑电路图,如图 5-56所示。

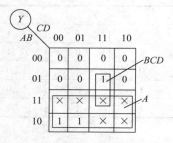

图 5-55　例 5-31 卡诺图化简

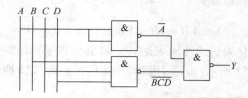

图 5-56　例 5-31 与非门逻辑电路图

例5-32 某项目答辩评审现场有四个评委 A、B、C、D 对项目 Y 进行评审投票,其中 A 是评审组长,他的裁定计 2 票,B、C、D 三个评委是评审员,他们三人的裁定每人只计 1 票,即共有 5 票。当某项目的赞成票数超过半数(即大于或等于 3 票)时,项目 Y 评审通过,否则不通过。试用"与非"门设计满足要求的组合逻辑电路。

解：1）逻辑关系分析。假设输入量为 A、B、C、D，投赞成票时记为"1"；投反对票时记为"0"。项目评审通过，输出量 Y 记为"1"；不通过，记为"0"。

2）根据逻辑功能，列出真值表，见表5-24。

表 5-24 例 5-32 的真值表

A	B	C	D	Y	A	B	C	D	Y
0	0	0	0	0	1	0	0	0	0
0	0	0	1	0	1	0	0	1	1
0	0	1	0	0	1	0	1	0	1
0	0	1	1	0	1	0	1	1	1
0	1	0	0	0	1	1	0	0	1
0	1	0	1	0	1	1	0	1	1
0	1	1	0	0	1	1	1	0	1
0	1	1	1	1	1	1	1	1	1

3）由真值表写出逻辑函数表达式，即

$$Y = \overline{A}BCD + A\overline{B}\,\overline{C}D + A\overline{B}C\overline{D} + A\overline{B}CD + AB\overline{C}\,\overline{D} + AB\overline{C}D + ABC\overline{D} + ABCD$$

4）用卡诺图进行化简，如图 5-57 所示。

由图 5-57 可得卡诺图化简结果为

$$Y = AB + AC + AD + BCD$$

5）先将函数"与或"表达式转换成"与非"表达式，即

$$Y = \overline{\overline{AB + AC + AD + BCD}} = \overline{\overline{AB} \cdot \overline{AC} \cdot \overline{AD} \cdot \overline{BCD}}$$

6）根据"与非"表达式画出逻辑电路图，如图 5-58 所示。

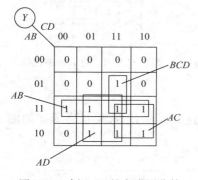

图 5-57 例 5-32 的卡诺图化简

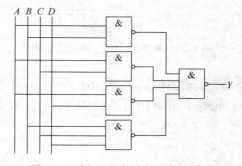

图 5-58 例 5-32 与非门逻辑电路图

例 5-33 旅客列车优先通行次序分为高铁、动车和特快。某站在同一时刻只能有一趟列车从车站开出，即只能给出一个开车信号，设计一个逻辑控制电路图满足上述逻辑要求。

解：1）根据逻辑描述可以假设输入量为 A、B 和 C，分别代表高铁、动车和特快的发车申请信号，有申请开出信号记为"1"，没有申请开出信号记为"0"；输出量为 Y_A、Y_B 和

Y_C，分别代表高铁、动车和特快的开车信号，允许开出信号记为"1"，不允许开出信号记为"0"。

2）根据逻辑功能要求，列出真值表，见表 5-25。

表 5-25　例 5-33 逻辑功能真值表

输 入			输 出		
A	B	C	Y_A	Y_B	Y_C
0	0	0	0	0	0
0	0	1	0	0	1
0	1	0	0	1	0
0	1	1	0	1	0
1	0	0	1	0	0
1	0	1	1	0	0
1	1	0	1	0	0
1	1	1	1	0	0

3）由真值表写出逻辑表达式，即

$$\begin{cases} Y_A = A\overline{B}\,\overline{C} + A\overline{B}C + AB\overline{C} + ABC \\ Y_B = \overline{A}B\overline{C} + \overline{A}BC \\ Y_C = \overline{A}\,\overline{B}C \end{cases}$$

4）卡诺图化简。

① Y_A 的卡诺图化简如图 5-59 所示，可得 $Y_A = A$。

② Y_B 卡诺图化简如图 5-60 所示，可得 $Y_B = \overline{A}B$。

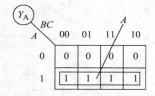

图 5-59　例 5-33 中 Y_A 的卡诺图化简

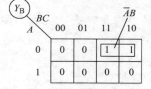

图 5-60　例 5-33 中 Y_B 的卡诺图化简

③ Y_C 卡诺图化简如图 5-61 所示，可得 $Y_C = \overline{A}\,\overline{B}C$。

5）根据卡诺图化简得到的 Y_A、Y_B 和 Y_C 逻辑表达式，画出逻辑电路图，如图 5-62 所示。

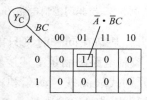

图 5-61　例 5-33 中 Y_C 的卡诺图化简

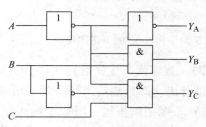

图 5-62　例 5-33 逻辑电路图

5.5　典型的集成组合逻辑电路

5.5.1　加法器

加法器是用来实现二进制加法运算的电路，它是计算机中最基本的运算单元。例如两个二进制数相加，运算规则是逢二进一。

最低位是两个数相加，不需要考虑进位，这种加法电路称为半加器。其余各位都有一个加数、一个被加数以及低位向本位的进位数，这三个数相加的电路，称为全加器。任何位相加的结果都产生两个输出，一个是本位和，另一个是向高位的进位。

1. 半加器

半加器就是根据上述加法基本规律完成两个一位二进制数相加的组合逻辑电路，其真值表见表 5-26。其中，输入 A、B 分别表示被加数和加数，输出 C 表示向高位的进位数，输出 S 表示本位和。

由真值表可得，输出的逻辑表达式为

$$S = \overline{A} \cdot B + A \cdot \overline{B} = A \oplus B$$
$$C = AB$$

可见，输入 A、B 和输出 S 满足异或逻辑，可用一个异或门实现；输入 A、B 和输出 C 满足与逻辑，可用一个与门实现。其逻辑电路图由一个异或门和一个与门组成，如图 5-63a 所示。半加器是一种组合逻辑部件，其逻辑符号如图 5-63b 所示。

表 5-26　半加器真值表

输　　入		输　　出	
A	B	S	C
0	0	0	0
0	1	1	0
1	0	1	0
1	1	0	1

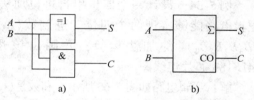

图 5-63　半加器的逻辑电路图及其逻辑符号

2. 全加器

半加器可用于最低位求和，并给出进位数。第二位开始后的第 i 位的相加有被加数 A_i、加数 B_i 以及低位的进位数 C_{i-1} 三者相加，得出本位和 S_i 和进位数 C_i，这就是"全加"，表 5-27 为全加器真值表。

据真值表可写出 S_i 和 C_i 的逻辑表达式，即

表 5-27　全加器真值表

输　　　入			输　　出	
A_i	B_i	C_{i-1}	S_i	C_i
0	0	0	0	0
0	0	1	1	0
0	1	0	1	0
0	1	1	0	1
1	0	0	1	0
1	0	1	0	1
1	1	0	0	1
1	1	1	1	1

$$S_i = \overline{A_i} \cdot \overline{B_i} C_{i-1} + \overline{A_i} B_i \overline{C_{i-1}} + A_i \overline{B_i} \cdot \overline{C_{i-1}} + A_i B_i C_{i-1}$$

$$= \overline{(A_i \oplus B_i)} C_{i-1} + (A_i \oplus B_i) \overline{C_{i-1}}$$

$$= A_i \oplus B_i \oplus C_{i-1}$$

$$C_i = \overline{A_i} B_i C_{i-1} + A_i \overline{B_i} C_{i-1} + A_i B_i \overline{C_{i-1}} + A_i B_i C_{i-1}$$

$$= A_i B_i + (A_i \oplus B_i) C_{i-1}$$

逻辑电路图如图 5-64a 所示，全加器逻辑部件的逻辑符号如图 5-64b 所示。

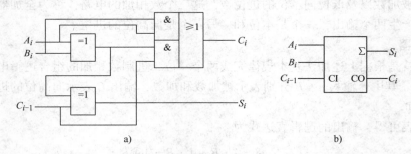

a) b)

图 5-64　全加器的逻辑电路图及其逻辑符号

全加器是构成计算机运算器的基本单元，图 5-65 所示为 74LS183 集成电路芯片的引脚图，其内部集成了两个独立的全加器。

例 5-34　设计一个四位串行进位加法器，要求该逻辑电路能够实现两个四位二进制数$(A_3 A_2 A_1 A_0)_2$ 和$(B_3 B_2 B_1 B_0)_2$ 的加法运算，并画出该逻辑电路的 74LS183 芯片连线图。

解： 逻辑电路如图 5-66 所示，和数是$(C_3 S_3 S_2 S_1 S_0)_2$。该全加器的任意一位的加法运算，都必须等到低位加法完成送来进位后才能进行。这种进位方式为串行进位，但和数是并行相加的。该加法器电路虽然简单，但运行速度慢，其芯片连线图如图 5-67 所示。

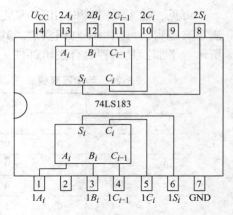

图 5-65　74LS183 的引脚图

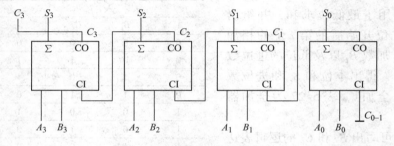

图 5-66　例 5-34 的逻辑电路

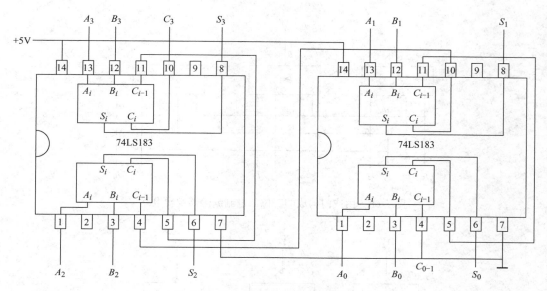

图 5-67　例 5-34 的芯片连线图

5.5.2　编码器

用二进制数码来表示某一对象（如十进制数、字符等）的过程，称为编码。完成这一逻辑功能的逻辑电路称为编码器（Encoder）。

1. 二进制编码器

三位二进制编码器的输入是 8 个互斥的信号，用 $I_0 \sim I_7$ 表示，输出是用来进行编码的三位二进制代码，用 $Y_2 \sim Y_0$ 表示，其真值表见表 5-28。

由真值表可得输出的逻辑表达式为

$$
\begin{cases}
Y_2 = I_4 + I_5 + I_6 + I_7 = \overline{\overline{I_4}\ \overline{I_5}\ \overline{I_6}\ \overline{I_7}} \\
Y_1 = I_2 + I_3 + I_6 + I_7 = \overline{\overline{I_2}\ \overline{I_3}\ \overline{I_6}\ \overline{I_7}} \\
Y_0 = I_1 + I_3 + I_5 + I_7 = \overline{\overline{I_1}\ \overline{I_3}\ \overline{I_5}\ \overline{I_7}}
\end{cases}
$$

根据逻辑表达式，绘制由或门构成的三位二进制编码器逻辑电路，如图 5-68 所示。由与非门构成的三位二进制编码器逻辑电路如图 5-69 所示。

表 5-28　三位二进制编码器真值表

输　入	输　　出		
I_i	Y_2	Y_1	Y_0
I_0	0	0	0
I_1	0	0	1
I_2	0	1	0
I_3	0	1	1
I_4	1	0	0
I_5	1	0	1
I_6	1	1	0
I_7	1	1	1

2. 8421 编码二–十进制编码器

用四位二进制数来表示十进制数 0～9 十个数码，称二–十进制码，简称 BCD 码。二–十进制编码器是将十进制的十个数码编成二进制代码的电路，输入的是 0～9 十个数码，输出是对应的二进制代码。8421BCD 码是二–十进制代码中最常采用的，就是用四位二进制代码的十六种状态中的前十种状态，表示十进制 0～9 的十个数码，其余的六种组合无效。

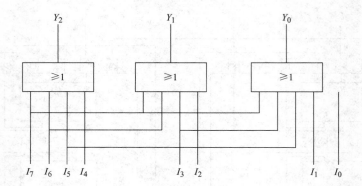

图 5-68　由或门构成的三位二进制编码器逻辑电路

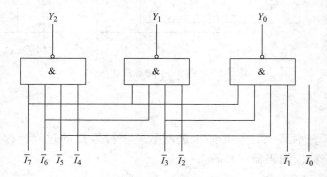

图 5-69　由与非门构成三位二进制编码器逻辑电路

表 5-29 为 8421 码的二-十进制编码表。在编码表中，$I_0 \sim I_9$ 表示十个输入开关信号，当 I_0 为 "1" 时，输出二进制代码为 "0000"，当 I_1 为 "1" 时，输出为 "0001"，以此类推，当 I_9 为 "1" 时，输出为 "1001"。

表 5-29　二-十进制的 8421 码编码表

十进制数按键	输　入										输　出			
	I_9	I_8	I_7	I_6	I_5	I_4	I_3	I_2	I_1	I_0	Y_3	Y_2	Y_1	Y_0
0	0	0	0	0	0	0	0	0	0	1	0	0	0	0
1	0	0	0	0	0	0	0	0	1	0	0	0	0	1
2	0	0	0	0	0	0	0	1	0	0	0	0	1	0
3	0	0	0	0	0	0	1	0	0	0	0	0	1	1
4	0	0	0	0	0	1	0	0	0	0	0	1	0	0
5	0	0	0	0	1	0	0	0	0	0	0	1	0	1
6	0	0	0	1	0	0	0	0	0	0	0	1	1	0
7	0	0	1	0	0	0	0	0	0	0	0	1	1	1
8	0	1	0	0	0	0	0	0	0	0	1	0	0	0
9	1	0	0	0	0	0	0	0	0	0	1	0	0	1

根据表 5-29 可写出四位输出函数表达式，并转化为与非门实现：

$$
\begin{cases}
Y_0 = I_1 + I_3 + I_5 + I_7 + I_9 = \overline{\overline{I_1 + I_3 + I_5 + I_7 + I_9}} = \overline{\overline{I_1} \cdot \overline{I_3} \cdot \overline{I_5} \cdot \overline{I_7} \cdot \overline{I_9}} \\
Y_1 = I_2 + I_3 + I_6 + I_7 = \overline{\overline{I_2 + I_3 + I_6 + I_7}} = \overline{\overline{I_2} \cdot \overline{I_3} \cdot \overline{I_6} \cdot \overline{I_7}} \\
Y_2 = I_4 + I_5 + I_6 + I_7 = \overline{\overline{I_4 + I_5 + I_6 + I_7}} = \overline{\overline{I_4} \cdot \overline{I_5} \cdot \overline{I_6} \cdot \overline{I_7}} \\
Y_3 = I_8 + I_9 = \overline{\overline{I_8 + I_9}} = \overline{\overline{I_8} \cdot \overline{I_9}}
\end{cases}
$$

由逻辑表达式可画出如图 5-70 所示的键控 8421 码编码器的电路。图中用十个常闭键表示 0～9 十个数，当按下（断开）某一个键时，$Y_3 \sim Y_0$ 便可输出对应的 8421 码。

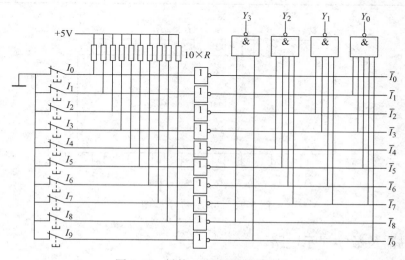

图 5-70　键控 8421 码编码器电路

3. 优先编码器

优先编码器（Priority Encoder）就是在输入端可以允许多个信号同时输入，但输出信号只能对输入信号中优先等级最高的信号进行编码输出。表 5-30 为 10 线-4 线（8421 反码）优先编码器的真值表。由表可见，输入的反变量对低电平有效，即有信号时，输入为"0"；输出的反变量组成反码，对应 0～9 十个十进制数码。74LS147 是常用的优先编码器，该芯片的优先次序规定为"9"键最优先，"8"键次之，依次递降，"1"键最低。如当 9 键按下时（出现低电平 0），不管其他键是否按下，电路只对 9 进行编码，并输出 8421 码（1001）的反码 0110。图 5-71 所示为 74LS147 引脚图。

表 5-30　10 线-4 线优先编码器的真值表

输　　　入									输　　出			
$\overline{I_9}$	$\overline{I_8}$	$\overline{I_7}$	$\overline{I_6}$	$\overline{I_5}$	$\overline{I_4}$	$\overline{I_3}$	$\overline{I_2}$	$\overline{I_1}$	$\overline{Y_3}$	$\overline{Y_2}$	$\overline{Y_1}$	$\overline{Y_0}$
1	1	1	1	1	1	1	1	1	1	1	1	1
1	1	1	1	1	1	1	1	0	1	1	1	0
1	1	1	1	1	1	1	0	×	1	1	0	1
1	1	1	1	1	1	0	×	×	1	1	0	0

输　入									输　出			
$\overline{I_9}$	$\overline{I_8}$	$\overline{I_7}$	$\overline{I_6}$	$\overline{I_5}$	$\overline{I_4}$	$\overline{I_3}$	$\overline{I_2}$	$\overline{I_1}$	$\overline{Y_3}$	$\overline{Y_2}$	$\overline{Y_1}$	$\overline{Y_0}$
1	1	1	1	1	0	×	×	×	1	0	1	1
1	1	1	1	0	×	×	×	×	1	0	1	0
1	1	1	0	×	×	×	×	×	1	0	0	1
1	1	0	×	×	×	×	×	×	1	0	0	0
1	0	×	×	×	×	×	×	×	0	1	1	1
0	×	×	×	×	×	×	×	×	0	1	1	0

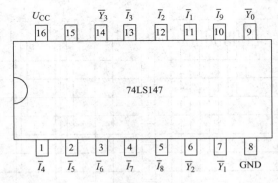

图 5-71　74LS147 引脚图

5.5.3　译码器及数字显示电路

把具有特定意义信息的二进制代码翻译出来的过程称为译码，实现译码操作的电路称为译码器。译码器是可以把一种代码转换为另一种代码的电路。

1. 二进制译码器

设二进制译码器的输入端有 n 个，则输出端有 2^n 个，且对应输入代码的每一种状态，2^n 个输出中只有一个为"1"（或为 0），其余全为"0"（或为"1"）。二进制译码器可以译出输入变量的全部状态，故又称为变量译码器。表 5-31 为 3 线-8 线译码器真值表，输入端为 A_2、A_1 和 A_0 三位二进制代码，输出为 $2^3 = 8$ 个互斥的信号，用 $Y_0 \sim Y_7$ 表示。

表 5-31　3 线-8 线译码器真值表

A_2	A_1	A_0	Y_0	Y_1	Y_2	Y_3	Y_4	Y_5	Y_6	Y_7
0	0	0	1	0	0	0	0	0	0	0
0	0	1	0	1	0	0	0	0	0	0
0	1	0	0	0	1	0	0	0	0	0
0	1	1	0	0	0	1	0	0	0	0
1	0	0	0	0	0	0	1	0	0	0
1	0	1	0	0	0	0	0	1	0	0
1	1	0	0	0	0	0	0	0	1	0
1	1	1	0	0	0	0	0	0	0	1

根据 3 线-8 线译码器真值表可得，逻辑表达式为

$$\begin{cases} Y_0 = \overline{A_2}\,\overline{A_1}\,\overline{A_0} \\ Y_1 = \overline{A_2}\,\overline{A_1}\,A_0 \\ Y_2 = \overline{A_2}\,A_1\,\overline{A_0} \\ Y_3 = \overline{A_2}\,A_1\,A_0 \\ Y_4 = A_2\,\overline{A_1}\,\overline{A_0} \\ Y_5 = A_2\,\overline{A_1}\,A_0 \\ Y_6 = A_2\,A_1\,\overline{A_0} \\ Y_7 = A_2\,A_1\,A_0 \end{cases}$$

采用与门组成的阵列 3 线-8 线译码器逻辑图如图 5-72 所示。

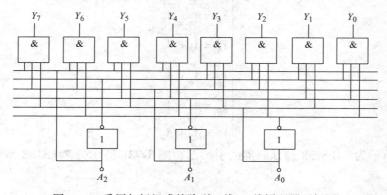

图 5-72　采用与门组成的阵列 3 线-8 线译码器逻辑图

集成二进制译码器 74LS138 真值表见表 5-32。其中，$A_0 \sim A_2$ 为二进制译码输入，$\overline{Y_0} \sim \overline{Y_7}$ 为译码输出（低电平有效），S_1、$\overline{S_2}$、$\overline{S_3}$ 为选通控制端。

表 5-32　集成二进制译码器 74LS138 真值表

使 能	控	制	输		入	输			出				
S_1	$\overline{S_2}$	$\overline{S_3}$	A_2	A_1	A_0	$\overline{Y_0}$	$\overline{Y_1}$	$\overline{Y_2}$	$\overline{Y_3}$	$\overline{Y_4}$	$\overline{Y_5}$	$\overline{Y_6}$	$\overline{Y_7}$
0	×	×	×	×	×	1	1	1	1	1	1	1	1
0	×	×	×	×	×	1	1	1	1	1	1	1	1
×	1	×	×	×	×	1	1	1	1	1	1	1	1
×	×	1	×	×	×	1	1	1	1	1	1	1	1
1	0	0	0	0	0	0	1	1	1	1	1	1	1
1	0	0	0	0	1	1	0	1	1	1	1	1	1
1	0	0	0	1	0	1	1	0	1	1	1	1	1
1	0	0	0	1	1	1	1	1	0	1	1	1	1
1	0	0	1	0	0	1	1	1	1	0	1	1	1
1	0	0	1	0	1	1	1	1	1	1	0	1	1
1	0	0	1	1	0	1	1	1	1	1	1	0	1
1	0	0	1	1	1	1	1	1	1	1	1	1	0

当 $S_1 = 0$ 或 $\overline{S_2} + \overline{S_3} = 1$ 时，译码器处于禁止状态，译码器的输出 $\overline{Y_0} \sim \overline{Y_7}$ 全为 "1"。

当 $S_1 = 1$ 且 $\overline{S_2} + \overline{S_3} = 0$ 时，译码器处于工作状态。此时，如果 $ABC = 000$，则 $\overline{Y_0} = 0$，其余输出为 "1"；同理，当 $ABC = 011$ 时，$\overline{Y_3} = 0$，其余输出为 "1"。这样，译码器就完成了把输入二进制代码译成特定信号输出的功能。

由集成二进制译码器 74LS138 真值表写出 A_2、A_1、A_0 与输出端 $\overline{Y_0} \sim \overline{Y_7}$ 的逻辑表达式，即

$$
\left\{
\begin{aligned}
Y_0 &= \overline{\overline{A_2}\,\overline{A_1}\,\overline{A_0}} \\
Y_1 &= \overline{\overline{A_2}\,\overline{A_1}\,A_0} \\
Y_2 &= \overline{\overline{A_2}\,A_1\,\overline{A_0}} \\
Y_3 &= \overline{\overline{A_2}\,A_1\,A_0} \\
Y_4 &= \overline{A_2\,\overline{A_1}\,\overline{A_0}} \\
Y_5 &= \overline{A_2\,\overline{A_1}\,A_0} \\
Y_6 &= \overline{A_2\,A_1\,\overline{A_0}} \\
Y_7 &= \overline{A_2\,A_1\,A_0}
\end{aligned}
\right.
$$

图 5-73a 所示为 74LS138 型译码器的引脚图，图 5-73b 所示为 74LS138 型译码器的逻辑符号。

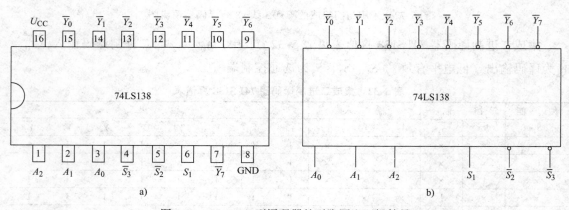

图 5-73　74LS138 型译码器的引脚图和逻辑符号

例 5-35　试分析由两片 74LS138 型译码器芯片级联成的 4 线-16 线译码器的功能，如图 5-74 所示。

解：1) 4 线-16 线译码器由两片 74LS138 型译码器芯片构成。其中，输入信号为 $A_0 \sim A_3$，74LS138（1）的输出 $\overline{Y_0} \sim \overline{Y_7}$ 为低位输出，74LS138（2）的输出 $\overline{Y_8} \sim \overline{Y_{15}}$ 为高位输出。

2) 74LS138（2）的 $\overline{S_2}$、$\overline{S_3}$ 因接地始终为 "0"，74LS138（1）的 S_1 是整个电路的选通控制端信号，此信号为 "1" 时，电路可以译码输出，此信号为 "0" 时，电路被禁止。

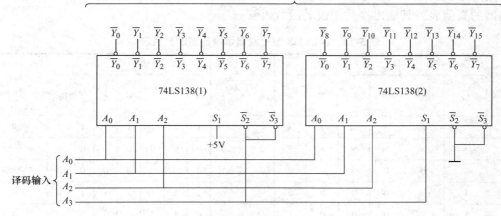

图 5-74　74LS138 级联的 4 线–16 线译码器

3）A_3 同时与 74LS138（1）的 $\overline{S_2}$ 端、$\overline{S_3}$ 端和 74LS138（2）的 S_1 端相连，当输入信号为 $0A_2A_1A_0$ 时，74LS138（1）芯片工作，译码输出 $\overline{Y_0} \sim \overline{Y_7}$，而 74LS138（2）芯片被禁止；当输入信号为 $1A_2A_1A_0$ 时，74LS138（1）芯片被禁止，而 74LS138（2）芯片工作译码输出 $\overline{Y_8} \sim \overline{Y_{15}}$。

2. 二–十进制显示译码器

在数值系统和装置中，常常需要将数字、文字等二进制码翻译显示出来。如十字路口的时间倒计时显示等，这种类型的译码器叫作显示译码器。

十进制数字通常采用七段显示器来实现，其输出由七段笔画组成，如图 5-75 所示。任意一个十进制数字都可以通过七段显示器七段笔画的不同组合发光显示出来。常用的七段显示器有发光二极管（LED）、液晶数码管和荧光数码管等。

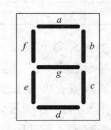

图 5-75　七段数码管

如图 5-75 所示，LED 七段显示器的每一段（a、b、c、d、e、f、g）都是一个发光二极管，电路分为共阴极接法和共阳极接法。共阴极是将每个发光二极管的阴极接在一起，然后接地或接低电平，输入端为高电平有效（即输入端为高电平的相应段发光），如图 5-76a 所示；共阳极是将每个发光二极管的阳极接在一起，然后接高电平，输入端低电平有效，如图 5-76b 所示。控制不同的段发光，就可显示 0 ~ 9 不同的数字。

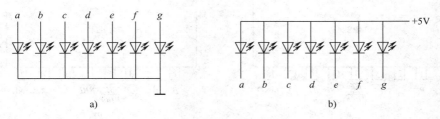

图 5-76　七段显示发光二极管的两种接法

发光二极管的工作电压一般为 1.5 ~ 3V，驱动电流为几 mA 到十几 mA，可以是直流或脉冲电流。为防止过电流，使用时需串接限流电阻。

常用的七段显示译码器芯片有 74LS248 和 74LS247 两种，表 5-33 为 74LS248 型七段显示译码器的真值表，其输出接共阴极七段数码管。

表 5-33　74LS248 型七段显示译码器的真值表

功能和十进制数	输　入						$\overline{BI/RBO}$	输　出							显示数字
	$\overline{LT}$	$\overline{RBI}$	D	C	B	A		a	b	c	d	e	f	g	
试灯	0	×	×	×	×	×	1	1	1	1	1	1	1	1	8
灭灯	×	×	×	×	×	×	0（输入）	0	0	0	0	0	0	0	全灭
灭零	1	0	0	0	0	0	0（输出）	0	0	0	0	0	0	0	灭零
0	1	×	0	0	0	0	1	1	1	1	1	1	1	0	0
1	1	×	0	0	0	1	1	0	1	1	0	0	0	0	1
2	1	×	0	0	1	0	1	1	1	0	1	1	0	1	2
3	1	×	0	0	1	1	1	1	1	1	1	0	0	1	3
4	1	×	0	1	0	0	1	0	1	1	0	0	1	1	4
5	1	×	0	1	0	1	1	1	0	1	1	0	1	1	5
6	1	×	0	1	1	0	1	1	0	1	1	1	1	1	6
7	1	×	0	1	1	1	1	1	1	1	0	0	0	0	7
8	1	×	1	0	0	0	1	1	1	1	1	1	1	1	8
9	1	×	1	0	0	1	1	1	1	1	1	0	1	1	9

由表 5-33 可见，当输入端 $DCBA$ 的输入信号为 0110 时，输出端 a、c、d、e、f、g 六段亮，显示数字 "6"。当输入为 1001 时，七段中只有 e 段不亮，显示数字 "9"，以此类推。根据该真值表可写出输出七段 $a \sim g$ 的逻辑表达式，经化简不难画出逻辑电路图。

图 5-77a ~ b 所示分别为 74LS248 芯片和 74LS247 芯片引脚图。其中，74LS248 的输出为高电平有效，和共阴极七段数码管配合使用；74LS247 的输出为低电平有效，和共阳极七段数码管配合使用。

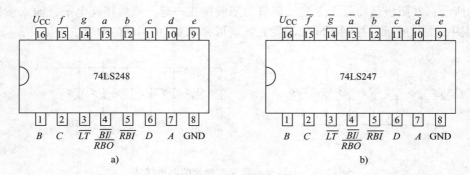

图 5-77　74LS248 和 74LS247 的引脚图

在图 5-77 中，有两个低电平有效的输入控制端，即试灯输入端 $\overline{LT}$（Light Test）和灭零输入端$\overline{RBI}$（Ripple Blanking Input），还有一个既可以作为输入端，也可以作为输出端的灭灯输入/灭零输出端$\overline{BI}/\overline{RBO}$（Blanking Input/Ripple Blanking Output），其功能介绍如下。

（1）试灯输入端$\overline{LT}$

该输入端用来检验七段数码管的显示是否正常。如果是 74LS248 型，当$\overline{BI}/\overline{RBO}=1$，$\overline{LT}=0$ 时，无论 D、C、B、A 为何状态，数码管七段输出 $a\sim f$ 均为 "1"，显示字符 "8"；如果是 74LS247 型数码管，七段输出 $\bar{a}\sim\bar{f}$ 均为 "0"。

（2）灭灯输入/灭零输出端$\overline{BI}/\overline{RBO}$

该端子比较特殊，是 "线与" 结构，既可作为输入用，也可作为输出用。当$\overline{BI}/\overline{RBO}=0$ 时，无论其他输入信号为何状态，七段数码管全灭，无显示，即如果是 74LS248 型则其输出端 $a\sim f$ 均为 0，如果是 74LS247 型则其输出端 $\bar{a}\sim\bar{f}$ 均为 1。如果该端子输入一方波信号，则数码管显示的数字将间歇闪烁，这一功能可用作报警显示。

在灭零条件下（即$\overline{LT}=1$，$\overline{BI}/\overline{RBO}=0$），则 $DCBA=0000$，该端子作为输出使用，输出低电平，表示已将本应显示的零熄灭了。与灭零输入端$\overline{RBI}$配合使用可以实现多位数码的灭零控制。在多位数码显示系统中，整数部分的最高位灭零是无条件的，而次高位只有在最高位已经灭零的条件下才可以灭零，所以最高位译码器的灭零输入端需直接接低电平，而次高位译码器的灭零输入端需连接到最高位译码器的灭零输出端，如图 5-78 所示。同理，小数部分最低位的译码器的灭零输入端可直接接低电平，而次低位译码器的灭零输入端应接在最低位译码器的灭零输出端。

（3）灭零输入端$\overline{RBI}$

当$\overline{LT}=1$、$\overline{BI}/\overline{RBO}\neq0$、$\overline{RBI}=0$ 时，且 $DCBA=0000$，数码管七段全灭，不显示字符，但如果 $DCBA\neq0000$，数码管仍正常显示。当$\overline{BI}/\overline{RBO}=\overline{LT}=1$、$\overline{RBI}=1$ 时，$DCBA$ 为任何状态，译码器正常输出，数码管正常显示字符。因此，当 $DCBA$ 不为 "0000" 时，无论$\overline{RBI}=0$还是$\overline{RBI}=1$，译码器均正常输出。该输入端常用来消除无效零，图 5-78 所示六位显示器最大可以显示 "999.999"。如果需要显示 "9.97"，在无灭零控制的情况下，六位显示器会显示 "009.970"，图中接法只会显示 "9.97"。

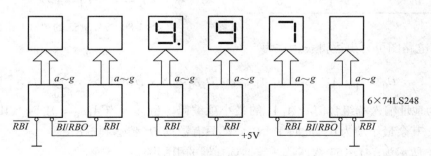

图 5-78 六位显示器电路图

5.5.4 数据选择器

数据选择器（Data Selector）又称多路调制器（Multi-plexer）、多路开关。它在选择控制信号（或称地址码）作用下，能从多个输入信号中选择一个信号送至输出端输出。数据选择器的用途很多，例如多通道传输、数码比较、并行码变串行码以及实现逻辑函数等。数据选择器常用的有四选一（74LS153 芯片）、八选一（74LS151 片）和十六选一（74LS150 芯片）等类别。图 5-79 所示为四选一数据选择器示意图。

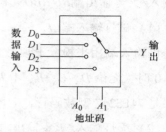

图 5-79　四选一数据选择器示意图

1. 四选一数据选择器

74LS153 是双四选一数据选择器。所谓双四选一数据选择器，就是在一块集成芯片上有两个 4 选 1 数据选择器。其真值表见表 5-34，其中 $D_0 \sim D_3$ 是四个数据输入端输入信号；A_0 和 A_1 是选择控制端信号；$\overline{S}$ 是选通端或称使能端信号，低电平有效；Y 是输出端输出信号。

由真值表可知，当使能端信号 $\overline{S} = 1$ 时，无论输入端输入信号 D、A_1、A_0 是什么，$Y = 0$，表示输出信号与输入信号无关；当使能端信号 $\overline{S} = 0$ 时，允许工作，在选择控制端组合信号 A_1A_0 的作用下，输出 Y 从 $D_0 \sim D_3$ 选择一个信号输出。例如，当 $\overline{S} = 0$ 时，若 $A_1A_0 = 10$，则 $Y = D_2$。图 5-80 所示为 74LS153 双四选一数据选择器的逻辑电路图。

表 5-34　74LS153 四选一数据选择器的真值表

输		入		输 出
$\overline{S}$	D	A_1	A_0	Y
1	×	×	×	0
0	D_0	0	0	D_0
0	D_1	0	1	D_1
0	D_2	1	0	D_2
0	D_3	1	1	D_3

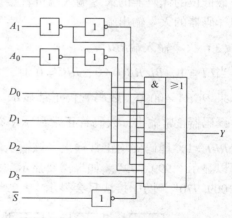

图 5-80　74LS153 的逻辑电路图

由逻辑电路图可写出逻辑表达式为

$$Y = D_0 \cdot \overline{A_1} \cdot \overline{A_0} \cdot S + D_1 \overline{A_1} A_0 S + D_2 A_1 \overline{A_0} S + D_3 A_1 A_0 S = \sum_{i=0}^{3} m_i D_i S$$

式中，m_i 为地址输入端组合信号 A_1A_0 的最小项编码。例如，当 $A_1A_0 = 01$ 时，其最小项编码 m_1 为 1，其余最小项为 0，此时 $Y = D_1$，即只有数据 D_1 传送到输出端。

图 5-81 所示为 74LS153 双四选一数据选择器的引脚图。

数据选择器的主要特点如下：

1）具有标准与或表达式的形式。

2）提供了地址变量的全部最小项。

3）一般情况下，D_i 可以当作一个变量处理。

因为任何组合逻辑函数总可以用最小项之和的标准形式构成，所以，利用数据选择器的输入 D_i 来选择地址变量组成的最小项 m_i，可以实现任何所需的组合逻辑函数。n 个地址变量的数据选择器，不需要增加门电路，最多可实现 $n+1$ 个变量的函数。

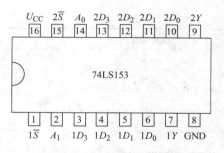

图 5-81　74LS153 的引脚图

例 5-36　用 74LS153（四选一）数据选择器实现函数 $Y = \overline{A}BC + A\overline{B}C + AB\overline{C} + ABC$。

解： 函数 Y 有三个输入变量 A、B、C，而数据选择器有两个地址端输入 A_1 和 A_0，少于函数输入变量个数，在设计时可选 A 接 A_1，B 接 A_0，即 $A = A_1$，$B = A_0$，代入待求的逻辑表达式

$$Y = \overline{A}BC + A\overline{B}C + AB\overline{C} + ABC = C \cdot \overline{A_1}A_0 + C \cdot A_1\overline{A_0} + \overline{C} \cdot A_1A_0 + C \cdot A_1A_0$$

根据四选一数据选择器特点，则有

$$Y = D_0 \cdot \overline{A_1} \cdot \overline{A_0} \cdot S + D_1 \overline{A_1}A_0S + D_2A_1\overline{A_0}S + D_3A_1A_0S = \sum_{i=0}^{3} m_i D_i S$$

令 $S = 1$，则有

$$Y = C \cdot \overline{A_1}A_0 + C \cdot A_1\overline{A_0} + \overline{C} \cdot A_1A_0 + C \cdot A_1A_0 = D_0 \cdot \overline{A_1} \cdot \overline{A_0} + D_1 \overline{A_1}A_0 + D_2A_1\overline{A_0} + D_3A_1A_0$$

可得

$$\begin{cases} D_0 = 0, \\ D_1 = D_2 = C, \\ D_3 = C + \overline{C} = 1 \end{cases}$$

利用四选一数据选择器实现函数 Y 的接线图如图 5-82 所示。

2. 八选一数据选择器

74LS151 芯片是八选一数据选择器。其真值表见表 5-35，其中，$D_0 \sim D_7$ 是 8 个数据输入端信号；$A_2A_1A_0$ 是 3 个地址输入端信号；$\overline{S}$ 是输入使能端信号，低电平有效；Y 和 $\overline{Y}$ 是具有互补的两个输出端信号。

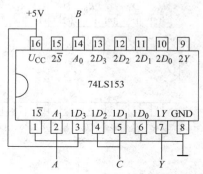

图 5-82　例 5-36 功能实现接线图

表 5-35　八选一数据选择器 74LS151 的真值表

使能端信号	输入			输出	
$\overline{S}$	A_2	A_1	A_0	Y	$\overline{Y}$
1	×	×	×	0	1
0	0	0	0	D_0	$\overline{D_0}$
0	0	0	1	D_1	$\overline{D_1}$
0	0	1	0	D_2	$\overline{D_2}$

使能端信号	输入			输出	
$\overline{S}$	A_2	A_1	A_0	Y	$\overline{Y}$
0	0	1	1	D_3	$\overline{D_3}$
0	1	0	0	D_4	$\overline{D_4}$
0	1	0	1	D_5	$\overline{D_5}$
0	1	1	0	D_6	$\overline{D_6}$
0	1	1	1	D_7	$\overline{D_7}$

输出 Y 的逻辑表达式为

$$Y = \sum_{i=0}^{7} m_i D_i S$$

式中，m_i 为地址输入端信号 $A_2 A_1 A_0$ 的最小项编码。

当使能端信号 $\overline{S}=1$ 时，无论输入端的输入信号是什么，$Y=0$（$\overline{Y}=1$），表示输出信号与输入信号无关；当使能端信号 $\overline{S}=0$ 时，允许工作，在选择控制端组合信号 $A_2 A_1 A_0$ 的作用下，输出端信号 Y 从 $D_0 \sim D_7$ 选择一个信号输出。例如，当 $\overline{S}=0$ 时，$A_2 A_1 A_0 = 101$，其最小项编号为 m_5，则 $Y=D_5$（$\overline{Y}=\overline{D_5}$）。

74LS151 的引脚图如图 5-83a 所示，74LS151 的逻辑符号如图 5-83b 所示。

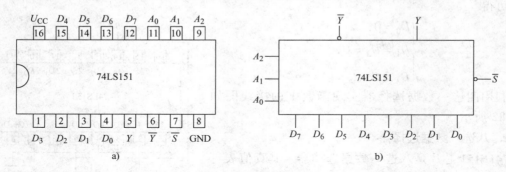

图 5-83　74LS151 的引脚图和逻辑符号

利用使能端 $\overline{S}$ 可进行数据选择器的扩展。图 5-84 所示就是利用使能端 $\overline{S}$ 将两片八选一多路选择器，扩展为十六选一多路选择器。其中，$D_0 \sim D_7$ 为低八位数据输入，$D_8 \sim D_{15}$ 为高八位数据输入；74LS151（1）的输出端信号 Y_1 与 74LS151（2）的输出端信号 Y_2 经或门后作为整个电路的输出信号 Y，$Y = Y_1 + Y_2$；$A_3 A_2 A_1 A_0$ 是地址端信号，信号 A_3 与芯片 74LS151（1）的 $\overline{S}$ 直接相连作为 $\overline{S_1}$，同时经过反相器后与 74LS151（2）的 $\overline{S}$ 相连作为 $\overline{S_2}$。当 $A_3 A_2 A_1 A_0 = 0A_2 A_1 A_0$ 时，$\overline{S_1}=0$，$\overline{S_2}=1$，则高位的数据选择器 74LS151（2）被禁止工作，低位的数据选择器 74LS151（1）正常工作，$Y=Y_1$；当 $A_3 A_2 A_1 A_0 = 1A_2 A_1 A_0$ 时，$\overline{S_1}=1$，$\overline{S_2}=0$，则低位的数据选择器 74LS151（1）被禁止工作，高位的数据选择器 74LS151（2）正常工作，$Y=Y_2$。

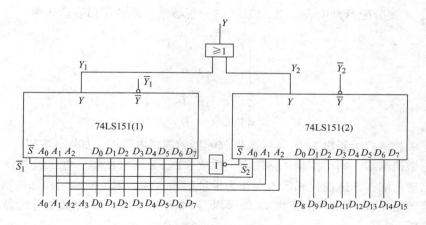

图 5-84　数据选择器的扩展使用

例 5-37　试用 74LS151（8 选 1）数据选择器实现函数 $Y = \overline{A}BC + A\overline{B}\overline{C} + AB\overline{C} + ABC$。

解：将输入变量 A、B、C 分别接到 74LS151（8 选 1）数据选择器地址端 A_2、A_1 和 A_0，即 $A = A_2$，$B = A_1$，$C = A_0$，则可得 $\overline{A}BC = 011$，$m_i = m_3$。同理可得另外三个地址为 m_5、m_6 和 m_7。由 74LS151 输出表达式可知，当 $S = 1$，且 $D_3 = D_5 = D_6 = D_7 = 1$，$D_0 = D_1 = D_2 = D_4 = 0$，即可实现函数 Y，其接线图如图 5-85 所示。

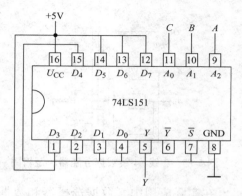

图 5-85　例 5-37 逻辑逻辑功能实现接线图

5.5.5　数据分配器

数据分配器又称为多路解调器（Demultiplexer）。它的功能是在数据传输过程中，根据选择控制信号（或称地址码），将一个输入端的信号送至多个输出端中的某一个。图 5-86 所示为线 1-4 线数据分配器的示意图。可见，它的功能和数据选择器相反。

2 线-4 线数据分配器的真值表见表 5-36。选择控制端 A_1 和 A_0 有四种组合，分别将数据 D 分配给四个输出端，构成 2 线-4 线分配器。

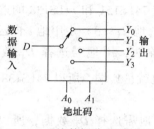

图 5-86　1-4 线数据分配器的示意图

表 5-36　2 线-4 线数据分配器的真值表

输　　入		输　　　　出			
A_1	A_0	Y_3	Y_2	Y_1	Y_0
0	0	0	0	0	D
0	1	0	0	D	0
1	0	0	D	0	0
1	1	D	0	0	0

183

由 2 线–4 线分配器真值表可得 2 线–4 线分配器输出端的逻辑表达式为

$$\begin{cases} Y_0 = \overline{A_1} \cdot \overline{A_0} D \\ Y_1 = \overline{A_1} A_0 D \\ Y_2 = A_1 \overline{A_0} D \\ Y_3 = A_1 A_0 D \end{cases}$$

根据逻辑表达式绘制出 2 线–4 线数据分配器的逻辑电路图，如图 5-87 所示。

若有三个控制端，则可控制 8 路输出，构成 3 线–8 线分配器。把二进制译码器的使能端作为数据输入端，二进制代码输入端作为地址码输入端，则带使能端的二进制译码器就是数据分配器。图 5-88 所示为由 3 线–8 线译码器 74LS138 构成的 8 路数据分配器。其功能请读者自行分析。

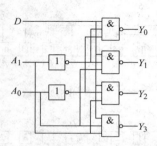

图 5-87　2 线–4 线数据分配器的逻辑图

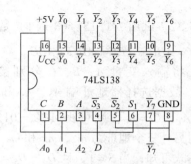

图 5-88　74LS138 型译码器构成的 8 路数据分配器

在实际应用中，数据选择器和数据分配器往往需要配合使用。在数字系统中远距离多路数据传送时，为了减少传输线的数量，发送端通过一条公共传输线用多路数据选择器分时发送数据到接收端，而接收端利用多路数据分配器分时将数据分配给各路接收端，其原理如图 5-89 所示。

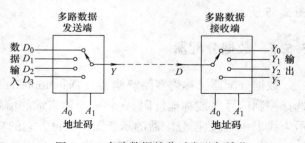

图 5-89　多路数据的分时发送与接收

例 5-38　在如图 5-90 所示的多路数据传输系统中，用 74LS151 和 74LS138 实现从甲地向乙地传送数据。要求实现下列数据传送，则该如何设置 74LS151 和 74LS138 的选择控制端 A_2、A_1 和 A_0？（1）由甲地 d 向乙地 c；（2）由甲地 f 向乙地 d；（3）由甲地 c 向乙地 h。

解：（1）当要求实现由甲地 d 向乙地 c 数据传输时，甲地需选择 D_4 数据，所以 74LS151 的地址端 $A_2 A_1 A_0 = 100$；乙地数据要分配到 c，也就是 $\overline{Y_5}$ 端，所以 74LS138 的地址端 $A_2 A_1 A_0 = 101$。

（2）当要求实现由甲地 f 向乙地 d 数据传输时，甲地需选择 D_2 数据，所以 74LS151 的地址端 $A_2 A_1 A_0 = 010$；乙地数据要分配到 d，也就是 $\overline{Y_4}$ 端，所以 74LS138 的地址端 $A_2 A_1 A_0 = 100$。

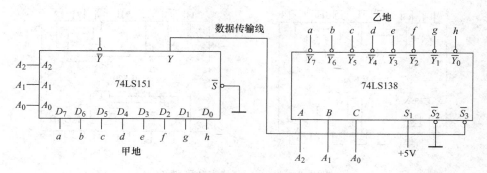

图 5-90　例 5-38 的多路数据传输系统

（3）当要求实现由甲地 c 向乙地 h 数据传输时，甲地需选择 D_5 数据，所以 74LS151 的地址端 $A_2A_1A_0 = 101$；乙地数据要分配到 h，也就是 $\overline{Y_0}$ 端，所以 74LS138 的地址端 $A_2A_1A_0 = 000$。

5.6　实验

5.6.1　实验 1　不同形式逻辑表达式转换的测试

1. 实验目的

1）熟悉基本门电路的逻辑功能。

2）掌握"与""或"逻辑表达式和"与非"形式的逻辑表达式之间的转换。

3）能够按照数字集成器件的引脚图分辨元器件的引脚，掌握数字电子元器件的基本使用方法。

2. 实验设备与器件

1）数字电路实验箱。

2）芯片 74LS00、74LS20（可用与 CMOS 功能相同的集成芯片替换）。

3）逻辑开关信号。

4）逻辑电平显示装置（一组发光二极管指示灯）。

3. 实验内容与步骤

1）了解 74LS00、74LS20 芯片的功能。图 5-91a 所示为 74LS00 与非门集成芯片的引脚图，74LS00 芯片是两输入 4 与非门集成电路，"14"脚接电源，"7"脚接地。图 5-91b 所示为 74LS20 与非门集成芯片的引脚图，74LS20 芯片是四输入 2 与非门集成电路，"14"脚接电源，"7"脚接地。

2）不同形式的逻辑表达式之间的转换，将表达式转换成"与非"形式。例如 $A + B = \overline{\overline{A + B}} = \overline{\overline{A}\,\overline{B}}$。

第一组：$AB = $ _____ ；$AB + \overline{A}\,\overline{B} = $ _____ ；$\overline{A}B + A\overline{B} = $ _____ 。

第二组：$A + B + C = $ _____ ；$AB + AC + BC + CD = $ _____ 。

3）在图 5-92 上画出第一组"与非"表达式的接线图，请根据实际需要选择芯片的个数。

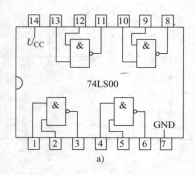 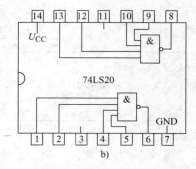

图 5-91　与非门集成芯片引脚图

 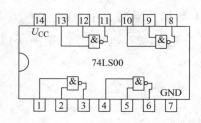 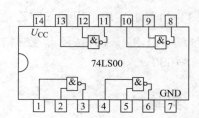

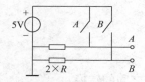

图 5-92　第一组接线图的绘制

4）根据实际电路的需要，将一片或两片 74LS00 芯片安装在集成电路插座上，注意芯片的安装方向不要出错，否则会在接通电路时将芯片烧毁。

5）将电源线和接地线接好，根据接线图完成第一组"与非"逻辑表达式的接线。输入信号由逻辑开关信号送入，输出用逻辑电平指示，灯亮为"1"，灯灭为"0"。

6）将测试结果填入表 5-37 中。

表 5-37　第一组测试结果

输入		输出		
A	B	$AB=$ _____	$AB+\overline{A}\,\overline{B}=$ _____	$\overline{A}B+A\overline{B}=$ _____

7）在图 5-93 上画出第二组"与非"表达式的接线图，请根据实际需要选择芯片的个数。

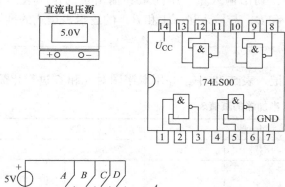
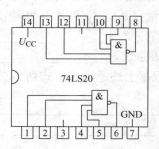
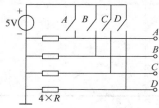

图 5-93　接线图的绘制

8）将电源线和接地线接好，根据接线图完成第一组"与非"逻辑表达式的接线。输入信号由逻辑开关信号送入，输出用逻辑电平指示，灯亮为"1"，灯灭为"0"。

9）自行设计测试数据记录表格，并填写测试数据。

4. 实验注意事项

1）接线完成后需经过带教老师的检查允许后方可通电。

2）集成芯片使用时注意电源极性，应按要求接上电源和接地，否则芯片无法正常工作。

3）通电时接通电源后再接通信号；实验结束或者改接线路时，操作正好相反。

5.6.2　实验2　半加器电路逻辑功能测试

1. 实验目的

1）掌握由基本门电路构成的组合逻辑电路的分析与测试方法。

2）熟悉半加器的工作原理。

3）对半加器的逻辑功能进行测试。

2. 实验设备与器件

1）数字电路实验箱。

2）芯片 74LS00（可用与 CMOS 功能相同的集成芯片替换）。

3）逻辑开关信号。

4）逻辑电平显示装置（一组发光二极管指示灯）。

3. 实验内容与步骤

由与非门构成的半加器逻辑电路图如图 5-94 所示。图中 A 和 B 分别为被加数和加数，C 为半加器进位端输出，S 为半加器和端输出。

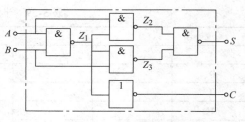

图 5-94　半加器的逻辑电路

187

1）根据给定半加器的组合逻辑电路图，列出输入量、中间量和输出量的逻辑表达式。完成中间量（Z_1、Z_2 和 Z_3）和输出量（S 和 C）与输入量（A 和 B）的逻辑表达式的推导。

中间量：$Z_1 = $ _____；$Z_2 = $ _____；$Z_3 = $ _____。

输出量：$S = $ _____；$C = $ _____。

2）根据上述逻辑表达式列出真值表，记入表 5-38 中，并用卡诺图对 S 和 C 进行化简。

表 5-38　半加器的真值表

输　　入		中　间　量			输　　出	
A	B	Z_1	Z_2	Z_3	S	C

3）选用两片 74LS00 两输入 4 与非门芯片，在图 5-95 中完成图 5-94 所示逻辑电路的接线图的绘制。

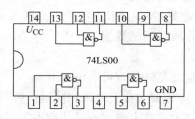

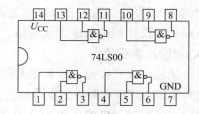

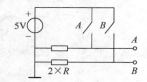

图 5-95　半加器接线图绘制

4）按照半加器接线图完成图 5-95 所示逻辑电路接线，检查无误后通电。注意，输入信号由逻辑开关信号送入，中间量（Z_1、Z_2、Z_3）和输出量（S、C）逻辑功能的测试结果用逻辑电平显示装置显示，灯亮为 "1"，灯灭为 "0"。

5）将测试结果填入表 5-39 中，并将测量数据与表 5-38 进行对比。

表 5-39　半加器逻辑功能测试数据

输　　入		中　间　量			输　　出	
A	B	Z_1	Z_2	Z_3	S	C
0	0					
0	1					
1	0					
1	1					

4. 实验注意事项

1）接线完成后需经过带教老师的检查允许后方可通电。

2）集成芯片使用时注意电源极性，应按要求接上电源和接地，否则芯片无法正常工作。

3）通电时接通电源后再接通信号；实验结束或者改接线路时，操作正好相反。

5.6.3 实验3 组合逻辑电路的设计与测试

1. 实验目的

1）掌握基本门电路组成的组合逻辑电路的设计方法。

2）根据设计要求完成四输入投票电路的设计与安装调试。

3）掌握逻辑功能的测试方法。

2. 实验设备与器件

1）数字电路实验箱。

2）芯片 74LS00、74LS20（可用与 CMOS 功能相同的集成芯片替换）。

3）逻辑开关信号。

4）逻辑电平显示装置（一组发光二极管指示灯）。

3. 实验内容与步骤

1）设计要求：在某资格审批中，有 A、B、C、D 四个评委（对应输入分别为 A、B、C、D）进行投票裁定，其中评委 A、B、C 三人的裁定各计一票，而评委 D 的裁定计两票。现在，要求票数超过半数（即大于或者等于三票）才算资格审批通过，否则资格审批不通过。试选用与非门设计满足要求的组合逻辑电路。

2）逻辑关系分析：假设输入量 A、B、C 和 D，投票赞成，就记为"1"，投票反对记为"0"；输出量（资格审批）结果 Y 通过就记为"1"，不通过记为"0"。根据上述分析填写真值表（见表 5-40）。

表 5-40 投票电路逻辑关系逻辑状态真值表

输	入			输 出	输	入			输 出
A	B	C	D	Y	A	B	C	D	Y

3）根据表 5-40 的数据，用卡诺图对输出量 Y 进行化简，写出 Y 的最简"与非"表达式。

4）选用合适的芯片（建议选用一片 74LS00 和一片 74LS20），完成输出量 Y 的逻辑电路接线图的绘制，如图 5-96 所示。

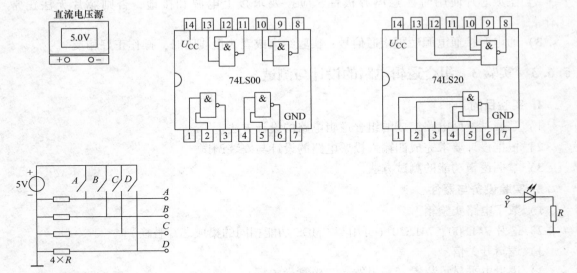

图 5-96　输出量 Y 接线图绘制

5）按照接线图完逻辑电路接线，检查无误后通电。注意，输入信号由逻辑开关信号送入，输出量 Y 逻辑功能的测试结果用逻辑电平显示装置显示，灯亮为 "1"，灯灭为 "0"。

6）观察测试结果是否符合设计要求，如果不符合，检查上述步骤中是否有不正确的地方，找出错误，调试直到电路的功能符合设计要求。

4. 实验注意事项

1）接线完成后需经过带教老师的检查允许后方可通电。

2）集成芯片使用时注意电源极性，应按要求接上电源和接地，否则芯片无法正常工作。

3）通电时接通电源后再接通信号；实验结束或者改接线路时操作正好相反。

知识点梳理与总结

1）模拟信号是一种时间上和数值上都连续的物理量；数字信号是指其变化在时间和数值上都是不连续的，是离散的，可以用二进制数中的 0（逻辑 0）和 1（逻辑 1）来表示。

2）用数字信号完成对数字量进行算术运算和逻辑运算的电路称为数字电路（或数字系统）。由于它具有逻辑运算和逻辑处理功能，所以又称数字逻辑电路。数字电路可以分为组合逻辑电路和时序逻辑电路两大类。

3）数制（Number System）是计数进位的简称。常采用的数制有十进制、二进制、八进制和十六进制等，不同数制之间可以相互转换。

十进制数：由 0、1、2、3、4、5、6、7、8、9 十个数码和一个小数点符号组成，基数是 10，"逢十进一。

二进制数：数码为 0、1，基数是 2，"逢二进一"。

八进制数：数码为0、1、2、3、4、5、6、7，基数是8，"逢八进一"。

十六进制数：数码为0~9、A~F，其中A = 10、B = 11、C = 12、D = 13、E = 14、F = 15，基数是16，"逢十六进一"。

4）数字电路加工和处理的都是脉冲波形，而应用最多的是矩形脉冲，实际脉冲波形的主要参数有脉冲幅度V_m、脉冲上升时间t_r、脉冲下降时间t_f、脉冲宽度t_W、脉冲频率f和占空比δ。

5）逻辑电路是指输入、输出具有一定逻辑关系的电路。门电路就是输入、输出之间按一定的逻辑关系控制信号通过或不通过的电路。基本门电路有与门、或门和非门电路，在此基础上衍生了一些常用的门电路，包括与非门电路、或非门电路、异或门电路、同或门电路等。几种常用门电路的逻辑符号、表达式及功能描述见表5-41。

表5-41 常用门电路的功能对比

名　称	逻辑符号	逻辑表达式	功　能
与门	A —[&]— Y，B	$Y = AB$	有0出0 全1出1
或门	A —[≥1]— Y，B	$Y = A + B$	有1出1 全0出0
非门	A —[1]— Y	$Y = \overline{A}$	有1出0 有0出1
与非门	A —[&]o— Y，B	$Y = \overline{AB}$	有0出0 全1出0
或非门	A —[≥1]o— Y，B	$Y = \overline{A + B}$	有1出0 全0出1
异或门	A —[=1]— Y，B	$Y = \overline{A}B + A\overline{B} = A \oplus B$	相异出1 相同出0
同或门	A —[=1]o— Y，B	$Y = \overline{A}\,\overline{B} + AB = A \odot B$	相异出0 相同出1

6）常用的集成门电路包括TTL和CMOS集成电路，TTL和CMOS电路比较：TTL电路是电流控制器件，而CMOS电路是电压控制器件；TTL电路的速度快、功耗大，CMOS电路的速度慢、功耗低；TTL高电平为3.6~5V，低电平为0~2.4V，CMOS电路输出高电平约为$0.9V_{CC}$，而输出低电平约为$0.1V_{CC}$；TTL电路不使用的输入端悬空为高电平，CMOS电路不使用的输入端不能悬空，否则会造成逻辑混乱；CMOS集成电路电源电压可以在较大范围内变化，对电源的要求不像TTL集成电路那样严格。

7）逻辑代数又称布尔代数，逻辑电路的输出和输入之间的逻辑关系可以用逻辑函数来描述，逻辑乘（与运算）、逻辑加（或运算）、逻辑非（非运算）是逻辑代数中的三种基本运算。常用逻辑代数的基本运算定律见表5-42。基本规则包括代入规则、对偶规则和反演规则。

表 5-42　逻辑代数的基本运算定律

	与	或	非
基本定律	$A \cdot 0 = 0; A \cdot 1 = A$ $A \cdot A = A; A \cdot \overline{A} = 0$	$A + 0 = A; A + 1 = 1$ $A + A = A; A + \overline{A} = 1$	$\overline{\overline{A}} = A$
交换律	$AB = BA; A + B = B + A$		
结合律	$ABC = (AB) \cdot C = A \cdot (BC); A + B + C = A + (B + C) = (A + B) + C$		
分配律	$A(B + C) = AB + AC; A + BC = (A + B)(A + C)$		
反演律(德·摩根律)	$\overline{AB} = \overline{A} + \overline{B}; \overline{A + B} = \overline{A} \cdot \overline{B}$		
吸收律	$A + AB = A; A + \overline{A}B = A + B; A(\overline{A} + B) = AB; (A + B)(A + C) = A + BC$		
冗余律	$A \cdot B + \overline{A} \cdot C + B \cdot C = A \cdot B + \overline{A} \cdot C; A \cdot B + \overline{A} \cdot C + B \cdot C \cdot D = A \cdot B + \overline{A} \cdot C$		

8) 逻辑表达方式之间可以相互转换, 如, 真值表转换成逻辑表达式、由逻辑表达式填写真值表等。逻辑函数的表达方式也有与非表达式、与或表达式、与非-与非表达式等多种不同的形式。

9) 常用逻辑函数的公式化简法包括并项法、吸收法、配项法和消去冗余项法等几种。

10) 对于有 n 个变量的逻辑函数来说, 如在其与或表达式的各个乘积项中, n 个变量都以原变量或反变量的形式出现且仅出现一次, 这样的乘积项称为函数的最小项。

11) 卡诺图化简法在变量较少 (变量≤4) 时, 具有直观、便捷的优点。卡诺图化简法是吸收律 $AB + \overline{A}B = B (A + \overline{A}) = B$ 的直接应用。逻辑函数真值表中的最小项重新排列成矩阵形式, 并且使矩阵的横方向和纵方向的逻辑变量的取值按照格雷码 (Gray 码) 的顺序排列, 这样构成的图形就是卡诺图。

12) 实际应用中经常会遇到这样的问题, 在逻辑函数中的有些变量取值下, 对应的函数值可以是任意的称为任意项, 或者这些变量的组合不允许出现或不可能出现, 其对应的最小项称作约束项。约束项和任意项统称为无关项。无关项在卡诺图的小方格中用符号 "×" 表示, 或者用字母 "d" 表示。

13) 组合逻辑电路是指电路任一时刻的输出状态只取决于该时刻各输入状态的组合, 而与电路的原状态无关。组合逻辑电路的分析过程一般包含以下几个步骤: 根据逻辑图从输入到输出逐级写出逻辑表达式; 根据写出的逻辑表达式进行化简, 得到最简 "与或" 表达式; 根据最简 "与或" 表达式, 写出真值表; 根据真值表和逻辑表达式对逻辑电路进行分析, 最后确定其功能。

14) 组合逻辑电路的设计是将命题规定的逻辑功能抽象和化简, 从而得到满足要求的逻辑电路的过程。组合逻辑电路的设计步骤: 根据逻辑功能列出真值表; 根据真值表写出逻辑函数表达式或画出卡诺图, 并化简成最简的 "与或" 表达式; 由化简后的逻辑表达式, 画出逻辑电路图。

15) 加法器是用来实现二进制加法运算的电路。最低位是两个数相加, 不需要考虑进位, 这种加法电路称为半加器; 其余各位都有一个加数、一个被加数以及低位向本位的进位数, 这三个数相加的电路, 称为全加器。任何位相加的结果都产生两个输出, 一个是本位和, 另一个是向高位的进位。半加器: 被加数 A、加数 B、高位的进位数 C、本位和 S; 全加器: 被加数 A_i、加数 B_i、低位的进位数 C_{i-1}、本位和 S_i、进位数 C_i。

半加器的逻辑表达式为

$$S = \overline{A} \cdot B + A \cdot \overline{B} = A \oplus B$$
$$C = AB$$

全加器的逻辑表达式为

$$S_i = A_i \oplus B_i \oplus C_{i-1}$$
$$C_i = A_i B_i + (A_i \oplus B_i) \ C_{i-1}$$

16）用二进制数码来表示某一对象（如十进制数、字符等）的过程，称为编码。完成这一逻辑功能的逻辑电路称为编码器（Encoder）。优先编码器（Priority Encoder）就是在输入端可以允许多个信号同时输入，但输出信号只能对输入信号中优先等级最高的信号进行编码输出。

17）把具有特定意义信息的二进制代码翻译出来的过程称为译码，实现译码操作的电路称为译码器。译码器是可以把一种代码转换为另一种代码的电路。

18）在数值系统和装置中，常常需要将数字、文字等二进制码翻译显示出来，这种类型的译码器叫作显示译码器。十进制数字通常采用七段显示器来实现，常用的七段显示器有半导体发光二极管（LED）、液晶数码管和荧光数码管等。LED 七段显示器的每一段（$a \sim g$）都是一个发光二极管，电路分为共阴极接法和共阳极接法。

19）数据选择器（Data Selector）又称多路调制器（Multiplexer）、多路开关。它在选择控制信号（或称地址码）作用下，能从多个输入信号中选择一个信号送至输出端输出。

20）数据分配器或称为多路解调器（Demultiplexer）。它的功能是在数据传输过程中，根据选择控制信号（或称地址码），将一个输入端的信号送至多个输出端中的某一个。

思考与练习 5

一、选择题（请将唯一正确选项的字母填入对应的括号内）

5.1　A、B、C 为逻辑变量，以下四个选项中判断不正确的是（　　　）。

（A）若 $1 + A = B$，则 $1 + A + BA = B$

（B）若 $A = B$，则 $AB = A$

（C）若 $AB = AC$，则 $B = C$

（D）若 $A + B = A + C$ 且 $AB = AC$，则 $B = C$

5.2　图 5-97 哪个电路不能实现功能 $Y = \overline{A}$？（　　　）

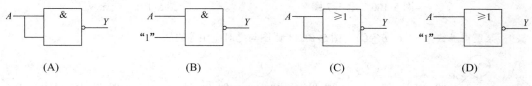

图 5-97　题 5.2 图

5.3　图 5-98 所示为某逻辑门电路的输入量 A、B 以及输出量 Y 的波形图，则该逻辑门是（　　　）。

（A）与门　　　　（B）或非门　　　　（C）与非门　　　　（D）异或门

5.4　在如图 5-99 所示的电路中，由开关 A、B、C，直流电压源 U，限流电阻 R 和指示灯 Y 组成，则

指示灯 Y 和开关 A、B、C 的逻辑关系是（　　）（注：开关 A、B、C 闭合时为 "1"，断开时为 "0"；指示灯 Y 亮时为 "1"，灭时为 "0"）。

（A）$Y = \overline{A} + B \cdot C$ 　　（B）$Y = AB + C$ 　　（C）$Y = (A + B) \cdot C$ 　　（D）$Y = \overline{AB} \cdot C$

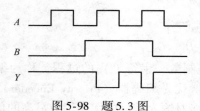 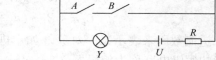

图 5-98　题 5.3 图　　　　　　　　　图 5-99　题 5.4 图

5.5　已知逻辑函数 $Y_1 = (A + A) \oplus A$，$Y_2 = A + (A \oplus A)$，则关于 Y_1 和 Y_2 的判断正确的是（　　）。

（A）$Y_1 = 0$，$Y_2 = 1$ 　　　　　　　　（B）$Y_1 = 1$，$Y_2 = 0$

（C）$Y_1 = A$，$Y_2 = 0$ 　　　　　　　　（D）$Y_1 = 0$，$Y_2 = A$

5.6　已知逻辑变量 A、B 和 C，下面四个选项中逻辑推导正确的是（　　）。

（A）如果 $AB = AC$，那么有 $B = C$ 成立

（B）如果 $A + B = A + C$，那么有 $B = C$ 成立

（C）如果 $A + AB = A + AC$，那么有 $B = C$ 成立

（D）如果 $A \oplus B = A \oplus C$，那么有 $B = C$ 成立

5.7　图 5-100 所示为某组合逻辑电路，则下列选项中输出量 Y 的表达式不正确是（　　）。

（A）$Y = \overline{\overline{AB} + \overline{B} + C}$ 　　　　　　　（B）$Y = A \cdot \overline{B} + \overline{B + C}$

（C）$Y = \overline{B}(A + \overline{C})$ 　　　　　　　　　（D）$Y = \overline{\overline{B} + \overline{A} + C}$

5.8　某逻辑函数 Y 的卡诺图如图 5-101 所示，则选项中的逻辑表达式与之不能对应相等的是（　　）。

（A）$Y = \overline{A \cdot \overline{B} \cdot \overline{C} \cdot \overline{D} + A \cdot B \cdot C \cdot D}$

（B）$Y = A \cdot \overline{B} + B \cdot \overline{C} + C \cdot \overline{D} + D \cdot \overline{A}$

（C）$Y = \overline{A} \cdot B + \overline{B} \cdot C + \overline{C} \cdot D + \overline{D} \cdot A$

（D）$Y = \overline{A} \cdot B + A \cdot \overline{B} + \overline{C} \cdot D + C \cdot \overline{D}$

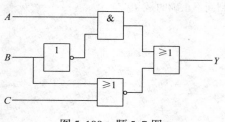 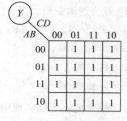

图 5-100　题 5.7 图　　　　　　　　图 5-101　题 5.8 图

5.9　某逻辑函数 $Y = A + (B \oplus C)$，图 5-102 卡诺图与之对应相等的是（　　）。

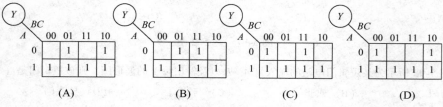

（A）　　　　　　　（B）　　　　　　　（C）　　　　　　　（D）

图 5-102　题 5.9 图

5.10 不能实现逻辑非（即 $Y = \overline{A}$）的电路是（　　）。

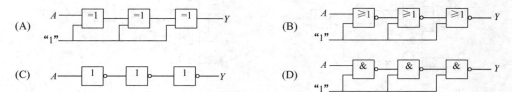

图 5-103　题 5.10 图

5.11 已知逻辑变量 A、B 和 C，下面四个选项中逻辑等式正确的是（　　）。

（A）$(A \cdot B) \oplus C = (A \oplus C) \cdot (B \oplus C)$　　　　（B）$(A \oplus B) + C = (A + C) \oplus (B + C)$

（C）$(A + B) \cdot C = (A \cdot C) + (B \cdot C)$　　　　（D）$(A + B) \oplus C = (A \oplus C) + (B \oplus C)$

二、解答题

5.12 将十进制数 $(18.625)_{10}$ 转换成二进制数、八进制数和十六进制数。

5.13 将十六进制数 $(AF2.B7)_{16}$ 转换成十进制数。

5.14 将二进制数 $(01101011.010101)_2$ 转换成八进制数和十六进制数。

5.15 图 5-104 所示电路均为 TTL 电路，试问各电路能否实现给定逻辑功能？如有错误，请加以改正。

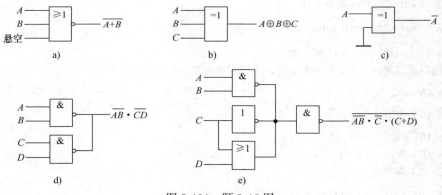

图 5-104　题 5.15 图

5.16 在如图 5-105a~b 所示两个电路中，当控制端信号 $\overline{E} = 1$ 和 $\overline{E} = 0$ 时，试求输出 Y 的波形，输入 A 和 B 的波形如图 5-105c 所示。

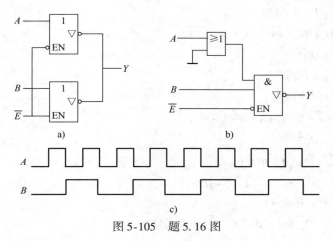

图 5-105　题 5.16 图

195

5.17 写出图 5-106 所示电路输出端的逻辑表达式。

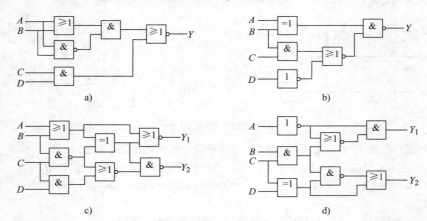

图 5-106 题 5.17 图

5.18 画出下列逻辑函数的电路图。

(1) $Y = AB(C + \bar{A}) + \bar{B} \cdot \bar{C} \cdot D + \bar{A}C$

(2) $Y = \overline{(A + B)\bar{C}} \oplus \overline{AC} + BCD + \bar{A}C$

(3) $Y = AB\overline{CD} + \overline{ABC} + \overline{\overline{AD} + B\bar{C}}$

(4) $Y = \overline{\overline{A\overline{BC}} + (A \oplus B)C + A(\bar{B}C + \overline{AD})}$

5.19 用与非门实现下列逻辑函数，并画出逻辑电路图。

(1) $Y = AB + \bar{B}C$

(2) $Y = AC + B\bar{C} + \bar{A}CD$

(3) $Y = AB\bar{C} + \bar{B}C + BC\bar{D}$

(4) $Y = AB + BC + CD + DA$

5.20 证明下列等式：

(1) $A\bar{B} + B\bar{C} + C\bar{A} = \bar{A}B + \bar{B}C + \bar{C}A$

(2) $A \oplus \bar{B} = \bar{A} \oplus B = \overline{A \oplus B}$

5.21 用逻辑代数法化简下列逻辑函数：

(1) $Y = \overline{\overline{A\bar{B}} + ABC} + A \ (B + A\bar{B})$

(2) $Y = A\bar{B}(C + D) + B\bar{C} + \bar{A}\bar{B} + \bar{A}C + BC + \bar{B}\bar{C}D$

(3) $Y = ABC + A\bar{B} + AB\bar{C}$

(4) $Y = ABC + \bar{A} + \bar{B} + \bar{C} + D$

5.22 用卡诺图化简下列函数：

(1) $Y = A + \bar{A} \cdot B + \bar{A} \cdot \bar{B} \cdot C + \bar{A} \cdot \bar{B} \cdot \bar{C} \cdot D$

(2) $Y = AB + \bar{A}BC + \bar{A}B\bar{C}$

(3) $Y = AD + B \cdot \bar{C} \cdot \bar{D} + (\bar{A} + \bar{B})\bar{C}$

(4) $Y = A\bar{B}C + (\bar{B} + C)(\bar{B} + \bar{D}) + \overline{A + C + D}$

5.23 用卡诺图化简下列函数：

(1) $Y(A, B, C, D) = \sum m(1, 3, 6, 7) + \sum d(4, 9, 11)$

(2) $Y(A,B,C,D) = \sum m(0,2,9,10,13) + \sum d(1,3,8)$

(3) $Y(A,B,C,D) = \sum m(1,4,7,10,13) + \sum d(5,14,15)$

(4) $Y(A,B,C,D) = \sum m(3,4,6,7,8,9) + \sum d(2,5,10,13)$

5.24 组合逻辑电路如图 5-107 所示，要求：

(1) 试分析该电路的逻辑功能。

(2) 设计出用与非门实现该逻辑功能的电路。

5.25 图 5-108 所示为一密码锁控制电路。开锁条件：拨对密码；钥匙插入锁眼将开关 S 闭合。当两个条件同时满足时，开锁信号 Y_0 为 1，将锁打开；否则，报警信号 Y_1 为 1，接通警铃。要求：

(1) 写出开锁信号 Y_0 和报警信号 Y_1 的逻辑表达式。

(2) 试分析出开锁密码 $ABCD$。

5.26 某组合逻辑电路如图 5-109 所示，要求：

(1) 写出输出量 Y 的逻辑表达式。

(2) 试分析该逻辑电路的逻辑功能。

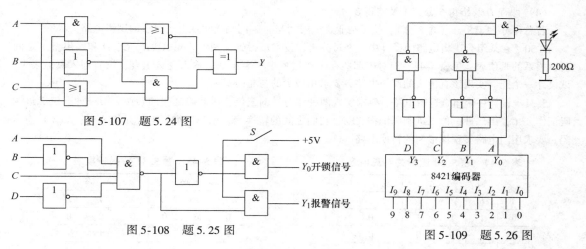

图 5-107　题 5.24 图

图 5-108　题 5.25 图

图 5-109　题 5.26 图

5.27 在图 5-110 中，若 u_i 为正弦电压，其频率 f 为 1Hz，试问七段 LED 数码管显示什么字符？

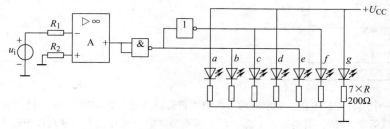

图 5-110　题 5.27 图

5.28 人类有四种血型：A、B、AB 及 O 型。输血时，输血者与受血者必须遵守规定，否则会有生命危险。其规定见表 5-43。假设变量 S_1、S_0 的不同组合表示输血者的血型，其中 $\overline{S_1} \cdot \overline{S_0}$ 为 A 型，$\overline{S_1} \cdot S_0$ 为 B 型，$S_1 \cdot S_0$ 为 AB 型，$S_1 \cdot \overline{S_0}$ 为 O 型。而 T_1、T_0 的不同组合表示受血者的血型，其中 $\overline{T_1} \cdot \overline{T_0}$ 为 A 型，$\overline{T_1} \cdot T_0$ 为 B 型，$T_1 \cdot T_0$ 为 AB 型，$T_1 \cdot \overline{T_0}$ 为 O 型。输出量 Y 表示是否符合规定，符合时，$Y = 1$，否则 $Y = 0$。要求：

(1) 分析并写出逻辑函数 Y 的卡诺图。

（2）化简逻辑函数 Y。

（3）用与非门实现化简后的逻辑函数 Y。

表 5-43　题 5.28 受血者血型接受输血者血型的规定

输血者血型	受血者血型				说　明
A	A		AB		A 型血可输给 A 及 AB 血型者
B		B	AB		B 型血可输给 B 及 AB 血型者
AB			AB		AB 型血可输给 AB 血型者
O	A	B	AB	O	O 型血可输给 A、B、AB 及 O 血型者

5.29　某同学参加四门课程考试，规定如下：

（1）课程 A 及格得 1 分，不及格得 0 分。

（2）课程 B 及格得 2 分，不及格得 0 分。

（3）课程 C 及格得 4 分，不及格得 0 分。

（4）课程 D 及格得 5 分，不及格得 0 分。

若总得分大于 8 分（含 8 分），就可结业。试用"与非"门画出实现上述要求的逻辑电路。

5.30　在某组合逻辑电路的设计中，经过分析，技术员得到反映输入量 A、B、C、D 和输出量 Y 之间逻辑关系的真值表，见表 5-44，但对于那些在工作过程中不会出现的输入变量组合，没有列入真值表中。试设计一个能够实现该真值表的逻辑电路，要求用最少的与非门实现。

5.31　设计一个组合逻辑电路，要求实现两种无符号的三位二进制码之间的转换。第一种三位二进制码记作 ABC，第二种三位二进制码记作 XYZ，它们之间的转换表，见表 5-45。ABC 是输入码，XYZ 是输出码。要求用门电路实现该最简的转换电路。

表 5-44　题 5.30 逻辑关系真值表

输　　入				输　出
A	B	C	D	Y
0	1	0	1	0
0	1	1	0	0
0	1	1	1	1
1	0	0	1	0
1	0	1	0	0
1	0	1	1	1
1	1	0	1	1
1	1	1	0	1
1	1	1	1	1

表 5-45　题 5.31 数码转换表

输入码			输出码		
A	B	C	X	Y	Z
0	0	0	0	0	0
0	0	1	0	1	1
0	1	0	0	1	0
0	1	1	0	0	1
1	0	0	1	0	0
1	0	1	1	0	1
1	1	0	1	1	1
1	1	1	1	0	1

5.32　设计一个组合逻辑电路，要求对两个两位无符号的二进制数 AB 和 CD，进行大小比较。如果 AB 不小于（即大于或等于）CD，则输出端 Y 为"1"；否则为"0"。试用与非门实现该逻辑电路。

5.33　试设计一个用 74LS138 型译码器监测信号灯工作状态的电路。信号灯有红（A）、黄（B）、绿（C）三种。正常工作时，只能是红或绿，红黄或黄绿灯亮，电路不报警，即报警输出 $Y = 0$，其他情况视为故障，电路报警，报警输出 $Y = 1$。试画出接线图。

5.34　试用一片双 2 线–4 线译码器 74LS139 构成一个 3 线–8 线译码器 74LS138，并画出接线图。

5.35　试用一片 4 选 1 数据选择器 74LS153 实现函数 $Y = A + BC + \overline{A}B\overline{C}$，并画出接线图。

5.36　试用一片 4 选 1 数据选择器 74LS153 构成一个全加器，并画出接线图。

第6章 触发器和时序逻辑电路

教学导航

在实际应用中，数字系统不仅包括各种组合逻辑门电路，还包括许多需要有"记忆"功能的触发器（Flip – Flop），由这些触发器可以构成时序逻辑电路。所谓时序逻辑电路，就是电路的输出状态不仅与输入状态有关，还与电路输出端原来的状态有关。触发器是时序逻辑电路的一个重要构成部分，根据触发器的逻辑功能不同分为 RS 触发器、JK 触发器、T 触发器和 D 触发器等几种类型，基本 RS 触发器的结构形式简单，许多结构复杂的触发器都是在基本 RS 触发器的基础上发展而来的。

教学目标

1）了解基本 RS 触发器、可控 RS 触发器、JK 触发器和 D 触发器的电路组成，理解并掌握上述触发器的逻辑功能。

2）能够完成触发器逻辑功能的转换。

3）理解并掌握时序逻辑电路的分析和设计方法。

4）理解寄存器和计数器的分类和工作原理。

5）理解并掌握 555 定时器的组成及应用。

6.1 触发器

6.1.1 RS 触发器

1. 基本 RS 触发器

把两个与非门 G_1、G_2 的输入、输出端交叉连接，即可构成基本 RS 触发器，其电路结构如图 6-1 所示。它有两个输入端：直接复位（或置"0"）输入端 $\bar{R}$、直接置位（或置"1"）输入端 $\bar{S}$；两个互补输出端 Q 及 $\bar{Q}$。一般规定用 Q 的状态表示触发器的状态。

触发器有两个稳定状态：一个是当 $Q = 0$、$\bar{Q} = 1$ 时，称为触发器的"0"态，或称复位状态；另一个是当 $Q = 1$、$\bar{Q} = 0$ 时，称为触发器的"1"态，或称置位状态。触发器的状态由 $\bar{R}$ 和 $\bar{S}$ 的状态决定。$\bar{R}$ 和 $\bar{S}$ 上的横线表示低电平有效，在如图 6-2 所示的逻辑符号中，输入端引线和方框交界处加一个小圆圈也表示低电平有效。

图 6-1　基本 RS 触发器电路结构

在分析基本 RS 触发器的逻辑功能时，先假设加在 $\overline{R}$ 和 $\overline{S}$ 端的低电平信号有效时间大于两个门的延迟时间之和，这是为了保证触发器可靠的翻转，输入信号宽度 t_W 应满足 $t_W \geqslant 2t_{pd}$，以使与非门翻转且对另一门形成反馈。

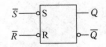

图 6-2　基本 RS 触发器的逻辑符号

1）当 $\overline{S} = \overline{R} = 1$ 时，触发器输出 Q（$\overline{Q}$）保持不变。假设触发器的初始状态为 $Q = 1$、$\overline{Q} = 0$，即 1 态。在图 6-1 中的与非门 G_1 的输入为 $\overline{S}$ 和 $\overline{Q}$，此时 $\overline{S} = 1$、$\overline{Q} = 0$，故 G_1 的输出 $Q = 1$。对与非门 G_2 而言，它的输入为 $\overline{R}$ 和 Q，此时 $\overline{R} = 1$ 和 $Q = 1$，故 G_2 的输出 $\overline{Q} = 0$。可见，触发器输出 Q（$\overline{Q}$）保持不变。同理，假设触发器初始状态为 $Q = 0$、$\overline{Q} = 1$，即 0 态，当输入 $\overline{R} = \overline{S} = 1$ 时，触发器输出 Q（$\overline{Q}$）也保持不变。

2）当 $\overline{S} = 1$、$\overline{R} = 0$ 时，$\overline{Q} = 1$、$Q = 0$。此时触发器处于稳定的"0"态，称为置"0"。

3）当 $\overline{S} = 0$、$\overline{R} = 1$ 时，$\overline{Q} = 0$、$Q = 1$。此时触发器处于稳定的"1"态，称为置"1"。

4）当 $\overline{S} = \overline{R} = 0$ 时，$Q = \overline{Q} = 1$。此时违背了触发器输出 Q 和 $\overline{Q}$ 是互补关系的规定。在这种情况下，如果 $\overline{S}$ 和 $\overline{R}$ 继续由"0"同时跳变为"1"，即 $\overline{S} = \overline{R} = 1$，触发器输出 Q 的新状态将无法判定。这是因为当 $\overline{S}$ 和 $\overline{R}$ 同时由"0"跳变为"1"时，如果与非门 G_1 的传输延迟 t_{pd1} 大于与非门 G_2 的传输延迟 t_{pd2}，则 G_2 的输出抢先变为"0"，结果变成了 $Q = 1$、$\overline{Q} = 0$；反之，则变成了 $Q = 0$、$\overline{Q} = 1$。我们对两个门传输延迟的大小关系不清楚，因此无法判定触发器的新状态。把这种无法判定新状态的情况称为状态不确定。不确定状态是禁止使用的。

设 Q^n 为基本 RS 触发器原来的状态，称为原态或现态；Q^{n+1} 为其后一个新状态，称为次态或新态。上述四种情况用表 6-1 所示的逻辑状态表来说明。

表 6-1　由两个与非门构成的基本 RS 触发器的逻辑状态表

$\overline{S}$	$\overline{R}$	Q^n	Q^{n+1}	$\overline{Q^{n+1}}$	功　能
0	0	0	×	×	不定
		1	×	×	（禁用）
0	0	0	1	0	置位
		1	1	0	
1	0	0	0	1	复位
		1	0	1	
1	1	0	0	1	保持
		1	1	0	

根据状态表绘制卡诺图，如图 6-3 所示。

描述触发器次态 Q^{n+1} 和原态 Q^n 关系的方程称作触发器的状态方程或特性方程，基本 RS 触发器的状态方程为：

$$\begin{cases} Q^{n+1} = \overline{\overline{S}} + \overline{R}Q^n = S + \overline{R}Q^n \\ \overline{R} + \overline{S} = 1 \end{cases} \quad (\text{约束条件}) \tag{6-1}$$

描述触发器的状态转换关系及转换条件的图形称为状态图。根据状态表状态方程可得到基本 RS 触发器状态图，如图 6-4 所示。

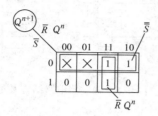

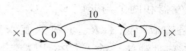

图 6-3　基本 RS 触发器卡诺图　　　　图 6-4　基本 RS 触发器状态图

当触发器处在 0 状态，即 $Q^n = 0$ 时，若输入信号 $\overline{R}\,\overline{S} = 01$ 或 11，则触发器仍为 "0" 状态；若 $\overline{R}\,\overline{S} = 10$，则触发器就会翻转成为 "1" 状态。

当触发器处在 "1" 状态，即 $Q^n = 1$ 时，若输入信号 $\overline{R}\,\overline{S} = 10$ 或 11，则触发器仍为 "1" 状态；若 $\overline{R}\,\overline{S} = 01$，则触发器就会翻转成为 0 状态。

同样，也可用图 6-5 所示的波形图来说明由两个与非门组成的基本 RS 触发器的逻辑功能，其中基本 RS 触发器输出 Q 的初态为 "0"。

由以上分析可得基本 *RS* 触发器的特点如下：

1）触发器的次态不仅与输入信号状态有关，而且与触发器的现态有关。

2）电路具有两个稳定状态，在无外来触发信号作用时，电路将保持原状态不变。

3）在外加触发信号有效时，电路可以触发翻转，实现置 "0" 或置 "1"。

4）在稳定状态下，两个输出端的状态和必须是互补关系，即有约束条件。

常见的集成基本 RS 触发器有 74LS279、CC4044 等，图 6-6a 所示为 74LS279 引脚图，图 6-6b 所示为 CC4044 引脚图。

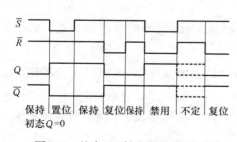

图 6-5　基本 RS 触发器的波形图

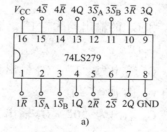

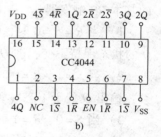

a)　　　　　　　　　　b)

图 6-6　常见的集成基本 RS 触发器引脚图

2. 同步 RS 触发器（时钟脉冲控制的 RS 触发器）

前面介绍的基本 RS 触发器的触发翻转过程直接由输入信号控制，而实际上常常要求系统中的各触发器在规定的时刻按各自输入信号所决定的状态同步触发翻转，这个时刻可由外加的时钟脉冲（Clock Pulse, CP）来决定。这就需要用一个时钟脉冲控制端，使系统中的触发器状态改变能与时钟同步，以便和系统中其他电路同步操作。同步 RS 触发器就是受一个信号 CP 控制，状态的改变与 CP 同步的触发器，触发器的次态由 R、S 输入端的信号状态决定，状态改变的时间由脉冲信号 CP 控制。

同步 RS 触发器的电路结构如图 6-7a 所示，同步 RS 触发器的逻辑符号如图 6-7b 所示。

同步 RS 触发器由与非门 G_1、G_2 组成的基本 RS 触发器和两个与非门 G_3、G_4 组成的控制电路构成。除了 R、S 两个输入端信号外，还有时钟信号输入 CP，以控制

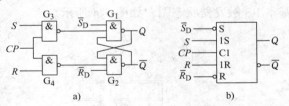

图 6-7　同步 RS 触发器电路结构及逻辑符号

G_3 和 G_4。$\overline{S}_D$ 为低电平有效的直接置位端信号和 $\overline{R}_D$ 为低电平有效的直接复位端信号，它们一般在工作之初，用来预置触发器的初始状态，而在工作过程中一般不用。不用时，让它们处于"1"态（高电平）。使用 $\overline{S}_D$ 和 $\overline{R}_D$ 进行置位或复位时，不受 CP、R 和 S 的影响，具有最优先权。

当施加的时钟脉冲 $CP=0$ 时，封锁控制电路的与非门 G_3 和 G_4，无论 R、S 信号如何，G_3 和 G_4 的输出均为"1"。根据基本 RS 触发器的逻辑关系，触发器输出 Q 的状态不会变化。

当 $CP=1$（即出现正脉冲）时，打开与非门 G_3 和 G_4，输入 R、S 的状态通过控制电路可以影响 Q 的状态。所谓同步 RS 触发器，就是它的状态（输出 Q）只有在时钟脉冲出现（$CP=1$）时才随着输入 R 和 S 的状态而变化，从而系统可以通过时钟脉冲实现对触发器状态变化时刻的控制。由于它的状态变化时刻与 CP 同步控制，因而又称为可控 RS 触发器。

下面分析 $CP=1$（即出现正脉冲）时，输入 R 和 S 是如何影响输出 Q 的状态的。假定用 Q^n 和 Q^{n+1} 分别表示时钟脉冲 CP 出现前后 Q 的状态：

当 $CP=1$ 时，门 G_3 和 G_4 打开，R、S 输入信号经 G_3 和 G_4 后作用于由门 G_1 和 G_2 组成的基本 RS 触发器。

1）当 $R=S=0$ 时，G_3 和 G_4 的输出均为"1"，根据基本 RS 触发器的逻辑关系，输出 Q 的状态保持不变，即 $Q^{n+1}=Q^n$。

2）当 $S=1$、$R=0$ 时，G_4 输出为"1"，G_3 输出为"0"，根据基本 RS 触发器的逻辑关系，输出 Q 处于 1 态（置1），即 $Q^{n+1}=1$。

3）当 $S=0$、$R=1$ 时，G_4 输出为"0"，G_3 输出为"1"，根据基本 RS 触发器的逻辑关系，输出 Q 处于 0 态（置0），即 $Q^{n+1}=0$。

4）当 $S=R=1$ 时，G_3 和 G_4 的输出均为"0"，根据基本 RS 触发器的逻辑关系，输出 Q 和 $\overline{Q}$ 不再满足互补关系，而是同为"1"。如果 CP 为正脉冲或 R、S 同时恢复到"0"时，Q^{n+1} 的状态不确定，这种情况是禁止使用的。

由以上分析可得，同步 RS 触发器的逻辑状态表见表 6-2。

表 6-2　同步 RS 触发器的逻辑状态表

CP	S	R	Q^n	Q^{n+1}	$\overline{Q^{n+1}}$	功　能
0	×	×	0	0	1	保持
			1	1	0	
1	0	0	0	0	1	保持
	0	0	1	1	0	
	0	1	0	0	1	复位
	0	1	1	0	1	
	1	0	0	1	0	置位
	1	0	1	1	0	
	1	1	0	0	1	不定
	1	1	1	1	0	（禁用）

由同步 RS 触发器的状态表可求得同步 RS 触发器的状态方程为：

$$\begin{cases} Q^{n+1} = \overline{R} \cdot \overline{S} \cdot Q^n + S = S + \overline{R}Q^n & （CP=1 \text{ 时有效}） \\ RS = 0 & （约束条件） \end{cases} \tag{6-2}$$

图 6-8 所示为同步 RS 触发器在初态 $Q=0$ 时的波形图。

同步 RS 触发器增加了时钟脉冲，即在翻转时间上进行了控制，希望触发器在时钟脉冲到来时才翻转。但在 $CP=1$ 期间，如 R、S 信号发生变化，则可能引起触发器翻转两次或两次以上，称为空翻。所以使用同步 RS 触发器一般要求在 $CP=1$ 期间，R 和 S 信号不能发生变化。同步 RS 触发器空翻现象如图 6-9 所示。

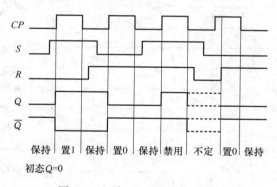

图 6-8　初态 $Q=0$ 时的波形图

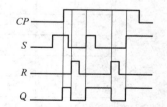

图 6-9　同步 RS 触发器空翻现象

6.1.2　JK 触发器

1. 同步 JK 触发器

基本 RS 触发器和同步 RS 触发器都存在禁用的情况，JK 触发器的电路结构如图 6-10 所示，由与非门 G_1、G_2 组成的基本 RS 触发器和两个与非门 G_3、G_4 组成的控制电路构成。除了同步 RS 触发器的 S 用 J 与 $\overline{Q}$ 替代，R 用 K 与 Q 替代外，还有时钟信号输入 CP，同时控制 G_3 和 G_4。$\overline{S}_D$ 为低电平有效的直接置位端信号和 $\overline{R}_D$ 为低电平有效的直接复位端信号，它们一般在工作之初，用来预置触发器的初始状态，而在工作过程中一般不用。不用时，让它们处于 1 态（高电平）。使用 $\overline{S}_D$ 和 $\overline{R}_D$ 进行置位或复位时，不受 CP、J 和 K 的影响，具有最优先权。

同步 JK 触发器的逻辑符号如图 6-11 所示。

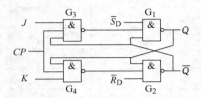

图 6-10　JK 触发器的电路结构

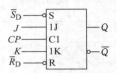

图 6-11　JK 触发器的逻辑符号

$CP = 1$ 期间，将 $S = J\,\overline{Q^n}$、$R = KQ^n$ 带入同步 RS 触发器的特性方程，可得 JK 触发器的状态方程为

$$Q^{n+1} = S + \overline{R}Q^n = J\,\overline{Q^n} + \overline{KQ^n}\,Q^n$$
$$= J\,\overline{Q^n} + \overline{K}Q^n \tag{6-3}$$

根据该状态方程可得出 JK 触发器的逻辑状态表（见表 6-3）。

表 6-3　同步 JK 触发器的逻辑状态表

CP	J	K	Q^n	Q^{n+1}	$\overline{Q^{n+1}}$	功　能
0	×	×	0	0	1	保持
			1	1	0	
1	0	0	0	0	1	保持
	0	0	1	1	0	
	0	1	0	0	1	复位
	0	1	1	0	1	
	1	0	0	1	0	置位
	1	0	1	1	0	
	1	1	0	1	0	翻转
	1	1	1	0	1	

根据 JK 触发器的逻辑状态表可知，当 $CP = 1$（即出现正脉冲）时，输入 J 和 K 是如何影响输出 Q 的状态的，假定用 Q^n 和 Q^{n+1} 分别表示时钟脉冲 CP 出现前后 Q 的状态：

1）当 $J = K = 0$ 时，输出 Q 的状态保持不变，即 $Q^{n+1} = Q^n$。

2）当 $J = 1$、$K = 0$ 时，输出 Q 处于 1 态（置"1"），即 $Q^{n+1} = 1$。

3）当 $J = 0$、$K = 1$ 时，输出 Q 处于 0 态（置"0"），即 $Q^{n+1} = 0$。

4）当 $J = K = 1$ 时，输出 Q 的状态翻转，即 $Q^{n+1} = \overline{Q^n}$。

根据逻辑状态表和状态方程可得到 JK 触发器状态图如图 6-12 所示。

当触发器处在"0"态，即 $Q^n = 0$ 时，若输入信号 $J = 0$，则触发器仍为 0 态；若 $J = 1$，则触发器就会翻转成为"1"态。

当触发器处在"1"态，即 $Q^n = 1$ 时，若输入信号 $K = 0$，则触发器仍为 1 态；若 $K = 1$，则触发器就会翻转成为"0"态。

同样，也可用图 6-13 所示的波形图来说明 JK 触发器的逻辑功能，其中 JK 触发器输出 Q 的初态为"0"。

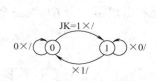

图 6-12　JK 触发器状态图

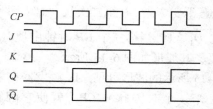

图 6-13　基本 JK 触发器的波形图

2. 边沿 JK 触发器

同步 JK 触发器解决了基本 RS 触发器和同步 RS 触发器都存在禁用的情况，但从图 6-13 中仍可看出触发器在 $CP = 1$ 期间有空翻问题。如图 6-14a 所示，采用两个同步 RS 触发器串联组成的主从型 JK 触发器不仅可以避免禁用情况的出现，而且可避免触发器在 $CP = 1$ 期间的空翻问题。图 6-14b 所示为下降沿翻转的主从型 JK 触发器的逻辑符号。

在如图 6-14a 所示的电路中，FF_1 称为主触发器，输入信号从 FF_1 输入；FF_2 称为从触发器，输出状态从 FF_2 输出；主触发器的输出信号是从触发器的输入信号，从触发器的输出状态将由主触发器的状态来决定。时钟脉冲 CP 通过一个反相器提

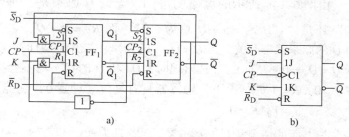

图 6-14　主从型 JK 触发器

供一个互补的时钟信号，当 $CP = 1$ 时，$CP_1 = 1$ 而 $CP_2 = 0$，先使主触发器的 Q_1 和 $\overline{Q}_1$ 由 S_1 和 R_1 的状态决定翻转，而从触发器的状态 Q 不会变化。当 $CP = 0$ 时，$CP_1 = 0$ 而 $CP_2 = 1$，情况正好与刚才相反，主触发器的状态 Q_1 不会变化，而从触发器的状态 Q 由 S_2 和 R_2 来决定翻转。由于 S_2 和 R_2 直接与 Q_1 和 $\overline{Q}_1$ 相连，因而 Q 的状态由 Q_1 和 $\overline{Q}_1$ 决定，根据可控 RS 触发器的逻辑状态表可知，Q 必等于 Q_1，也就是说，Q 随着 Q_1 变化。时钟先使主触发器翻转，而后使从触发器翻转，故这种结构的 JK 触发器叫作主从型 JK 触发器。

J 和 K 是输入信号，它们分别与 $\overline{Q}$ 和 Q 构成与逻辑关系，成为主触发器的 S、R 端，其逻辑关系式为，$S_1 = J \cdot \overline{Q}$，$R_1 = K \cdot Q$。

在工作时，先通过 $\overline{R}_D$ 负脉冲使 $Q = 0$、$\overline{Q}_1 = 1$，当 $CP = 0$ 时，$CP_1 = 0$，Q_1 状态不变，而 $CP_2 = 1$，Q 的状态与 Q_1 的状态一致，即 Q 的初始值为"0"，而 $\overline{Q}$ 为"1"。即预置触发器的初始状态为"0"。

（1）$J = 1$，$K = 1$

当出现第一个 CP 脉冲时，$CP = 1$，此时 $S_1 = J \cdot \overline{Q} = 1$，$R_1 = K \cdot Q = 0$，使 $Q_1 = 1$、$\overline{Q}_1 = 0$，而 Q 和 $\overline{Q}$ 保持原来的"0"状态不变。当 CP 从"1"下跳为"0"，$CP_1 = 0$，Q_1 和 $\overline{Q}_1$ 保持不变，$CP_2 = 1$，Q 随 Q_1 变化，即 $Q = Q_1 = 1$、$\overline{Q} = 0$；当出现第二个 CP 时，$CP = 1$，Q_1 的状态要发生变化，由于此时，$S_1 = J \cdot \overline{Q} = 0$、$R_1 = K \cdot Q = 1$，则 $Q_1 = 0$、$\overline{Q}_1 = 1$，Q 和 $\overline{Q}$ 状态保持"1"状态不变。当 CP 第二次从"1"下跳到"0"时，Q_1 和 $\overline{Q}_1$ 不变，Q 随 Q_1 变化，即 $Q = Q_1 = 0$、$\overline{Q}_1 = 1$；当第三个 CP 时钟出现时，工作情况和出现第一个 CP 时完全一样，以后不断重复，其波形如图 6-15 所示。

从图 6-15 所示的波形可见，JK 触发器在 $J = K = 1$ 的情况下，来一个时钟脉冲 CP，就使它翻转一次，而且其状态总与 CP 来之前的状态相反，即 $Q^{n+1} = \overline{Q^n}$。这表明，在这种情况下，Q 的翻转次数等于 CP 来的个数，因而 JK 触发器具有计数（即翻转）功能。从波形不难看出 JK 触发器是一个在 CP 下降沿翻转的触发器。

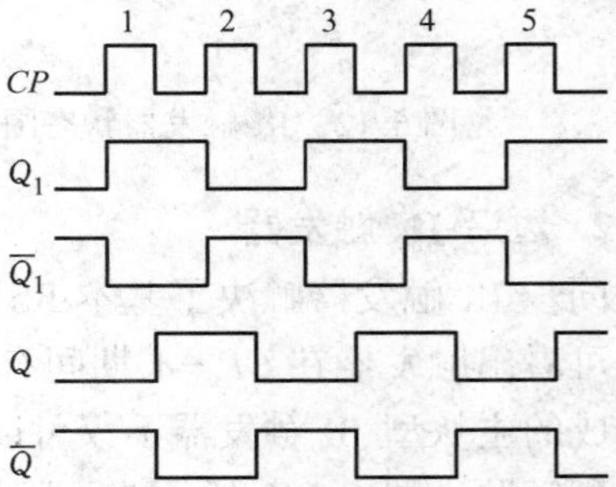

图 6-15 $J = 1$，$K = 1$ 时触发器的波形图

（2）$J = 0$，$K = 1$

由图 6-14a 所示的电路图可知，无论 Q 原来是"0"还是"1"，$S_1 = J \cdot \overline{Q}$ 总为"0"，而 $R_1 = K \cdot Q$ 与 Q 的原来状态有关。当 $Q = Q_1 = 1$、$R_1 = 1$，出现 CP 时，$Q_1 = 0$，CP 出现过后，$Q = Q_1 = 0$；当 $Q = Q_1 = 0$，$R_1 = 0$，CP 出现时，Q_1 和 Q 的状态均不会变化，仍保持原来的 0 态。可见，在 $J = 0$，$K = 1$ 的情况下，触发器具有复位（即置0）功能。

（3）$J = 1$，$K = 0$

与上面的情况相反，$R_1 = K \cdot Q$ 总是为"0"，而 $S_1 = J \cdot \overline{Q}$ 其值与 Q 的原状态有关。当 $Q = Q_1 = 0$、$\overline{Q} = 1$ 时，若 $S_1 = 1$、$CP = 1$，则 $Q_1 = 1$，CP 过后 $CP = 0$，则 $Q = Q_1 = 1$；当 $Q = Q_1 = 1$、$\overline{Q} = 0$ 时，$S_1 = 0$，出现 CP 时，Q_1 和 Q 的状态不会变化，保持原来的 1 态。可见，在 $J = 1$，$K = 0$ 的情况下，触发器具有置位（即置1）功能。

（4）$J = 0$，$K = 0$

此时，无论原来的 Q 的状态如何，S_1 与 R_1 都为"0"，故 $CP = 1$ 时，主触发器的 Q 状态不变，CP 过后，从触发器状态也不会发生改变，即 $Q^{n+1} = Q^n$，触发器具有保持（即记忆）功能。

由以上分析可知，主从型边沿 JK 触发器分两步工作：

第一步，在 $CP = 1$ 期间，输入信号 J 和 K 的状态被保存在主触发器 FF_1 中，从触发器 FF_2 由于被封锁而维持原来状态不变。

第二步，当 CP 的下降沿到来时，主触发器 FF_1 的输出控制从触发器 FF_2 翻转后的状态，而主触发器 FF_1 被封锁，使输出状态稳定，免受输入信号的影响。值得注意的是，这种主从型 JK 触发器，在 $CP = 1$ 期间，主触发器 FF_1 需要保持 CP 上升沿作用后的状态不变。

因此，在 $CP = 1$ 期间，J 和 K 的状态必须保持不变。

此外，主从型 JK 触发器具有在 CP 从 "1" 下降到 "0" 时翻转的特点，因此在图 6-14b 表示的逻辑符号中，CP 端处的小圆圈和三角表示输出 Q 的状态在时钟脉冲 CP 的下降沿翻转。

为了满足实际的应用，也有上升沿翻转的主从型 JK 触发器，其逻辑符号如图 6-16 所示，而且还有多输入结构的 JK 触发器，图 6-17 所示为各输入端之间是与逻辑关系的 JK 触发器，其中，$J = J_1 \cdot J_2$，$K = K_1 \cdot K_2$。

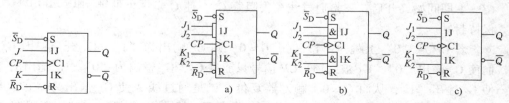

图 6-16　上升沿翻转的 JK 触发器的逻辑符号　　　图 6-17　多输入结构的 JK 触发器的逻辑符号

图 6-18 所示为主从型边沿 JK 触发器的波形图。

边沿 JK 触发器的特点如下：

1）边沿触发，即 CP 边沿到来时，状态发生翻转。无同步触发器的空翻现象。

2）功能与同步 JK 触发器相同，使用方便灵活。

3）抗干扰能力极强，工作速度很高。

74LS112 为 CP 下降沿触发集成边沿 JK 触发器，其引脚分布如图 6-19a 所示，CC4027 为 CP 上升沿触发集成边沿 JK 触发器，其引脚分布如图 6-19b 所示，且其异步输入 R_D 和 S_D 为高电平有效。

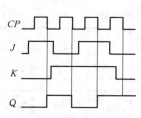

图 6-18　主从型边沿 JK 触发器的波形图

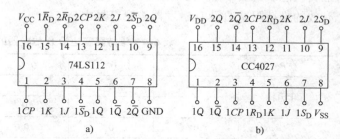

图 6-19　集成边沿 JK 触发器的引脚图

6.1.3　D 触发器

D 触发器大多为边沿结构类型的触发器，它的次态仅取决于 CP 的边沿（上升沿或下降沿）到达时刻输入信号的状态，而与此边沿时刻以前或以后的输入状态无关，因而可以提高它的可靠性和抗干扰能力。本书只介绍常用的维持阻塞边沿 D 触发器，其电路图如图 6-20 所示。D 触发器的内部电路由六个与非门构成，G_1 和 G_2 组成基本 RS 触发器，G_3 和 G_4 组成时钟脉冲 CP 控制电路，G_5 和 G_6 组成数据输入电路，D 为数据输入。

逻辑功能分析如下：

1）当 $CP = 0$ 时，G_3 和 G_4 门被封锁，两门输出均为 "1"，G_1 和 G_2 组成的基本 RS 触

发器保持原状态。此时，G_6 为开启状态，允许信号输入。

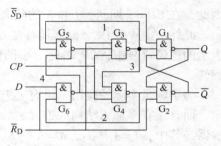

图 6-20 维持阻塞边沿 D 触发器电路图

2）CP 从"0"上跳为"1"，即 $CP=1$ 时，若 $D=1$，则 G_6 输出为"0"，G_4 被封锁；因 G_6 输出"0"而使 G_5 输出"1"，G_3 开启；CP 信号只能进 G_3，G_3 输出为"0"。G_3 输出的"0"，一是使 G_1 输出 $Q=1$，触发器置位；二是通过线 1 使 G_5 输出为"1"，维持 G_3 在 $CP=1$ 期间始终开启；三是通过线 3 去阻塞 G_4，使 G_4 保持封锁。

若 CP 从"0"上跳为"1"时，$D=0$，则 G_6 输出为"1"，G_4 开启；因 G_6 输出"1"而使 G_5 输出"0"，G_3 被封锁；CP 信号只能进 G_4，G_4 输出为"0"。G_4 输出的"0"，一是使 G_2 输出"1"，从而 $Q=0$，触发器复位；二是通过线 2 使 G_6 输出为"1"，维持 G_4 在 $CP=1$ 期间始终开启；三是 G_6 输出的"1"又通过线 4 使 G_5 输出"0"，以阻塞 G_3，使其继续被封锁。

由上述分析可知，维持阻塞边沿 D 触发器具有在 CP 上升沿触发的特点，这种维持阻塞作用建立后，即使 $CP=1$ 期间 D 信号改变也不会影响输出。其逻辑功能为，输出 Q 的状态随着输入 D 的状态而变化，即某个时钟脉冲来到之后 Q 的状态和该脉冲来到之前 D 的状态一样。

上升沿有效的维持阻塞边沿 D 触发器逻辑符号如图 6-21a 所示，CP 输入端不加小圆圈，逻辑状态表见表 6-4。在如图 6-21b 所示下降沿有效的维持阻塞边沿 D 触发器逻辑符号中。

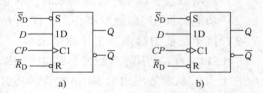

图 6-21　维持阻塞边沿 D 触发器逻辑符号

表 6-4　维持阻塞边沿 D 触发器的逻辑状态表

CP	D	Q^n	Q^{n+1}	$\overline{Q^{n+1}}$	功　能
无上升沿	×	0	0	1	保持
	×	1	1	1	
↑	0	0	0	1	复位
	0	1	0	1	
	1	0	1	0	置位
	1	1	1	0	

由维持阻塞边沿 D 触发器的逻辑状态表可知，当 CP 上升沿到来时，如 $D=1$，则 $Q^{n+1}=1$；如 $D=0$，则 $Q^{n+1}=0$。所以其状态方程为

$$Q^{n+1}=D \qquad （CP \text{ 上升沿有效}） \qquad (6-4)$$

在实际应用中，与 JK 触发器一样，也有下降沿触发的 D 触发器和多输入结构的 D 触发器，如图 6-22 所示。

常见 74LS74 为 CP 上升沿触发集成边沿 D 触发器，其引脚分布如图 6-23a 所示，其

异步输入 $\overline{R}_\mathrm{D}$ 和 $\overline{S}_\mathrm{D}$ 为低电平有效。CC4013 为 CP 上升沿触发集成边沿 D 触发器，其引脚分布如图 6-23b 所示，且其异步输入 R_D 和 S_D 为高电平有效。

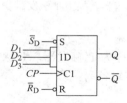

图 6-22　多输入结构的 D 触发器逻辑符号

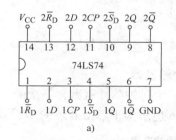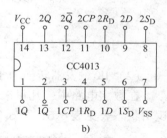

图 6-23　常用集成 D 触发器引脚图

6.1.4　触发器逻辑功能的转换

每一种触发器有自己的逻辑功能，有时我们手中只有某一种类型的触发器，而系统需要的却是另一类型的触发器，这就需要将某种逻辑功能的触发器，经过改接和附加一些门电路后，转换成另一种类型的触发器。

通常的转换方法是，根据令已有触发器和待求触发器的特性方程相等的原则，求出转换逻辑。转换步骤如下：

1）写出已有触发器和待求触发器的特性方程。

2）变换待求触发器的特性方程，使之形式与已有触发器的特性方程一致。

3）比较已有和待求触发器的特性方程，根据两个方程相等的原则求出转换逻辑。

4）根据转换逻辑画出逻辑电路图。

（1）JK 触发器转换为 T 触发器

在数字电路中，凡在时钟脉冲 CP 控制下，根据输入信号 T 取值的不同，具有保持和翻转功能的电路（即当 $T=0$ 时能保持状态不变，$T=1$ 时一定翻转的电路），都称为 T 触发器。T 触发器的逻辑状态表见表 6-5，图 6-24 所示为下降沿有效的 T 触发器的逻辑符号。

表 6-5　T 触发器的逻辑状态表

T	Q^n	Q^{n+1}	$\overline{Q^{n+1}}$	功　能
0	0	0	1	保持
0	1	1	0	
1	0	1	0	翻转
1	1	0	1	

由 T 触发器的逻辑状态表可知，T 触发器的状态方程为

$$Q^{n+1} = T\,\overline{Q^n} + \overline{T}Q^n \tag{6-5}$$

JK 触发器的状态方程为 $Q^{n+1} = J\,\overline{Q^n} + \overline{K}Q^n$，比较 JK 触发器和 T 触发器的状态方程可知，只要满足 $J=T$、$K=T$，就可以将一个 JK 触发器转换成 T 触发器，转换逻辑电路图如图 6-25 所示。

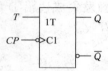

图6-24 下降沿有效 T 触发器的逻辑符号

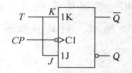

图6-25 JK 触发器转换为 T 触发器

（2）JK 触发器转换为 T′触发器

在数字电路中，凡每来一个时钟脉冲就翻转一次的电路，都称为 T′触发器。T′触发器的逻辑状态表见表6-6，图6-26所示为下降沿有效的 T′触发器的逻辑符号。

表6-6 T′触发器的逻辑状态表

Q^n	Q^{n+1}	$\overline{Q^{n+1}}$	功　　能
0	1	0	翻转
1	0	1	

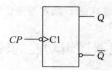

图6-26 下降沿有效 T′触发器的逻辑符号

由 T′触发器的逻辑状态表可知，T′触发器状态方程为

$$Q^{n+1} = \overline{Q^n} = 1 \cdot \overline{Q^n} + \overline{1} \cdot Q^n \tag{6-6}$$

JK 触发器的特性方程为 $Q^{n+1} = J\overline{Q^n} + \overline{K}Q^n$，比较 JK 触发器和 T′触发器的状态方程可知，只要满足 $J = 1$、$K = 1$，就可以将一个 JK 触发器转换成 T′触发器，转换逻辑电路图如图6-27所示。

（3）D 触发器转换为 T 触发器

T 触发器的特性方程为 $Q^{n+1} = T\overline{Q^n} + \overline{T}Q^n$，D 触发器特性方程为 $Q^{n+1} = D$。比较 D 触发器和 T 触发器的状态方程可知，只要满足 $D = T\overline{Q^n} + \overline{T}Q^n = T \oplus Q^n$，就可以将一个 D 触发器转换成 T 触发器，转换逻辑电路图如图6-28所示，该电路上升沿有效。

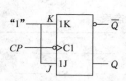

图6-27 JK 触发器转换为 T′触发器

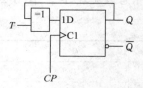

图6-28 D 触发器转换为 T 触发器

（4）D 触发器转换为 T′触发器

T′触发器特性方程为 $Q^{n+1} = \overline{Q^n}$，D 触发器特性方程为 $Q^{n+1} = D$。比较 D 触发器和 T′触发器的状态方程可知，只要满足 $D = \overline{Q^n}$，就可以将一个 D 触发器转换成 T′触发器，转换逻辑电路图如图6-29所示，该电路上升沿有效。

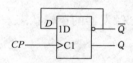

图6-29 D 触发器转换为 T′触发器

（5）D 触发器转换为可控 RS 触发器

D 触发器的特性方程为 $Q^{n+1} = D$，可控 RS 触发器的特性方程为 $Q^{n+1} = S + \overline{R} \cdot Q^n$。比较 D 触发器和可控 RS 触发器的状态方程可知，只要满足 $D = S + \overline{R} \cdot Q^n = \overline{\overline{S} \cdot \overline{\overline{R} \cdot Q^n}}$，就可以将一个 D 触发器转换成可控 RS 触发器，转换逻辑电路图如图 6-30 所示，该电路上升沿有效。

（6）JK 触发器转换为可控 RS 触发器

JK 触发器的特性方程为 $Q^{n+1} = J\,\overline{Q^n} + \overline{K}Q^n$，可控 RS 触发器的特性方程为 $Q^{n+1} = S + \overline{R} \cdot Q^n$。比较 D 触发器和可控 RS 触发器的状态方程可知，只要满足 $J = S$、$K = \overline{S} \cdot R$，即实现了 JK 触发器转换为可控 RS 触发器，转换逻辑电路图如图 6-31 所示，该电路下降沿有效。

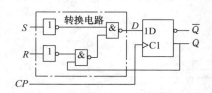 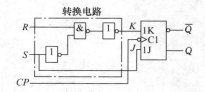

图 6-30　D 触发器转换为可控 RS 触发器　　图 6-31　JK 触发器转换为可控 RS 触发器

6.2　时序逻辑电路的分析与设计

6.2.1　时序逻辑电路的分析

时序逻辑电路在任何一个时刻的输出状态不仅与这一时刻的输入状态有关，还与电路输出端原来的状态有关。时序逻辑电路的结构框图如图 6-32 所示。从图中可知，一个时序逻辑电路是由存储电路和组合逻辑电路构成的，触发器具有记忆功能，所以可以用触发器来作为存储电路。

根据时钟脉冲加入方式的不同，时序逻辑电路分为同步时序逻辑电路和异步时序逻辑电路。在同步时序逻辑电路中，所有触发器的时钟脉冲输入端（CP 输入端）共用一个时钟脉冲源，因此电路中所有触发器的状态变化与时钟脉冲信号同步。在异步时序逻

图 6-32　时序逻辑电路的结构框图

辑电路中，加入触发器时钟脉冲输入端（CP 输入端）信号不共用同一个脉冲信号，因而有的触发器动作与时钟脉冲不再同步。一般来说，同步时序逻辑电路的速度高于异步时序逻辑电路，但电路的复杂程度也高于异步时序逻辑电路。

时序电路的逻辑功能可用逻辑表达式、状态表、卡诺图、状态图、时序图和逻辑图 6 种方式表示，这些表示方法在本质上是相同的，可以互相转换。

时序逻辑电路的分析就是对已知的时序逻辑电路进行逻辑功能分析，其步骤如下：

1）确定已知电路的工作方式，即通过对各触发器 CP 信号的分析，确定电路是同步时

序逻辑电路，还是异步时序逻辑电路，写出 CP 的逻辑表达式。

2）如果电路有外部输出时，写出时序电路的输出方程。

3）写出各个触发器的驱动方程。根据时序逻辑电路的组成情况，写出每个触发器控制输入端的逻辑表达式。

4）确定触发器的状态方程，也称为次态方程，就是根据驱动方程，推导出各触发器次态 Q^{n+1} 和现有状态 Q^n 之间的逻辑关系。

5）列状态表。根据触发器脉冲信号的次序，确定各触发器输入端的值和"现在"状态，逐次推断触发器的次态。

6）画出状态循环图或者时序波形图。

7）用文字描述已知时序逻辑电路的逻辑功能。

例6-1 分析图 6-33 所示电路的逻辑功能，设输出端信号 $Q_3Q_2Q_1$ 的初始状态为"000"。

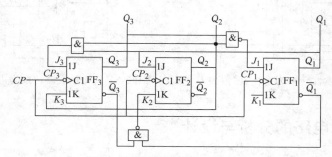

图 6-33　例 6-1 时序逻辑电路

解： 1）确定已知电路的工作方式，写出 CP 的逻辑表达式。图 6-33 所示的时序逻辑电路是由三个 JK 触发器 FF_3、FF_2、FF_1 和三个门电路构成的，FF_3、FF_2、FF_1 的时钟脉冲是同一个时钟脉冲，且下降沿有效，电路是同步时序逻辑电路，即

$$CP_3 \downarrow = CP_2 \downarrow = CP_1 \downarrow = CP \downarrow$$

2）写出各个触发器的驱动方程。由图 6-33 可知，各触发器输入端信号 J 和 K 的逻辑表达式为

$$\begin{cases} J_1 = \overline{Q_3 \cdot Q_2} \\ K_1 = 1 \end{cases} \quad \begin{cases} J_2 = Q_1 \\ K_2 = \overline{Q_3 \cdot \overline{Q_1}} \end{cases} \quad \begin{cases} J_3 = Q_2 \cdot Q_1 \\ K_3 = Q_2 \end{cases}$$

3）确定触发器的状态方程。将各个触发器的驱动方程代入 $Q^{n+1} = J\overline{Q^n} + \overline{K}Q^n$，可得状态方程为

$$\begin{cases} Q_1^{n+1} = J_1\overline{Q_1^n} + \overline{K_1}Q_1^n = \overline{Q_3^n Q_2^n}\ \overline{Q_1^n} \\ Q_2^{n+1} = J_2\overline{Q_2^n} + \overline{K_2}Q_2^n = Q_1^n\ \overline{Q_2^n} + \overline{Q_3^n}\ \overline{Q_1^n}Q_2^n \\ Q_3^{n+1} = J_3\overline{Q_3^n} + \overline{K_3}Q_3^n = Q_2^n Q_1^n\ \overline{Q_3^n} + \overline{Q_2^n}Q_3^n \end{cases}$$

4）列出时序逻辑电路的逻辑状态表。将初始状态 $Q_3Q_2Q_1 = 000$ 代入状态方程，开始推导逻辑电路的次态。当时钟脉冲 CP 为 "0" 时，即无脉冲的情况下，$Q_3^n Q_2^n Q_1^n = 000$，在第

一个 CP 下降沿时，由状态方程可得，$Q_3^{n+1}Q_2^{n+1}Q_1^{n+1}=001$；在第二个 CP 下降沿时，逻辑电路的输出状态由 $Q_3^nQ_2^nQ_1^n=001$ 变化成 $Q_3^{n+1}Q_2^{n+1}Q_1^{n+1}=010$；以此类推，直到电路的状态回到 $Q_3^{n+1}Q_2^{n+1}Q_1^{n+1}=000$，工作状态出现循环，见表 6-7。

表 6-7　例 6-1 电路逻辑状态表

CP 顺序	Q_3^n	Q_2^n	Q_1^n	Q_3^{n+1}	Q_2^{n+1}	Q_1^{n+1}
↓1	0	0	0	0	0	1
↓2	0	0	1	0	1	0
↓3	0	1	0	0	1	1
↓4	0	1	1	1	0	0
↓5	1	0	0	1	0	1
↓6	1	0	1	1	1	0
↓7	1	1	0	0	0	0

5）讨论无效状态，画出状态循环图。由表 6-7 可知，电路输出 $Q_3Q_2Q_1$ 为 000～110，共出现了七个状态，而"111"状态没有出现，这是个无效状态，如果初始状态为"111"，那么电路会怎样呢？将 $Q_3Q_2Q_1=111$ 代入状态方程，可得 $Q_3^{n+1}Q_2^{n+1}Q_1^{n+1}=000$。也就是说在一个脉冲下降沿后，电路会进入"000"状态，然后开始循环，如图 6-34 所示。电路在 CP 作用下能够从无效状态自动进入有效循环，说明该电路具有自启动功能。

6）电路输出的时序波形图如图 6-35 所示。

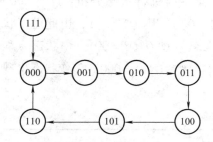

图 6-34　电路的状态循环图（$Q_3Q_2Q_1$）

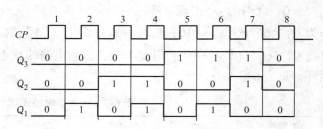

图 6-35　例 6-1 输出时序波形图

描述电路的逻辑功能：此电路为具有自启动功能的同步七进制加法计数器。

例 6-2　分析图 6-36 所示电路的逻辑功能，设初始状态为"000"。

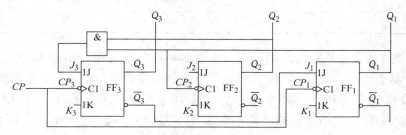

图 6-36　例 6-2 逻辑电路

213

解：1）确定已知电路的工作方式，写出 CP 的逻辑表达式。图 6-36 所示的时序逻辑电路是由三个 JK 触发器 FF_3、FF_2、FF_1 和三个门电路构成的，FF_3 和 FF_1 的时钟脉冲是同一个时钟脉冲；FF_2 的时钟脉冲由 FF_1 的输出 Q_1 控制；所有触发电路的时钟脉冲均为下降沿有效；电路是异步时序逻辑电路。由此可得

$$CP_3 \downarrow = CP_1 \downarrow = CP \downarrow$$

$$CP_2 \downarrow = Q_1$$

2）写出各个触发器的驱动方程。由图 6-36 可知，各触发器输入 J 和 K 的逻辑表达式为

$$\begin{cases} J_1 = \overline{Q_3} \\ K_1 = 1 \end{cases} \quad \begin{cases} J_2 = 1 \\ K_2 = 1 \end{cases} \quad \begin{cases} J_3 = Q_2 \cdot Q_1 \\ K_3 = 1 \end{cases}$$

3）确定触发器的状态方程。将各个触发器的驱动方程代入 $Q^{n+1} = J\overline{Q^n} + \overline{K}Q^n$ 可得，状态方程为

$$\begin{cases} Q_1^{n+1} = J_1 \overline{Q_1^n} + \overline{K_1} Q_1^n = \overline{Q_3^n}\ \overline{Q_1^n} \quad (CP\downarrow) \\ Q_2^{n+1} = J_2 \overline{Q_2^n} + \overline{K_2} Q_2^n = \overline{Q_2^n} \quad (Q_1\downarrow) \\ Q_3^{n+1} = J_3 \overline{Q_3^n} + \overline{K_3} Q_3^n = Q_2^n Q_1^n \overline{Q_3^n} \quad (CP\downarrow) \end{cases}$$

4）列出时序逻辑电路的逻辑状态表。初始状态 $Q_3 Q_2 Q_1 = 000$，在第一个 CP 的下降沿时进行次态分析：$Q_1^{n+1} = 1$、$Q_3^{n+1} = 0$，因为此时的 Q_1 没有出现下降沿的变化，所以 $Q_2^{n+1} = 0$，由此可得状态为 $Q_3^{n+1} Q_2^{n+1} Q_1^{n+1} = 001$。在第二个 CP 的下降沿时进行次态分析：$Q_1^{n+1} = 0$、$Q_3^{n+1} = 0$，此时的 Q_1 出现下降沿的变化（从"1"变化到"0"），则 $Q_2^{n+1} = 1$，由此可得状态为 $Q_3^{n+1} Q_2^{n+1} Q_1^{n+1} = 010$；当时钟脉冲 CP 为"1"时，现态为 $Q_3^n Q_2^n Q_1^n = 001$，由状态方程可得 $Q_3^{n+1} Q_2^{n+1} Q_1^{n+1} = 010$；以此类推，直到电路的状态 $Q_3^{n+1} Q_2^{n+1} Q_1^{n+1} = 000$，工作状态出现循环，见表 6-8。

表 6-8　例 6-2 电路逻辑状态表

CP 顺序	Q_3^n	Q_2^n	Q_1^n	Q_3^{n+1}	Q_2^{n+1}	Q_1^{n+1}
1	0	0	0	0	0	1
2	0	0	1	0	1	0
3	0	1	0	0	1	1
4	0	1	1	1	0	0
5	1	0	0	0	0	0

5）讨论无效状态，画出状态循环图。由表 6-8 可知，电路输出 $Q_3 Q_2 Q_1$ 为 000 ~ 100，共出现了五个状态，而"101""110""111"三个状态没有出现，这三个是无效状态。

如果初始状态为"101"，将 $Q_3 Q_2 Q_1 = 101$ 代入状态方程，在下一个 CP 的下降沿，$Q_1^{n+1} = 0$、$Q_3^{n+1} = 0$；因为 Q_1 出现下降沿的变化（从"1"变化到"0"），所以 $Q_2^{n+1} = 1$，即 $Q_3^{n+1} Q_2^{n+1} Q_1^{n+1} = 010$，由此逻辑电路进入循环状态。

如果初始状态为"110"，将 $Q_3 Q_2 Q_1 = 110$ 代入状态方程，在下一个 CP 的下降沿，

$Q_1^{n+1}=0$、$Q_3^{n+1}=0$；因为 Q_1 没有出现下降沿的变化（从"0"变化到"0"），所以 $Q_2^{n+1}=1$，即 $Q_3^{n+1}Q_2^{n+1}Q_1^{n+1}=010$，由此逻辑电路进入循环状态。

如果初始状态为"111"，将 $Q_3Q_2Q_1=111$ 代入状态方程，在下一个 CP 的下降沿，$Q_1^{n+1}=0$、$Q_3^{n+1}=0$；因为 Q_1 出现下降沿的变化（从"1"变化到"0"），所以 $Q_2^{n+1}=0$，即 $Q_3^{n+1}Q_2^{n+1}Q_1^{n+1}=000$，由此逻辑电路进入循环状态。

由以上分析可知，电路在 CP 作用下能够从无效状态自动进入有效循环，说明该电路具有自启动功能。电路的状态循环图如图 6-37 所示。

6）电路输出的时序波形图如图 6-38 所示。

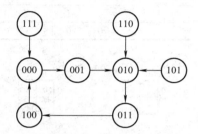

图 6-37　例 6-2 电路的状态循环图

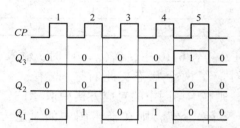

图 6-38　例 6-2 电路输出的时序波形图

描述电路的逻辑功能：此电路为具有自启动功能的异步五进制加法计数器。

6.2.2　时序逻辑电路的设计

设计一个同步时序逻辑电路的步骤一般如下：

1）根据给定的时序电路功能（一般为状态循环图），列出状态表。

2）选定触发器的类型及所需个数。

3）由状态表获得触发器输入端的状态表。

4）由卡诺图求出各触发器输入端的逻辑表达式或驱动方程。

5）画出时序逻辑电路图。

如果在电路功能描述中已说明了触发器的类型，则步骤 2）可省。

例 6-3　状态循环图如图 6-39 所示，要求设计一个同步时序逻辑电路，触发器选用下降沿有效 JK 触发器来实现逻辑电路的功能。

解：1）根据图 6-39，列出输出端逻辑状态，电路的初始状态为 $Q_2Q_1Q_0=000$ 且整个循环过程包括 5 个状态。求出满足 $Q_2Q_1Q_0$ 状态转换的输入端信号 J 和 K 的值，要求尽量简单。由本书 6.1.2 小节中 JK 触发器的逻辑状态表可知，当输入端满足 $J=0$、$K=\times$ 时，输出 Q 由初态 0 转换成次态 0；当输入端满足 $J=1$、$K=\times$ 时，输出 Q 由初态 0 转换成次态 1；

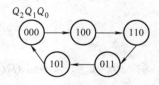

图 6-39　例 6-3 输出状态循环图

当输入端满足 $J=\times$、$K=1$ 时，输出 Q 由初态 1 转换成次态 0；当输入端满足 $J=\times$、$K=0$ 时，输出 Q 由初态 1 转换成次态 1。因此，可以根据已知的 $Q_2Q_1Q_0$ 的状态转换情况，推导出各触发器输入 J、K 的状态与输出 Q 状态的对应关系的状态表（见表 6-9）。其中，"$\times$"表示任意态。

2）卡诺图化简并确定各触发器的输入 J 和 K 的逻辑表达式。根据表 6-9 的数据，选取输入 J_2 和 K_2 与输出 Q_1Q_0 的逻辑状态关系（见表 6-10）。输入 J_2 和 K_2 的卡诺图化简如图 6-40 所示。

表 6-9 输入与输出对应状态表

CP 顺序	Q_2	Q_1	Q_0	J_2	K_2	J_1	K_1	J_0	K_0
0	0	0	0	1	×	0	×	0	×
1	1	0	0	×	0	1	×	0	×
2	1	1	0	×	1	×	0	1	×
3	0	1	1	1	×	×	1	×	0
4	1	0	1	×	1	0	×	×	1
5	0	0	0						

表 6-10 J_2 和 K_2 与 Q_1Q_0 的逻辑状态表

CP 顺序	Q_1	Q_0	J_2	K_2
0	0	0	1	×
1	0	0	×	0
2	1	0	×	1
3	1	1	1	×
4	0	1	×	1
5	0	0		

注意：表 6-10 中，$Q_1Q_0 = 00$ 时，输入 J_2 和 K_2 分别对应了两个状态，此时 J_2 既有"1"，又有"×"，则在卡诺图中的对应方格中取"1"；K_2 既有"0"，又有"×"，则在卡诺图中的对应方格中取"0"，如图 6-40 所示。

经过卡诺图化简后可得

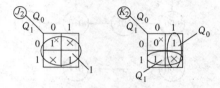

图 6-40 输入 J_2 和 K_2 的卡诺图化简

$$\begin{cases} J_2 = 1 \\ K_2 = Q_0 + Q_1 \end{cases}$$

同理，输入 J_1 和 K_1 与输出 Q_2Q_0 的逻辑状态表见表 6-11。卡诺图化简如图 6-41 所示。

表 6-11 J_1 和 K_1 与 Q_2Q_0 的逻辑状态表

CP 顺序	Q_2	Q_0	J_1	K_1
0	0	0	0	×
1	1	0	1	×
2	1	0	×	0
3	0	1	×	1
4	1	1	0	×
5	0	0		

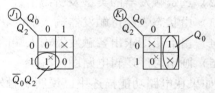

图 6-41 输入 J_1 和 K_1 的卡诺图化简

经过卡诺图化简后可得

$$\begin{cases} J_1 = \overline{Q_0}Q_2 \\ K_1 = Q_0 \end{cases}$$

输入 J_0 和 K_0 与输出 Q_2Q_1 的逻辑状态表见表 6-12。卡诺图化简如图 6-42 所示。

表 6-12 J_0 和 K_0 与 Q_2Q_1 的逻辑状态表

CP 顺序	Q_2	Q_1	J_0	K_0
0	0	0	0	×
1	1	0	0	×
2	1	1	1	×
3	0	1	×	0
4	1	0	×	1
5	0	0		

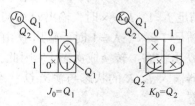

图 6-42 输入 J_0 和 K_0 的卡诺图化简

经过卡诺图化简后可得

$$\begin{cases} J_0 = Q_1 \\ K_0 = Q_2 \end{cases}$$

3）画出满足要求的同步时序逻辑电路，如图 6-43 所示。

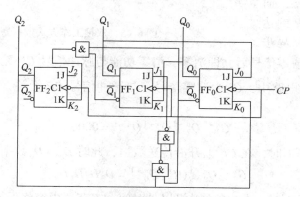

图 6-43　例 6-3 设计的同步时序逻辑电路

6.3　寄存器

在数字电路中，用来存放二进制数据或代码的电路称为寄存器。寄存器是由具有存储功能的触发器组合起来构成的。一个触发器可以存储 1 位二进制代码，存放 n 位二进制代码的寄存器，需用 n 个触发器来构成。

按照功能的不同，可将寄存器分为数据寄存器和移位寄存器两大类。数据寄存器只能并行送入数据，需要时也只能并行输出。移位寄存器中的数据可以在移位脉冲作用下逐位右移或左移，数据既可以并行输入、并行输出，也可以串行输入、串行输出，还可以并行输入、串行输出，串行输入、并行输出，十分灵活，用途也很广。

6.3.1　数据寄存器

在数字系统中，用来暂时存放数码的寄存器称为数据寄存器，在数据寄存器中，数据送入和输出都只能是并行状态，按其接收数据的方式又分为双拍式和单拍式两种。

单拍工作方式数据寄存器电路如图 6-44 所示。在此类工作方式中，无论寄存器中原来的内容是什么，只要送数控制时钟脉冲 CP 上升沿到来，加在并行数据输入端的数据 $D_0 \sim D_3$ 就立即被送进寄存器中。

即有

$$Q_3^{n+1} Q_2^{n+1} Q_1^{n+1} Q_0^{n+1} = D_3 D_2 D_1 D_0$$

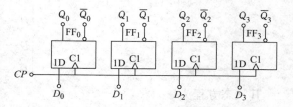

图 6-44　单拍工作方式数据寄存器电路

双拍工作方式数据寄存器电路如图 6-45 所示。在此类工作方式中，接收存放输入数据需要两步完成：第一步清零，第二步接收数据。如果在接收寄存数据前，数据寄存器没有清零，则接收存放数据时会出错。

1）清零。按照清零信号与脉冲信号 CP 的关系可分为同步清零和异步清零。同步清零是指触发器得到清零信号后不能立即清零，而是要等到脉冲信号 CP 到达后才能将触发器清零。异步清零是指触发器得到清零信号后立即清零，清零功能与脉冲信号 CP 无关。

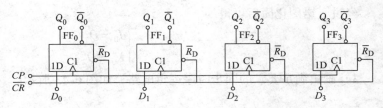

图 6-45　双拍工作方式数据寄存器

在如图 6-45 所示电路中，$\overline{CR}$ 为清零信号，与脉冲信号 CP 无关，当 $\overline{CR}=0$ 时，触发器的输出清零，即有

$$Q_3^{n+1} Q_2^{n+1} Q_1^{n+1} Q_0^{n+1} = 0000$$

2）送数。当 $\overline{CR}=1$ 时，在 CP 上升沿传送数据，此时 $D_3 \sim D_0$ 数据并行输入，即有

$$Q_3^{n+1} Q_2^{n+1} Q_1^{n+1} Q_0^{n+1} = D_3 D_2 D_1 D_0$$

3）保持。当 $\overline{CR}=1$ 时，在 CP 上升沿以外时间，寄存器内容将保持不变。

6.3.2　移位寄存器

1. 单向移位寄存器

四位右移位寄存器电路如图 6-46 所示。图中 CP 为时钟信号，D_i 为右移输入信号，Q_3、Q_2、Q_1、Q_0 构成四位并行输出信号，同时 Q_3 又作为右移输出信号。

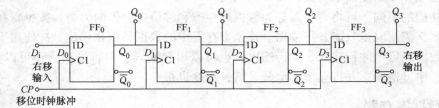

图 6-46　四位右移位寄存器电路

其驱动方程为

$$\begin{cases} D_0 = D_i \\ D_1 = Q_0^n \\ D_2 = Q_1^n \\ D_3 = Q_2^n \end{cases}$$

其状态方程为

$$\begin{cases} Q_0^{n+1} = D_i \\ Q_1^{n+1} = Q_0^n \\ Q_2^{n+1} = Q_1^n \\ Q_3^{n+1} = Q_2^n \end{cases}$$

四位右移位寄存器状态表见表 6-13。

表 6-13　四位右移位寄存器状态表

输　入		现　态				次　态				说　明
D_i	CP	Q_0	Q_1	Q_2	Q_3	Q_0^{n+1}	Q_1^{n+1}	Q_2^{n+1}	Q_3^{n+1}	
1	↑	0	0	0	0	1	0	0	0	
1	↑	1	0	0	0	1	1	0	0	连续输入
1	↑	1	1	0	0	1	1	1	0	4 个 1
1	↑	1	1	1	0	1	1	1	1	

四位左移位寄存器电路如图 6-47 所示。图中 CP 为时钟信号，D_i 为左移输入信号，Q_3、Q_2、Q_1、Q_0 构成四位并行输出信号，同时 Q_0 又作为左移输出信号。

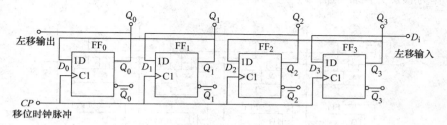

图 6-47　四位左移位寄存器电路

其驱动方程为

$$\begin{cases} D_0 = Q_1^n \\ D_1 = Q_2^n \\ D_2 = Q_3^n \\ D_3 = D_i \end{cases}$$

其状态方程为

$$\begin{cases} Q_0^{n+1} = Q_1^n \\ Q_1^{n+1} = Q_2^n \\ Q_2^{n+1} = Q_3^n \\ Q_3^{n+1} = D_i \end{cases}$$

四位左移位寄存器状态表见表 6-14。

表 6-14　四位左移位寄存器状态表

输　入		现　态				次　态				说　明
D_i	CP	Q_0	Q_1	Q_2	Q_3	Q_0^{n+1}	Q_1^{n+1}	Q_2^{n+1}	Q_3^{n+1}	
1	↑	0	0	0	0	0	0	0	1	
1	↑	0	0	0	1	0	0	1	1	连续输入
1	↑	0	0	1	1	0	1	1	1	4 个 1
1	↑	0	1	1	1	1	1	1	1	

单向移位寄存器具有以下主要特点：

1）单向移位寄存器中的数码，在时钟脉冲 CP 操作下，可以依次右移或左移。

2）n 位单向移位寄存器可以寄存 n 位二进制数码。n 个时钟脉冲 CP 即可完成串行输入工作，此后可从 $Q_0 \sim Q_{n+1}$ 端获得并行的 n 位二进制数码，再用 n 个时钟脉冲 CP 又可实现串行输出操作。

3）若串行输入端状态为 "0"，则 n 个时钟脉冲 CP 后，寄存器便被清零。

2. 双向移位寄存器

双向移位寄存器是通过增加控制电路使寄存器具有双向移位的功能。双向移位寄存器电路如图 6-48 所示。图中 CP 为时钟信号，D_{SR} 为右移输入信号，D_{SL} 为左移输入信号，Q_3、Q_2、Q_1、Q_0 构成四位并行输出信号，同时 Q_0 又作为左移输出信号，Q_3 又作为右移输出信号，而 M 作为移位方向控制信号。

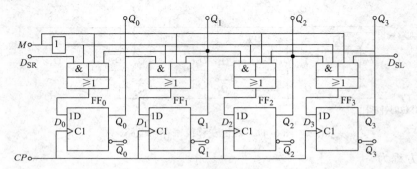

图 6-48　双向移位寄存器电路

双向移位寄存器状态方程为

$$
\begin{cases}
Q_0^{n+1} = \overline{M}D_{SR} + MQ_1^n \\
Q_1^{n+1} = \overline{M}Q_0^n + MQ_2^n \\
Q_2^{n+1} = \overline{M}Q_1^n + MQ_3^n \\
Q_3^{n+1} = \overline{M}Q_2^n + MD_{SL}
\end{cases}
$$

当 $M=0$ 时，右移，此时对应的状态方程为

$$
\begin{cases}
Q_0^{n+1} = D_{SR} \\
Q_1^{n+1} = Q_0^n \\
Q_2^{n+1} = Q_1^n \\
Q_3^{n+1} = Q_2^n
\end{cases}
$$

当 $M=1$ 时，左移，此时对应的状态方程为

$$
\begin{cases}
Q_0^{n+1} = Q_1^n \\
Q_1^{n+1} = Q_2^n \\
Q_2^{n+1} = Q_3^n \\
Q_3^{n+1} = D_{SL}
\end{cases}
$$

3. 集成双向移位寄存器

集成双向移位寄存器 74LS194，其引脚图如图 6-49 所示，其逻辑功能示意图如图 6-50 所示。

集成双向移位寄存器 74LS194 具有异步清零、保持、右移、左移、并行输入等基本功能。其功能表见表 6-15，S_1 和 S_0 是控制端，配合 $\overline{CR}$、CP 共同使用，可以选择集成双向移位寄存器不同的工作状态。

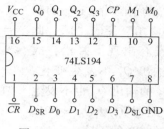

图 6-49　74LS194 引脚图

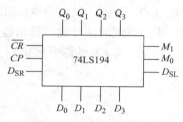

图 6-50　74LS194 逻辑功能示意图

表 6-15　集成双向移位寄存器 74LS194 功能表

$\overline{CR}$	S_1	S_0	CP	工 作 状 态
0	×	×	×	异步清零
1	0	0	×	保持
1	0	1	↑	右移
1	1	0	↑	左移
1	1	1	×	并行输入

6.4　计数器

在数字电路中，能够记忆输入脉冲个数的电路称为计数器。计数器有很多种分类方法，常用的分类方法见表 6-16。

表 6-16　常用的计数器分类方法

分 类 方 法	计 数 器 名 称
计数规律	加法计数器、减法计数器和可逆计数器（可加、可减）
CP 输入方式	异步计数器和同步计数器
计数进制	二进制计数器、十进制（BCD）计数器和任意进制计数器

6.4.1　二进制计数器

1. 异步二进制计数器

三位异步二进制加法计数器电路如图 6-51 所示。异步计数器中所有触发器的 CP 端不是接入同一个计数脉冲，各触发器的翻转时刻不同，要特别注意各触发器翻转所对应的有效时钟条件。异步二进制计数器是计数器电路中最基本、最简单的电路，它一般由接成计数型的触发器连接而成，计数脉冲加到最低位触发器的 CP 端，低位触发器的输出 Q 作为相邻高位触发器的时钟脉冲。

在如图 6-51 所示的电路中，3 个 JK 触发器都接成了 T′ 触发器，其中，FF_0 是最低位触发器，FF_2 是最高位触发器，它们对应的输出为 $Q_2Q_1Q_0$，$\overline{R}_D$ 端是清零端。触发器初始由 $\overline{R}_D$ 对电路清零，使 $Q_2Q_1Q_0 = 000$，时钟脉冲 CP 与 FF_0 的 CP 端相连，Q_0 是 FF_1 的脉冲信号，

Q_1 是 FF$_2$ 的脉冲信号。在第一个 CP 的下降沿，FF$_0$ 的输出 Q_0 由 "0" 变成 "1"；此时 Q_0 没有出现下降沿，故 FF$_1$ 的输出 Q_1 不发生变化；同理 FF$_2$ 的输出 Q_2 也不发生变化，此时 $Q_2Q_1Q_0 = 001$。在第二个 CP 的下降沿，FF$_0$

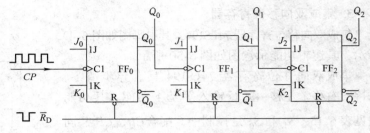

图 6-51　三位异步二进制加法计数器电路

的输出 Q_0 由 "1" 变成 "0"；Q_0 出现下降沿变化，故 FF$_1$ 的输出 Q_1 由 "0" 变成 "1"；Q_1 没有出现下降沿，FF$_2$ 的输出 Q_2 不发生变化，此时 $Q_2Q_1Q_0 =010$。以此类推，可以得到三位异步二进制加法计数器的状态表（见表 6-17）。三位异步二进制加法计数器输出波形图如图 6-52 所示。从波形图中可以看出，Q_0 为 CP 的二分频信号，Q_1 为 CP 的四分频信号，Q_2 为 CP 的八分频信号。

表 6-17　三位异步二进制加法计数器的状态表

计 数 脉 冲	Q_2	Q_1	Q_0
0	0	0	0
1	0	0	1
2	0	1	0
3	0	1	1
4	1	0	0
5	1	0	1
6	1	1	0
7	1	1	1
8	0	0	0

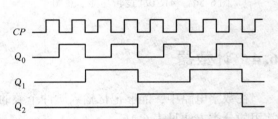

图 6-52　三位异步二进制加法计数器输出波形图

从状态表或波形图可以看出，从状态 000 开始，每来一个计数脉冲，计数器中的数值便加 1，输入 8 个计数脉冲时计满归零，所以该电路也称为异步八进制计数器。

图 6-53 所示为三位异步二进制减法计数器电路。其中，FF$_0$ 是最低位触发器，FF$_2$ 是最高位触发器，它们对应的输出为 $Q_2Q_1Q_0$，$\overline{S}_D$ 端是置 "1" 端，CP 与 FF$_0$ 的 CP 端相连，$\overline{Q_0}$ 是 FF$_1$ 的脉冲信号，$\overline{Q_1}$ 是 FF$_2$ 的脉冲信

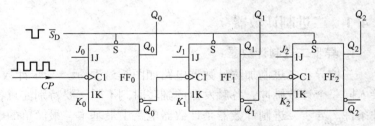

图 6-53　三位异步二进制减法计数器电路

号。触发器初始由 $\overline{S}_D$ 对电路置 "1"，使 $Q_2Q_1Q_0 =111$，在 CP 的作用下开始减计数，其工作过程请读者自行分析。

由于这种结构计数器的时钟脉冲不是同时加到各触发器的时钟端，而只加至最低位触发器，其他各位触发器则由相邻低位触发器的输出 Q（或 $\bar{Q}$）来触发翻转，即用低位输出推动相邻高位触发器，3 个触发器的状态只能依次翻转，并不同步，这种结构特点的计数器称为异步计数器。异步计数器结构简单，但计数速度较慢。

2. 同步二进制计数器

在同步计数器中，各触发器的翻转与时钟脉冲同步。同步计数器的工作速度较快，工作频率也较高。图 6-54 所示为三位同步二进制加法计数器电路，其特点是计数器中所有触发器的时钟脉冲输入端接入同一个时钟脉冲，当计数脉冲 CP 到来时，各触发器同时被触发，不存在各级延迟时间的积累问题。同步计数器也称为并行计数器。

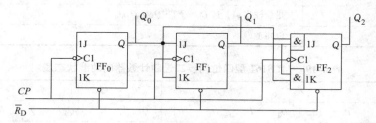

图 6-54　三位同步二进制加法计数器电路

由图 6-54 可知，三位同步二进制加法计数器的驱动方程为

$$\begin{cases} J_0 = K_0 = 1 \\ J_1 = K_1 = Q_0 \\ J_2 = K_2 = Q_1 Q_0 \end{cases}$$

计数器初始状态由 $\bar{R}_D$ 对电路清零，使 $Q_2 Q_1 Q_0 = 000$；FF_0 每输入一个时钟脉冲翻转一次；FF_1 在 $Q_0 = 1$ 时，在下一个 CP 触发沿到来时翻转；FF_2 在 $Q_0 = Q_1 = 1$ 时，在下一个 CP 触发沿到来时翻转。请读者自行分析三位同步二进制加法计数器的状态表和输出波形图。

3. 集成二进制计数器

74LS161 型四位同步二进制计数器的引脚图如图 6-55a 所示，74LS161 型四位同步二进制计数器的逻辑符号如图 6-55b 所示。各引脚的功能见表 6-18。表 6-19 是 74LS161 型四位同步二进制计数器的功能状态表。

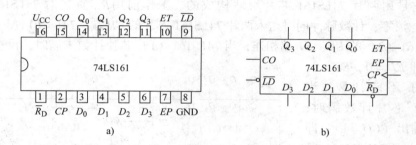

a)　　　　　　　　　　b)

图 6-55　74LS161 型四位同步二进制计数器的引脚图和逻辑符号

表 6-18　74LS161 型四位同步二进制计数器各引脚的功能

引脚号	引脚名称	功　能
1	$\overline{R}_D$	异步清零端，低电平有效
2	CP	时钟脉冲输入端，上升沿有效
3～6	$D_0 \sim D_3$	数据输入端，是预置数，可预置任何一个四位二进制数
7、10	EP、ET	计数控制端，当两者或其中一个为低电平时，计数器保持原态；当两者均为高电平时，计数
8	GND	接地端
9	$\overline{LD}$	同步并行置数控制端，低电平有效
11～14	$Q_3 \sim Q_0$	数据输出端
15	CO	进位输出端，且 $CO = ET \cdot Q_3 Q_2 Q_1 Q_0$
16	U_{CC}	电压源端

表 6-19　74LS161 型四位同步二进制计数器的功能状态表

输　入									输　出				功　能
$\overline{R}_D$	$\overline{LD}$	CP	EP	ET	D_3	D_2	D_1	D_0	Q_3	Q_2	Q_1	Q_0	
0	×	×	×	×	×	×	×	×	0	0	0	0	清零
1	0	↑	×	×	d_3	d_2	d_1	d_0	d_3	d_2	d_1	d_0	置数
1	1	↑	1	1					计数				计数
1	1	×	0	×	×	×	×	×	保持				保持
			×	0									

　　一片 74LS161 可以直接作为十六进制计数器，如图 6-56 所示。工作过程：工作前用 $\overline{R}_D$ 直接清零；也可以将数据输入 $D_0 \sim D_3$ 接地，用同步并行置数控制 $\overline{LD}$ 同步置 0，然后对 CP 进行计数，当 $Q_3 Q_2 Q_1 Q_0 = 1111$ 时，CO 输出 1。

　　多片 74LS161 芯片级联使用可以构成大于十六进制的计数器，图 6-57 所示为 256 进制计

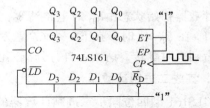

图 6-56　74LS161 直接用来作为十六进制计数器

数器电路，它是用两片 74LS161 芯片级联构成的。工作前用 $\overline{R}_D$ 直接对 74LS161（1）和 74LS161（2）清零；计数脉冲同时送入两片 74LS161 芯片的 CP 端；74LS161（1）的 CO 端同时与 74LS161（2）的 EP、ET 端相连，当 74LS161（1）芯片计数未满时，没有进位信号（$CO = 0$），即 $EP = 0$、$ET = 0$，74LS161（2）不能计数；当 74LS161（1）芯片计数满时，有进位信号输出（$CO = 1$），即 $EP = 1$、$ET = 1$，74LS161（2）开始计数。同理，用 N 片级联可组成 2^{4N} 进制计数器。

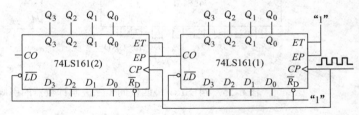

图 6-57　256 进制计数器电路

6.4.2 十进制计数器

1. 异步十进制加法计数器

十进制数包含了 0~9 十个数，因此十进制计数必须有 10 个状态与之对应。十进制的编码方式较多，8421BCD 码是一种常用的编码方式，就是用四位二进制数来表示 1 位十进制数，能够实现 8421BCD 码计数的计数器称为"二-十进制计数器"。表 6-20 为 8421BCD 码十进制加法计频器状态表。

表 6-20　8421BCD 码十进制加法计数器状态表

计数脉冲	BCD 编码				十进制数
	Q_3	Q_2	Q_1	Q_0	
0	0	0	0	0	0
1	0	0	0	1	1
2	0	0	1	0	2
3	0	0	1	1	3
4	0	1	0	0	4
5	0	1	0	1	5
6	0	1	1	0	6
7	0	1	1	1	7
8	1	0	0	0	8
9	1	0	0	1	9
10	0	0	0	0	进位

异步十进制加法计数器电路如图 6-58 所示。电路由 4 个 JK 触发器构成，$\overline{R}_D$ 端为清零端，时钟脉冲 CP 只与 FF_0 的 CP 端相连，Q_0 与 FF_1 的 CP 端相连，Q_1 与 FF_2 的 CP 端相连，Q_2 与 FF_3 的 CP 端相连，可以看出 4 个 JK 触发器不是由同一个时钟脉冲触发，计数器是一个异步计数器。

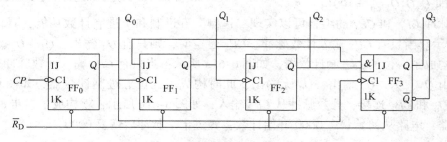

图 6-58　异步十进制加法计数器电路

由图 6-58 可知，异步十进制加法计数器的驱动方程为

$$\begin{cases} J_0 = K_0 = 1 \\ J_1 = \overline{Q_3}, \ K_1 = 1 \\ J_2 = K_2 = 1 \\ J_3 = Q_2 Q_1, \ K_3 = 1 \end{cases}$$

用 $\overline{R}_{\mathrm{D}}$ 直接清零，使计数器初始状态为 $Q_3Q_2Q_1Q_0=0000$，在触发器FF$_3$ 翻转之前，即从 0000 起到 0111 为止，$\overline{Q}_3=1$，FF$_0$、FF$_1$、FF$_2$ 的翻转情况与 3 位异步二进制加法计数器相同。第 7 个计数脉冲到来后，计数器状态变为 0111，$Q_2=Q_1=1$，使 $J_3=Q_2Q_1=1$，而 $K_3=1$，为 F$_3$ 由 "0" 变 "1" 准备了条件。第 8 个计数脉冲到来后，4 个触发器全部翻转，计数器状态变为 1000。第 9 个计数脉冲到来后，计数器状态变为 1001。这两种情况下 $\overline{Q}_3$ 均为 0，使 $J_1=0$，而 $K_1=1$。所以第 10 个计数

脉冲到来后，Q_0 由 "1" 变为 "0"，但 FF$_1$ 的状态将保持为 "0" 不变，而 Q_0 能直接触发FF$_3$，使 Q_3 由 "1" 变为 "0"，从而使计数器恢复到初始状态 0000。异步十进制加法计数器输出波形图如图 6-59 所示。

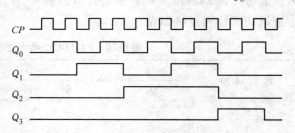

图 6-59 异步十进制加法计数器输出波形图

74LS290 芯片是一个集成异步二-五-十进制计数器。图 6-60a 所示为 74LS290 芯片的引脚图，其中，$R_{0(1)}$（12 脚）和 $R_{0(2)}$（13 脚）是清零输入端；$S_{9(1)}$（1 脚）和 $S_{9(2)}$（3 脚）是置 "9" 输入端；CP_0（10 脚）和 CP_1（11 脚）是时钟脉冲输入端；输出端为 Q_3（8 脚）、Q_2（4 脚）、Q_1（5 脚）和 Q_0（9 脚）；电源端是 U_{CC}（14 脚）；接地端是 GND（7 脚）。图 6-60b 所示为 74LS290 芯片的逻辑符号。

由表 6-21 可知，当 $R_{0(1)}$ 和 $R_{0(2)}$ 两端全为 "1" 时，$S_{9(1)}$ 和 $S_{9(2)}$ 中至少有一个为 "0"，触发器四个输出端清零；当 $S_{9(1)}$ 和 $S_{9(2)}$ 两端全为 "1" 时，$R_{0(1)}$ 和 $R_{0(2)}$ 中至少有一个为 "0"，触发器四个输出端置 "9"，即 $Q_3Q_2Q_1Q_0=1001$；

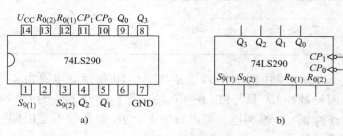

图 6-60 74LS290 引脚图和逻辑符号

两个时钟脉冲 CP_0 和 CP_1 的组合可以实现二进制、五进制和十进制计数功能，具体接法如图 6-61 所示。当只有 CP_0 输入计数脉冲、CP_1 悬空时，则只有 Q_0 输出，Q_1、Q_2、Q_3 无输出，此时构成了一位的二进制计数器，如图 6-61a 所示；当只有 CP_1 输入计数脉冲、CP_0 悬空时，则由 Q_3、Q_2、Q_1 输出，Q_0 无输出，此时构成了三位五进制计数器，如图 6-61b 所示；若将 Q_0 和 CP_1 连接，计数脉冲从 CP_0 输入，如图 6-61c 所示，就构成了异步8421码十进制计数器，电路从初始状态 0000 开始计数，经过十个脉冲后恢复 0000。

表 6-21 74LS290 型计数器的功能状态表

$R_{0(1)}$	$R_{0(2)}$	$S_{9(1)}$	$S_{9(2)}$	Q_3	Q_2	Q_1	Q_0	功　　能
1	1	0	×	0	0	0	0	清零
		×	0					
0	×	1	1	1	0	0	1	置9
×	0							

$R_{0(1)}$	$R_{0(2)}$	$S_{9(1)}$	$S_{9(2)}$	Q_3	Q_2	Q_1	Q_0	功 能
0	×	×	0					
0	×	0	×		计数			计数
×	0	×	0					
×	0	0	×					

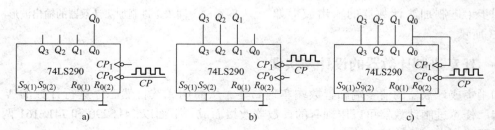

图 6-61　74LS290 的二-五-十进制的电路连接

2. 同步十进制加法计数器

同步十进制加法计数器电路如图 6-62 所示。电路由四个 JK 触发器构成，$\overline{R}_D$ 端为清零端，四个触发器的 CP 端接在同一个时钟脉冲 CP，计数器是一个同步计数器。

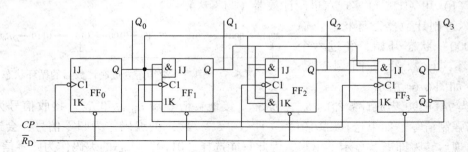

图 6-62　同步十进制加法计数器电路

由图 6-62 可知，同步十进制加法计数器的驱动方程为

$$\begin{cases} J_0 = K_0 = 1 \\ J_1 = \overline{Q}_3 Q_0 , \ K_1 = Q_0 \\ J_2 = K_2 = Q_1 Q_0 \\ J_3 = Q_2 Q_1 Q_0 , \ K_3 = Q_0 \end{cases}$$

用 $\overline{R}_D$ 直接清零，使计数器初始状态为 $Q_3 Q_2 Q_1 Q_0 = 0000$。

FF_0：因为 $J_0 = K_0 = 1$，所以每来一个计数脉冲 CP 就翻转一次。

FF_1：因为 $J_1 = \overline{Q}_3 Q_0$、$K_1 = Q_0$，所以在 Q_0 为 "1" 时，再来一个计数脉冲 CP 才翻转，但在 Q_3 为 "1" 时不能翻转。

FF_2：因为 $J_2 = K_2 = Q_1Q_0$，所以只有在 Q_0 和 Q_1 都为"1"时，再来一个计数脉冲 CP 才翻转。

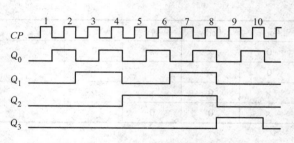

FF_3：因为 $J_3 = Q_2Q_1Q_0$、$K_3 = Q_0$，所以在 Q_0、Q_1 和 Q_2 都为"1"时，再来一个计数脉冲 CP 才翻转，但在第 10 个脉冲到来时 Q_3 应由"1"变为"0"。

同步十进制加法计数器的输出波形如图 6-63 所示。

图 6-63　同步十进制加法计数器的输出波形

6.4.3　任意进制计数器的设计与实现

利用集成计数器的清零端和置数端实现归零，从而构成按自然态序进行计数的 N 进制计数器。任意进制计数器可以用现有的计数器改接而成，下面以 74LS290 和 74LS161 两种集成计数器为例来讨论改接方法。

1. 归零法（利用清零端构造 N 进制计数器）

归零法构造 N 进制计数器就是利用集成计数器的清零端在需要的时候将计数器清零，从而实现 N 进制计数器功能。

例 6-4　采用归零法，试分别用 74LS290 和 74LS161 集成计数器构成一个六进制计数器。

解：（1）用 74LS290 实现六进制计数器（归零法）

1）六进制计数器循环状态：输出从"0000"状态开始，经过六个脉冲循环，计数器又回到初态"0000"，如图 6-64 所示。

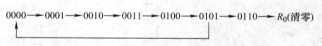

图 6-64　用清零端构造六进制计数器的循环状态

2）当 74LS290 集成计数器的 $S_{9(1)}$ 和 $S_{9(2)}$ 接地、清零端 $R_{0(1)}$ 和 $R_{0(2)}$ 接收信号为"1"时，电路强制清零。如果选择"0101"（计数"5"）状态的编码作为归零信号，会造成这一状态出现后转瞬即逝，显示不出来，因此只能选择"0110"状态的编码作为归零信号。

3）归零信号的逻辑表达式为 $R_{0(1)} = R_{0(2)} = Q_2 = Q_1 = 1$，逻辑电路如图 6-65 所示。

（2）用 74LS161 实现六进制计数器（归零法）

循环状态分析和归零信号状态的选择与用 74LS290 实现六进制计数器的结果是一致的，不再赘述。74LS161 芯片的清零端为 $\overline{R}_D$ 端，低电平有效。取 $\overline{R}_D = \overline{Q_2Q_1}$ 作为清零信号即可实现六进制计数功能，逻辑电路如图 6-66 所示。

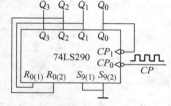

图 6-65　用 74LS290 芯片实现六进制
计数器的逻辑电路（归零法）

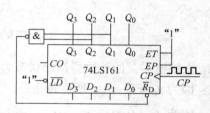

图 6-66　用 74LS161 芯片实现六进制
计数器的逻辑电路（归零法）

例6-5 试采用归零法，用74LS290计数器芯片构成三十二进制电路。

解： 1）确定芯片个数：74LS290芯片是一个集成异步二–五–十进制计数器，要构成三十二进制，需要用两片级联才能实现。其中，74LS290（1）为"个位"计数器，74LS290（2）为"十位"计数器。

2）确定计数脉冲：两片芯片均采用十进制计数模式，故每个芯片的CP_1均与本芯片的Q_0相连，CP_0送入时钟脉冲。其中，三十二进制计数电路的时钟脉冲送入74LS290（1）的CP_0端；74LS290（2）的CP_0端与74LS290（1）的Q_3端相连，每当74LS290（1）从"1001"状态变化到"0000"状态时，Q_3从"1"变成"0"，即74LS290（2）的CP_0端有一个下降沿，"十位"计数器加"1"。

3）确定归零状态：采用归零法，要求实现三十二进制计数，所以选择"32"对应的8421BCD码作为归零状态，即"0011 0010"。74LS290集成计数器的清零端$R_{0(1)}$和$R_{0(2)}$需要"1"信号，电路强制清零，所以归零信号为74LS290（1）的Q_1、74LS290（2）的Q_1、Q_0三个信号的与信号作为归零信号，同时接入两个芯片的$R_{0(1)}$和$R_{0(2)}$，逻辑电路如图6-67所示。

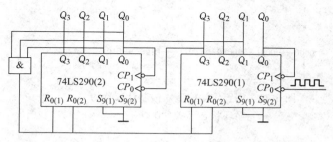

图6-67　由74LS290集成计数器构成
三十二进制计数电路（归零法）

2. 置位法（利用置位端构造N进制计数器）

置位法只适合具有置位功能的集成计数器芯片。利用集成计数器芯片的置位功能在需要的时候将计数器强制置位，从而可以实现进制的计数循环。

例6-6 试用74LS290的置"9"端口，构成一个8421编码接法的六进制计数器。

解： 1）利用置位法实现六进制（置"9"）计数器的循环状态如图6-68所示。

2）当74LS290集成计数器的$R_{0(1)}$和$R_{0(2)}$接地、置位端$S_{9(1)}$和$S_{9(2)}$端接收信号为"1"时，电路强制置"9"。选择"0101"（计数"5"）状态的编码作为置位信号，将$Q_2 = Q_0 = 1$接到$S_{9(1)}$和$S_{9(2)}$，虽然"0101"这一状态转瞬即逝，显示不出来，但电路会显示"1001"状态，下一个状态返回"0000"状态，电路保持的六个状态输出。

3）由74LS290集成计数器构成的六进制计数电路（置位法）如图6-69所示。

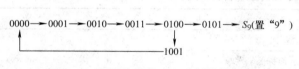

图6-68　用置位端构造六进制计数器的
循环状态（置"9"）

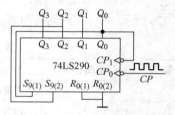

图6-69　由74LS290集成计数器构成的
六进制计数电路（置位法）

例 6-7 试用 74LS161 的置位端口，构成一个 8421 编码接法的六进制计数器。

解： 1）利用置位法实现六进制（置"0"）计数器的循环状态如图 6-70 所示。

2）当 74LS161 集成计数器芯片的置位端 $\overline{LD}$ 接收到低电平后，在 CP 的上升沿，可以完成芯片的置数功能。由此可知，选择 "0101"（计数 "5"）状态的编码作为置位信号，当将 $\overline{Q_2Q_0}$ 接到 $\overline{LD}$ 端时，"0101"（计数 "5"）状态是可以显示出来的，在下一个 CP 的上升沿，如果 $D_3D_2D_1D_0 = 0000$，则芯片的输出 $Q_3Q_2Q_1Q_0 = D_3D_2D_1D_0 = 0000$，实现了六进制计数功能。

3）由 74LS161 集成计数器构成的六进制计数电路（置位法）如图 6-71 所示。

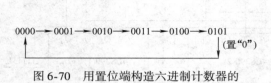

$0000 \longrightarrow 0001 \longrightarrow 0010 \longrightarrow 0011 \longrightarrow 0100 \longrightarrow 0101$ （置"0"）

图 6-70　用置位端构造六进制计数器的
循环状态（置"0"）

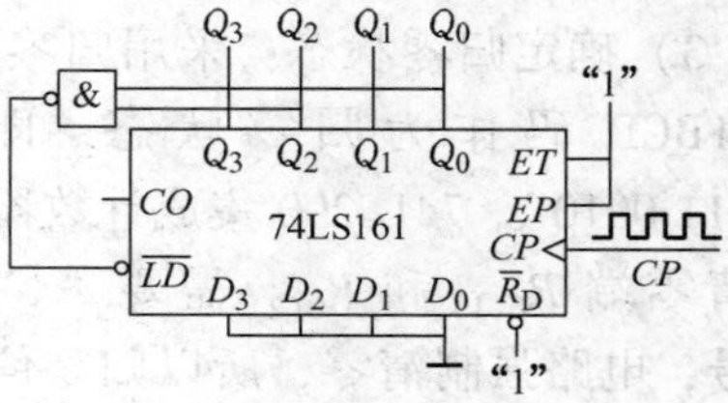

图 6-71　由 74LS161 集成计数器构成的
六进制计数电路（置位法）

6.5　555 集成定时器

6.5.1　555 集成定时器的工作原理

555 定时器是一种多用途的集成电路。555 定时器只要其外部配接少量阻容元件就可构成施密特触发器、单稳态触发器和多谐振荡器。因而在波形的产生与变换、测量与控制、家用电器和电子玩具等许多领域中都得到了广泛的应用。

555 定时器工作的电源电压很宽，并可承受较大的负载电流。双极型定时器电源电压范围为 5～16V，最大负载电流可达 200mA；CMOS 定时器电源电压变化范围为 3～18V，最大负载电流在 4mA 以下。555 定时器的逻辑符号如图 6-72a 所示，555 定时器的引脚图如图 6-72b 所示。555 定时器各引脚功能见表 6-22。

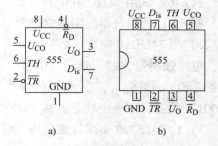

图 6-72　555 定时器逻辑符号和引脚图

表 6-22　555 定时器各引脚功能

引脚号	引脚名称	功　能
1	GND	接地端
2	$\overline{TR}$	低电平触发端，简称低触发端
3	U_O	输出端，输出电流可达 200mA，由此可直接驱动继电器、发光二极管、扬声器、指示灯等。输出高电压时，其大小略低于电压源 $U_{CC} = 1～3V$

引脚号	引脚名称	功 能
4	$\overline{R}_D$	复位端，由此输入负脉冲而使触发器直接复位（置"0"）。
5	U_{CO}	电压控制端，可外加电压改变比较器的参考电压。不用时，可用 $0.01\mu F$ 的电容接地，以消除高频干扰，保证该点电压为稳定值
6	TH	高电平触发端，简称高触发端，又称阈值端
7	D_{is}	放电端，其作用是提高定时电路的负载能力，并隔离负载对定时电路的影响
8	U_{CC}	电源端，可接 $5\sim18V$ 的电压源

555 定时器的内部电路框图如图 6-73 所示。555 定时器内含一个由三个阻值相同的电阻 R 组成的分压电路，产生 $\frac{1}{3}U_{CC}$ 和 $\frac{2}{3}U_{CC}$ 两个基准电压；两个电压比较器 A_1、A_2；一个由与非门 G_1、G_2 组成的基本 RS 触发器（低电平触发）；续流晶体管 VT 和输出反相缓冲器 G_3。$\overline{R}_D$ 是复位端，低电平有效。复位后，基本 RS 触发器的 $\overline{Q}$ 端为"1"（高电平），经反相缓冲器后，输出为"0"（低电平）。

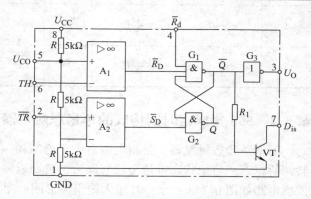

图 6-73　555 定时器的内部电路框图

在 555 定时器的 U_{CC} 和地之间加上电压，并让 U_{CO} 悬空，则比较器 A_1 的同相输入端接参考电压 $\frac{2}{3}U_{CC}$，比较器 A_2 反相输入端接参考电压 $\frac{1}{3}U_{CC}$。

1）低触发：当 $U_{TR} < \frac{1}{3}U_{CC}$、$U_{TH} < \frac{2}{3}U_{CC}$ 时，比较器 A_2 输出为低电平，A_1 输出为高电平，即 $\overline{S}_D = 0$，$\overline{R}_D = 1$，基本 RS 触发器置位（置"1"），即 $Q = 1$，$\overline{Q} = 0$，经输出反相缓冲器后，输出端 $U_O = 1$，续流晶体管 VT 截止，这时称 555 定时器"低触发"。

2）保持：当 $U_{TR} > \frac{1}{3}U_{CC}$、$U_{TH} < \frac{2}{3}U_{CC}$ 时，比较器 A_2 和 A_1 输出都为高电平，即 $\overline{R}_D = \overline{S}_D = 1$，基本 RS 触发器保持，因此输出端 U_O 和续流晶体管 VT 状态也保持不变，这时称 555 定时器"保持"。

3）高触发：当 $U_{TH} > \frac{2}{3}U_{CC}$ 时，比较器 A_1 输出为低电平，即 $\overline{R}_D = 0$，无论比较器 A_2 输出何种电平，基本 RS 触发器的输出端 $Q = 1$，经输出反相缓冲器后，输出端 $U_O = 0$，续流晶体管 VT 导通，这时称 555 定时器"高触发"。

U_{CO} 为控制电压端，在 U_{CO} 端加入电压，可改变两比较器 A_1、A_2 的参考电压。正常工作时，要在 U_{CO} 和地之间接 $0.01\mu F$ 的电容。续流晶体管 T 的输出端 D_{is} 为集电极开路输出。

555 定时器控制功能表见表6-23。根据 555 定时器的控制功能，可以制成各种不同的脉冲信号产生与处理电路，如单稳态触发器和多谐振荡器等。

表 6-23　555 定时器控制功能表

$\overline{R}_D$	TH 端的输入电压	$\overline{TR}$ 端的输入电压	$\overline{R}_D$	$\overline{S}_D$	$\overline{Q}$	U_O	VT
0	×	×	×	×	1	低电平电压（0）	导通
1	$> \frac{2}{3}U_{CC}$	×	0	×	1	低电平电压（0）	导通
1	$< \frac{2}{3}U_{CC}$	$< \frac{1}{3}U_{CC}$	1	0	0	高电平电压（1）	截止
1	$< \frac{2}{3}U_{CC}$	$> \frac{1}{3}U_{CC}$	1	1	保持	保持	保持

6.5.2　555 集成定时器构成的单稳态触发器

所谓单稳态触发器，是指电路有一个稳态和一个暂稳态；在触发脉冲作用下，由稳态翻转到暂稳态；暂稳状态维持一段时间后，自动返回到稳态。555 集成定时器构成的单稳态触发器电路如图 6-74a 所示，其输入输出波形图如图 6-74b 所示。

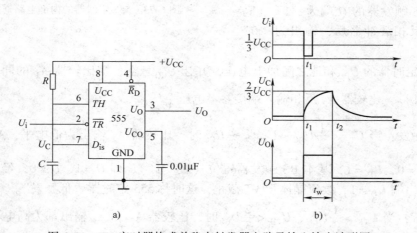

图 6-74　555 定时器构成单稳态触发器电路及输入输出波形图

555 集成定时器构成的单稳态触发器的工作原理如下。

（1）稳定状态（$0 \sim t_1$）

在 t_1 以前，U_i 为高电平时，其值大于 $\frac{1}{3}U_{CC}$，故比较器 A_2 的输出 $\overline{S}_D = 1$。如果基本 RS 触发器的输出端初始状态 $Q = 0$、$\overline{Q} = 1$，则续流晶体管 T 处于饱和状态，即 $U_C \approx 0.3V$，显然高电平触发端 TH 的电压小于 $\frac{2}{3}U_{CC}$，故比较器 A_1 输出高电平，即 $\overline{R}_D = 1$，基本 RS 触发器保持不变。如果基本 RS 触发器的输出端初始状态 $Q = 1$、$\overline{Q} = 0$，则续流晶体管 VT 处于截

止状态，电源 U_{CC} 通过电阻 R 对电容 C 充电，当电容 C 上的电压 U_C 上升到略高于 $\frac{2}{3}U_{CC}$ 时，比较器 A_1 输出为低电平，即 $\overline{R}_D = 0$，使得基本 RS 触发器的输出端状态 $Q = 0$、$\overline{Q} = 1$。因此，无论基本 RS 触发器的输出端初始状态如何，在稳定状态（$0 \sim t_1$）期间，基本 RS 触发器的输出端 $Q = 0$、$\overline{Q} = 1$，则经过输出反相缓冲器后，输出电压 U_O 为低电平，续流晶体管 VT 饱和导通，定时电容器 C 上的电压（6、7 引脚电压）$U_C = U_{TH} \approx 0.3\text{V}$，555 定时器工作在"保持"态。

（2）暂稳状态（$t_1 \sim t_2$）

在 t_1 时刻，U_i 为低电平，555 定时器的 $\overline{TR}$ 端电压小于 $\frac{1}{3}U_{CC}$，故比较器 A_2 输出为低电平，即 $\overline{S}_D = 0$，而比较器 A_1 由上述稳定状态的分析可知输出高电平，即 $\overline{R}_D = 1$，所以基本 RS 触发器置位（置"1"），即 $Q = 1$、$\overline{Q} = 0$，则经过输出反相缓冲器后，输出电压 U_O 由低电平变为高电平，电路进入暂稳状态。这时续流晶体管 VT 截止，电源 U_{CC} 通过电阻 R 对电容 C 充电，当电容 C 上的电压 U_C 上升到略高于 $\frac{2}{3}U_{CC}$ 时（即 t_2 时刻），比较器 A_1 输出为低电平，即 $\overline{R}_D = 0$，从而使得基本 RS 触发器的输出端 $\overline{Q} = 1$，则输出电压 U_O 由高电平恢复为低电平，这个过程为暂稳状态。

（3）恢复过程（t_2 以后）

在 t_2 时刻，基本 RS 触发器的输出端 $Q = 0$、$\overline{Q} = 1$，则续流晶体管 T 饱和导通，电容 C 迅速放电，使得 U_C 小于 $\frac{2}{3}U_{CC}$，而此时 U_i 为高电平，即 U_i 大于 $\frac{1}{3}U_{CC}$，于是比较器 A_1 和 A_2 都输出高电平，即 $\overline{R}_D = \overline{S}_D = 1$，则基本 RS 触发器保持 $Q = 0$、$\overline{Q} = 1$ 不变，输出电压 U_O 也保持低电平不变。

输出电压 U_O 产生的高电平脉冲的脉宽 t_W 由充电电路的电阻 R 和电容 C 决定，其计算公式为

$$t_W = RC\ln3 \approx 1.1RC \tag{6-7}$$

单稳态触发器在数字电路中常用于脉冲整形和定时控制。

1）脉冲整形。某不规则的脉冲波形 U_i（例如由光电转换电路产生的脉冲信号），边沿不陡、幅度不齐，不能直接输入数字电路中，此时需要经单稳态触发器进行整形，得到幅度和宽度一定的矩形脉冲信号 U_O，如图 6-75 所示。

2）定时控制。由脉宽 t_W 的计算公式可知，调整 R、C 的值可以进行定时控制，在如图 6-76a 所示的单稳态触发器的定时控制电路中，单稳态触发器输出 U_O 与被控信号 CP 作为与门的输入，在给单稳态触发器一个低电平信号后，被控信号 CP 只有在 t_W 时间内才能通过与门，输出到 Y，如图 6-76b 所示。

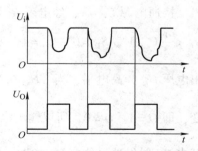

图 6-75　单稳态触发器的脉冲整形

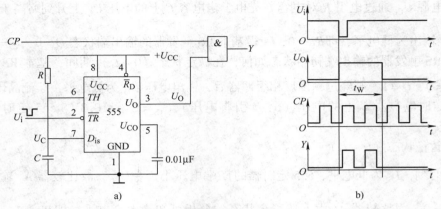

图 6-76　单稳态触发器的定时控制

6.5.3　555 集成定时器构成的多谐振荡器

多谐振荡器是指能产生矩形脉冲波的自激振荡器。由 555 定时器构成的多谐振荡器电路如图 6-77a 所示，电路采用电阻 R_1、R_2 和电容 C 组成 RC 定时电路，用于设定脉冲的周期和宽度。图 6-77b 所示为由 555 定时器构成的多谐振荡器电路的输出波形图。

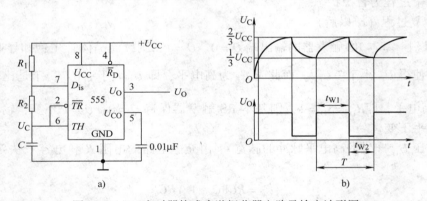

图 6-77　555 定时器构成多谐振荡器电路及输出波形图

接通电源 U_{CC} 后，经电阻 R_1 和 R_2 对电容 C 充电，电容上的电压 U_C 不断上升；当 $0 < U_C < \frac{1}{3}U_{CC}$ 时，$\overline{S}_D = 0$、$\overline{R}_D = 1$，基本 RS 触发器置位（置 "1"），即 $Q = 1$、$\overline{Q} = 0$，所以输出电压 U_O 为高电平；当 $\frac{1}{3}U_{CC} < U_C < \frac{2}{3}U_{CC}$ 时，$\overline{S}_D = 1$、$\overline{R}_D = 1$，基本 RS 触发器保持状态不变，即 $Q = 1$、$\overline{Q} = 0$，所以输出电压 U_O 仍为高电平；当 U_C 上升到略高于 $\frac{2}{3}U_{CC}$ 时，$\overline{R}_D = 0$，基本 RS 触发器复位（置 "0"），即 $Q = 0$、$\overline{Q} = 1$，此时输出电压 U_O 由高电平变为低电平，续流晶体管 VT 饱和导通，电容 C 通过 R_2 和 T 放电，电容上的电压 U_C 下降；当 U_C 下降到略低于 $\frac{1}{3}U_{CC}$ 时，$\overline{S}_D = 0$，基本 RS 触发器置位（置 "1"），即 $Q = 1$、$\overline{Q} = 0$，此时输出电压

U_O 由低电平变为高电平，同时，续流晶体管 VT 截止，电源 U_{CC} 又一次经电阻 R_1 和 R_2 对电容 C 充电。如此周而复始，输出电压 U_O 为连续的矩形波，如图 6-77b 所示。

输出电压 U_O 产生的脉宽 t_{W1} 是电容 C 充电的时间，由电阻 R_1、R_2 和电容 C 决定，其计算公式为

$$t_{W1} = (R_1 + R_2)C\ln2 \approx 0.7(R_1 + R_2)C \tag{6-8}$$

脉宽 t_{W2} 是电容 C 放电的时间，由电阻 R_2 和电容 C 决定，其计算公式为

$$t_{W2} = R_2C\ln2 \approx 0.7R_2C \tag{6-9}$$

输出电压 U_O 的占空比 δ 为

$$\delta = \frac{t_{W1}}{t_{W1} + t_{W2}} \times 100\% = \frac{R_1 + R_2}{R_1 + 2R_2} \times 100\% \tag{6-10}$$

输出电压 U_O 的振荡周期为

$$T = t_{W1} + t_{W2} = (R_1 + 2R_2)C\ln2 \approx 0.7(R_1 + 2R_2)C \tag{6-11}$$

输出电压 U_O 的振荡频率为

$$f = \frac{1}{T} = \frac{1}{(R_1 + 2R_2)C\ln2} \approx \frac{1.44}{(R_1 + 2R_2)C} \tag{6-12}$$

由 555 定时器构成的振荡电路，其振荡频率最高可达 300kHz。

6.5.4　555 集成定时器构成的施密特触发器

施密特触发器具有回差电压特性，能将边沿变化缓慢的电压波形整形为边沿陡峭的矩形脉冲。由 555 定时器构成的施密特触发器电路如图 6-78a 所示，图 6-78b 所示为电路的输入与输出波形图。

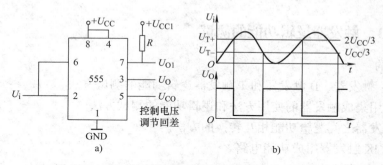

图 6-78　555 定时器构成施密特触发器电路及波形图

当 $U_i = 0V$ 时，$R_D = 1$、$S_D = 0$，触发器置"1"，即 $Q = 1$、$\overline{Q} = 0$，$U_{O1} = U_O = 1$。U_i 升高时，在未到达 $\frac{2}{3}U_{CC}$ 以前，$U_{O1} = U_O = 1$ 的状态不会改变。

当 U_i 升高到 $\frac{2}{3}U_{CC}$ 时，比较器 A_1 输出跳变为"0"、A_2 输出为"1"，触发器置"0"，即跳变到 $Q = 0$、$\overline{Q} = 1$，U_{O1}、U_O 也随之跳变到"0"。此后，U_i 继续上升到最大值，然后再降低，但在未降低到 $\frac{1}{3}U_{CC}$ 以前，$U_{O1} = 0$、$U_O = 0$ 的状态不会改变。

当 U_i 下降到 $\frac{1}{3}U_{CC}$ 时，比较器 A_1 输出为"1"、A_2 输出跳变为"0"，触发器置"1"，即跳变到 $Q=1$、$\bar{Q}=0$，U_{O1}、U_O 也随之跳变到"1"。此后，U_i 继续下降到 0V，但 $U_{O1}=1$、$U_O=1$ 的状态不会改变。

施密特触发器主要应用在以下几个方面：

1）用作接口电路：将缓慢变化的输入信号，转换成符合 TTL 系统要求的脉冲波形，图 6-79 所示为用于慢输入波形的 TTL 系统接口。

2）用作整形电路：把不规则的输入信号整形成为矩形脉冲，如图 6-80 所示。

3）用于脉冲鉴幅：从一系列幅度不同的脉冲信号中，选出那些幅度大于 U_{T+} 的输入脉冲，如图 6-81 所示。

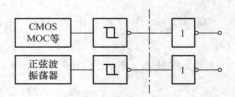

图 6-79　慢输入波形的 TTL 系统接口

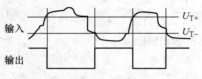

图 6-80　整形电路的输入、输出波形

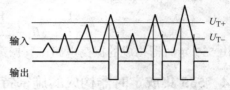

图 6-81　幅度鉴别的输入、输出波形

6.6　实验

6.6.1　实验 1　触发器逻辑功能的测试

1. 实验目的

1）掌握 JK 触发器、D 触发器和 T 触发器逻辑功能的测试方法。

2）掌握常用集成触发器的使用方法和逻辑功能的测试方法。

3）了解触发器之间逻辑功能相互转换的方法。

4）学习用 JK 触发器组成功能电路。

2. 实验设备与器件

1）数字电路实验箱。

2）示波器。

3）芯片 CC4027B、CC4013B。

4）逻辑开关信号。

5）逻辑电平显示装置（一组发光二极管指示灯）。

3. 实验内容与步骤

（1）测试 CC4027B 集成双 JK 触发器的逻辑功能

1）认识 CC4027B 集成双 JK 触发器芯片。图 6-82a 所示为 CC4027B 集成双 JK 触发器的引脚图。CC4027B 是 CMOS 上升沿触发的双 JK 触发器，R 端是直接复位、S 端是直接置位，两个端口均为高电平有效；16 脚为电源端 U_{DD}，8 脚为电源端 U_{SS}。

2）直接置位功能和直接复位功能的测试如下：

① 将 CC4027B 安装在集成电路插座上，注意芯片的安装方向不要出错，否则会在接通电路时将芯片烧毁。

② 按照芯片电源电压等级和电源供电方式的要求接入电源，确保电路能够正常工作。

③ 任选 CC4027B 集成双 JK 触发器芯片中的一个 JK 触发器，将逻辑开关信号分别接在 JK 触发器的 R 端（4 脚或者 12 脚）和 S 端（7 脚或者 9 脚），将所选的 JK 触发器的输出端接到逻辑电平显示装置上，用来显示输出信号的状态。按表 6-24 中的要求改变 R、S 端的信号状态，观察 Q 端输出状态，并将结果填入表 6-24 中。

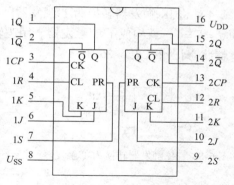

图 6-82　CC4027B 的引脚图

表 6-24　双 JK 触发器 CC4027B 的置位复位功能测试

R	S	CP	J	K	Q^{n+1}	
					$Q^n = 0$	$Q^n = 1$
0	1	×	×	×		
1	0	×	×	×		

3）JK 触发器逻辑功能测试。由本章 6.1.2 小节分析可知，JK 触发器的状态方程为 $Q^{n+1} = J\overline{Q^n} + \overline{K}Q^n$。

① 完成了直接置位功能和直接复位功能的测试后，将 R、S 端置低电平；

② 选择三个逻辑开关信号分别接入已测试过的 JK 触发器的 J、K 和 CP 端。按表 6-25 要求改变 J、K 和 CP 的状态，观察 Q 端状态并将结果填入表 6-25 中。

表 6-25　双 JK 触发器 CC4027B 的逻辑功能测试

R	S	J	K	CP	Q^{n+1}	
					$Q^n = 0$	$Q^n = 1$
0	0	0	0	0→1		
				1→0		
		0	1	0→1		
				1→0		
		1	0	0→1		
				1→0		
		1	1	0→1		
				1→0		

237

4）将 JK 触发器转换为 T′触发器。将 J 端和 K 端并接在一起，接线方式如图 6-83 所示，使 J = K = 1，就构成了 T′触发器。用逻辑开关信号送入四个单脉冲于 CP 端，将观察到的触发器状态记录在表 6-26 中。

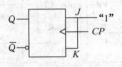

图 6-83　JK 触发器转换为 T′触发器

表 6-26　T′触发器逻辑功能测试

CP	T'	Q^n	Q^{n+1}
1	1		
2	1		
3	1		
4	1		

5）JK 触发器构成二进制减法计数器。

① 图 6-84 所示为由两个 JK 触发器构成的异步二进制减法计数器电路。按照图 6-84 所示电路完成电路的接线，接线时注意电源的接法。

② 用逻辑开关信号将 S 端设定为低电平，在 R 端送入高电平将两个触发器先清零，然后在 R 端送入低电平。

③ 用逻辑开关信号在 CP 端送入四个单脉冲，观察输出端 Q_2、Q_1 的状态，填入表 6-27 中。

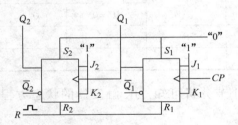

图 6-84　JK 触发器组成的二进制减法计数器电路

表 6-27　二进制减法计数器测试

CP	Q_2	Q_1
0		
1		
2		
3		
4		

（2）测试双 D 触发器 CC4013B 的逻辑功能

1）认识 CC4013B 集成双 D 触发器芯片。图 6-85 所示为 CC4013B 集成双 D 触发器芯片的引脚图。CC4013B 是 CMOS 上升沿触发的双 D 触发器，直接复位 R 端、直接置位 S 端，两个端口均为高电平有效；14 脚为电源端 U_{DD}，7 脚为电源端 U_{SS}。

2）直接置位功能和直接复位功能的测试如下：

① 将 CC4013B 安装在集成电路插座上，注意芯片的安装方向不要出错，否则会在接通电路时将芯片烧毁。

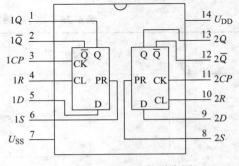

图 6-85　CC4013B 的引脚图

② 按照芯片电源电压等级和电源供电方式的要求接入电源，确保电路能够正常工作。

③ 任选 CC4013B 集成双 D 触发器芯片中的一个 D 触发器，将逻辑开关信号分别接在 D

触发器的 R 端（4 脚或者 10 脚）和 S 端（6 脚或者 8 脚），将所选的 D 触发器的输出端接到逻辑电平显示装置上，用来显示输出信号的状态。按表 6-28 中的要求改变 R、S 端的信号状态，观察 Q 端输出状态，并将结果填入表 6-28 中。

表 6-28　双 D 触发器 CC4013B 置位复位功能测试

R	S	CP	D^n	Q^{n+1}	
				$Q^n = 0$	$Q^n = 1$
0	1	×	×		
1	0	×	×		

3）D 触发器逻辑功能测试。由本章 6.1.3 小节分析可知，D 触发器的状态方程为 $Q^{n+1} = D$。

① 在完成直接置位功能和直接复位功能的测试后，将 R、S 端置低电平。

② 选择 2 个逻辑开关信号分别接入已测试过的 D 触发器的 D 和 CP 端。按表 6-29 要求改变 D 和 CP 的状态，观察 Q 端状态并将结果填入表 6-29 中。

表 6-29　双 D 触发器 CC4013B 逻辑功能测试

R	S	D^n	CP	Q^{n+1}	
				$Q^n = 0$	$Q^n = 1$
0	0	0	0→1		
			1→0		
		1	0→1		
			1→0		

4. 实验注意事项

1）集成芯片使用时注意必须先接通电源后接通信号。实验结束或者改接线路时应先撤除信号后再关掉电源。

2）芯片引脚相互不可短路，否则会损坏芯片。

3）在改变电路连线或插拔电路时，应切断电源，严禁带电操作。

6.6.2　实验 2　计数器的测试与应用

1. 实验目的

1）了解用集成触发器构成计数器的方法。

2）掌握中规模集成计数器的使用及功能测试。

3）掌握用归零法构成 N 进制加、减法计数器的原理和方法。

2. 实验设备与仪器

1）数字电路实验箱。

2）示波器。

3）芯片：CC40192、CC4013B、CC4011B 或 74LS00、CC4012B 或 74LS20。

4）逻辑开关信号。

5）逻辑电平显示装置（一组发光二极管指示灯）。

3. 实验内容与步骤

（1）用 CC4013B 双 D 触发器构成四位二进制异步加法计数器

1）图 6-86 所示为用四个 D 触发器构成的四位二进制异步加法计数器电路。选用两片 CC4013B 集成芯片，按照四位二进制异步加法计数器电路图完成接线图的绘制。

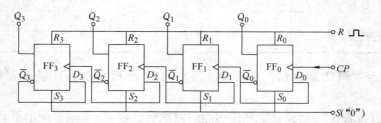

图 6-86　四位二进制异步加法计数器电路

2）根据接线图完成电路的接线。将芯片正确地安装在集成电路插座上；接入电源和接地；将四个 D 触发器的复位端连接在一起，然后接至逻辑开关信号的插口上，作为电路的复位端 R；将四个 D 触发器的置位端连接在一起，与接地相连，即 $S=0$；四个触发器的输出端 $Q_3Q_2Q_1Q_0$ 接到逻辑电平显示装置上。

3）用逻辑开关信号在电路的复位端 R 送入一个复位信号（高电平有效），让计数器复位，即 $Q_3Q_2Q_1Q_0=0000$。

4）在最低位 D 触发器的 CP 端接入 1Hz 的计数脉冲，观察 $Q_3Q_2Q_1Q_0$ 的指示灯的亮与灭，并记录 $Q_3Q_2Q_1Q_0$ 的状态，填入表 6-30 中。

表 6-30　输出端 $Q_3Q_2Q_1Q_0$ 的状态

CP	Q_3	Q_2	Q_1	Q_0	CP	Q_3	Q_2	Q_1	Q_0
0					8				
1					9				
2					10				
3					11				
4					12				
5					13				
6					14				
7					15				

5）把 1Hz 的连续脉冲改为 1kHz 的连续脉冲，送给低位触发器的 CP 端，用示波器双踪分别显示计数脉冲和 Q_3 输出端、计数脉冲和 Q_2 输出端、计数脉冲和 Q_1 输出端、计数脉冲和 Q_0 输出端的波形，并记录在图 6-87 中。

（2）认识芯片 CC40192B 的逻辑功能

CC40192B 芯片是 CMOS 型的四位十进制可预置数同步加减计数器（双时钟，有清除端），其引脚图如图 6-88 所示，引脚功能见表 6-31，逻辑状态表见表 6-32。

示波器双踪显示CP和Q_3的波形关系

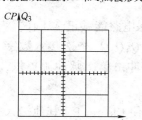

CP Q_3

示波器双踪显示CP和Q_2的波形关系

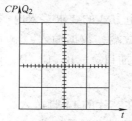

CP Q_2

示波器双踪显示CP和Q_1的波形关系

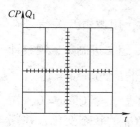

CP Q_1

示波器双踪显示CP和Q_0的波形关系

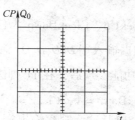

CP Q_0

图 6-87 四位二进制异步加法计数器波形记录

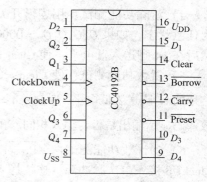

图 6-88 CC40192B 的引脚图

表 6-31 CC40192B 引脚功能

引脚号	引脚名称	功　能
14	Clear	清零端，高电平清零
11	$\overline{Preset}$	置数端，低电平有效
15、1、10、9	D_1、D_2、D_3、D_4	置数输入端，当清零端 14 脚为低电平、置数端 11 脚为低电平时，数据直接从 15 脚、1 脚、10 脚、9 脚置入计数器
3、2、6、7	Q_1、Q_2、Q_3、Q_4	数据输出端
12	$\overline{Carry}$	进位输出端，低电平有效
13	$\overline{Borrow}$	借位输出端，低电平有效
4	ClockDown	减法计数脉冲输入端，上升沿有效
5	ClockUp	加法计数脉冲输入端，上升沿有效

表 6-32 CC40192B 的逻辑状态表

输　入								输　出			
Clear	$\overline{Preset}$	Clock Down	Clock Up	D_4	D_3	D_2	D_1	Q_4	Q_3	Q_2	Q_1
1	×	×	×	×	×	×	×	0	0	0	0
0	0	×	×	d	c	b	a	d	c	b	a
0	1	↑	1	×	×	×	×	减法计数			
0	1	1	↑	×	×	×	×	减法计数			

241

1）将 CC40192B 芯片安装在集成电路插座上，注意芯片的安装方向不要出错，否则会在接通电路时将芯片烧毁。

2）按照芯片电源电压等级和电源供电方式的要求接入电源，确保电路能够正常工作。

3）将逻辑开关信号接入清零端、置数端、数据输入，输出端 $Q_4Q_3Q_2Q_1$ 依次接入数字电路实验箱的一个译码显示输入端的相应插口 A、B、C、D，计数脉冲由单次脉冲源提供，$\overline{\text{Carry}}$ 和 $\overline{\text{Borrow}}$ 端接逻辑电平显示插口。

4）清除功能测试：用逻辑开关信号在芯片的 14 脚送入高电平，使 Clear = 1，其他输入为任意状态，如果 $Q_3Q_2Q_1Q_0 = 0000$，译码器显示数字为"0"，则说明芯片清除功能完成，然后在 14 脚送入低电平，使 Clear = 0。

5）置数功能测试：使 Clear = 0，ClockUp、ClockDown 为任意状态，用逻辑开关信号在芯片的 11 脚送入低电平，使 $\overline{\text{Preset}} = 0$，数据输入端 $D_4D_3D_2D_1$ 输入任意一组二进制数，观察计数译码显示输出是否与输入相同。预置数功能实现后，在 11 脚送入高电平，使 Preset = 1。

6）加计数功能测试：令 $\overline{\text{Preset}} = \text{ClockDown} = 1$，Clear = 1 清零操作后，令 Clear = 0，在 ClockUp 接入单次脉冲源，连续送入 10 个单脉冲，观察输出端 $Q_3Q_2Q_1Q_0$ 的状态变化，并判断输出端的变化是否发生在 ClockUp 的上升沿。

7）减计数功能测试：令 $\overline{\text{Preset}} = \text{ClockUp} = 1$，Clear = 1 清零操作后，令 Clear = 0，在 ClockDown 接入单次脉冲源，连续送入 10 个单脉冲，观察输出端 $Q_3Q_2Q_1Q_0$ 的状态变化，并判断输出端的变化是否发生在 ClockDown 的上升沿。

（3）归零法构成六进制加计数器

图 6-89 所示为用归零法构成六进制加法计数器电路。电路由一片 CC40192B 四位十进制可预置数同步加减法计数器和一片 CC4011B 四 2 输入与非门构成。

1）将 CC40192B 芯片和 CC4012 芯片安装在集成电路插座上，注意芯片的安装方向不要出错，否则会在接通电路时将芯片烧毁。

2）按照芯片电源电压等级和电源供电方式的要求接入电源，确保电路能够正常工作。

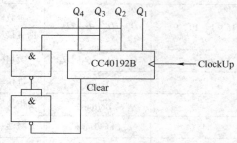

图 6-89　归零法构成六进制加法计数器电路

3）按照实际要求完成状态循环图，确定归零状态和归零信号的逻辑关系如图 6-90 所示。六进制加计数器选用 $Q_4Q_3Q_2Q_1 = 0110$ 为归零状态，$\text{Clear} = Q_3Q_2 = \overline{\overline{Q_3Q_2}} = 11$。

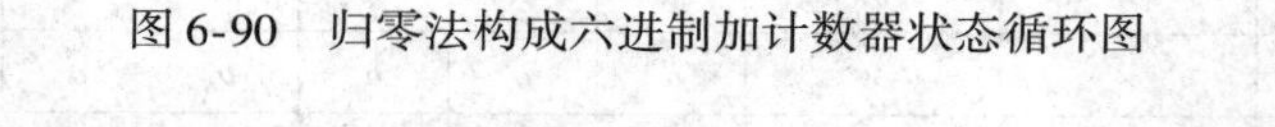

$$0000 \longrightarrow 0001 \longrightarrow 0010 \longrightarrow 0011 \longrightarrow 0100 \longrightarrow 0101 \longrightarrow 0110 \longrightarrow \text{Clear(清零)}$$

图 6-90　归零法构成六进制加计数器状态循环图

4）按照图 6-89 所示完成电路的接线，同时用逻辑开关信号将 $\overline{\text{Preset}} = \text{ClockDown} = 1$，利用 Clear 端清零后，将 Clear 端与 $\overline{Q_3Q_2}$ 的输出端相连，在 ClockUp 接入单次脉冲源，连续送入单脉冲，观察输出端 $Q_3Q_2Q_1Q_0$ 的状态变化，并将变化状态填入表 6-33 中。

表 6-33　归零法构成六进制加法计数器输出状态记录

CP	Q_1^n	Q_2^n	Q_3^n	Q_4^n	Q_1^{n+1}	Q_2^{n+1}	Q_3^{n+1}	Q_4^{n+1}

5）采用归零法，用一片 CC40192B 和一片 CC4012 设计一个七进制加法计数器，并用上述的实验方法验证。

（4）计数器的级联应用

图6-91 所示为用归零法构成二十七进制计数器电路。电路由两片 CC40192B 四位十进制可预置数同步加减计数器和一片 CC4012 双四输入与非门构成。

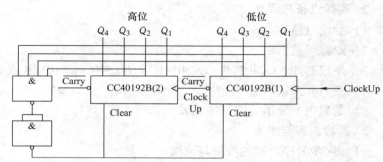

图 6-91　归零法构成二十七进制计数器电路

1）将两片 CC40192B 芯片和一片 CC4012 芯片正确安装在集成电路插座上，按照芯片电源电压等级和电源供电方式的要求接入电源，确保电路能够正常工作。

2）按照实际要求完成确定归零状态和归零信号的逻辑关系，二十七进制计数器选用个位（低位）的 $Q_3Q_2Q_1 = 111$ 和十位（高位）的 $Q_2 = 1$ 四位信号的与门信号为归零状态，即 $\text{Clear} = Q_{2(+位)}Q_3Q_2Q_1 = \overline{\overline{Q_{2(+位)}Q_3Q_2Q_1}} = 1111$。

3）按照图 6-91 所示完成电路的接线，同时用逻辑开关信号设置 $\overline{\text{Preset}} = \overline{\text{ClockDown}} = 1$，利用 Clear 端清零后，将 Clear 端与 $\overline{\overline{Q_{2(+位)}Q_3Q_2Q_1}}$ 的输出端相连，在 ClockUp 接入单次脉冲源，连续送入单脉冲，观察输出端 $Q_3Q_2Q_1Q_0$ 的状态变化，并将变化状态填入表 6-34 中。

表 6-34　归零法构成二十七进制计数器输出状态记录

时钟脉冲	十位				个位				时钟脉冲	十位				个位			
CP	Q_4	Q_3	Q_2	Q_1	Q_4	Q_3	Q_2	Q_1	CP	Q_4	Q_3	Q_2	Q_1	Q_4	Q_3	Q_2	Q_1

注：请根据实际的测试结果增加表格的行数。

4）采用归零法，用两片 CC40192B 和一片 CC4012 与非门芯片设计一个三十六进制计数器，并用上述的实验方法验证。

4. 实验注意事项

1）集成芯片使用时应注意：必须先接通电源后接通信号；实验结束或者改接线路时应先撤除信号后再关掉电源。

2）在改变电路连线或插拔电路时，应切断电源，严禁带电操作。

3）TTL 芯片引脚悬空时，相当于接了高电平，但 CMOS 芯片输入端引脚不允许悬空。

6.6.3　实验3　时序逻辑电路的分析与测试

1. 实验目的

1）熟悉由集成触发器构成的时序逻辑电路及其工作原理。

2）掌握时序逻辑电路的分析方法和逻辑功能测试的方法。

2. 实验设备与器件

1）数字电路实验箱。

2）双踪示波器。

3）集成芯片：CC4027B、CC4011B 或 74LS00、CC4012B 或 74LS20。

4）逻辑开关信号。

5）逻辑电平显示装置（一组发光二极管指示灯）。

3. 实验内容与步骤

（1）同步时序电路的分析与测试

图 6-92 所示为一个同步时序逻辑电路。电路由三个 JK 触发器构成，S_1、S_2 和 S_3 接在一起作为 S 端；R_1、R_2 和 R_3 接在一起作为 R 端；输出为 $Q_3Q_2Q_1$。

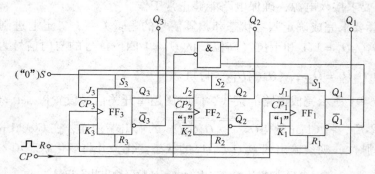

图 6-92　同步时序逻辑电路

1）根据图 6-92 所示电路图分析电路：

① 说明图 6-92 所示电路是同步逻辑电路的原因：＿＿＿＿＿＿＿＿＿＿＿＿＿＿＿

＿＿＿＿＿＿＿＿＿＿＿＿＿＿＿＿＿＿＿＿＿＿＿＿＿＿＿＿＿＿＿＿＿＿＿＿＿＿。

② 列出各触发器输入端的驱动方程和时钟脉冲方程。

$J_1 = $＿＿＿＿＿＿，$K_1 = $＿＿＿＿＿＿，$CP_1 = $＿＿＿＿＿＿；

$J_2 = $＿＿＿＿＿＿，$K_2 = $＿＿＿＿＿＿，$CP_2 = $＿＿＿＿＿＿；

$J_3 = $＿＿＿＿＿＿，$K_3 = $＿＿＿＿＿＿，$CP_3 = $＿＿＿＿＿＿；

$R_1 = R_2 = R_3 =$ _____, $S_1 = S_2 = S_3 =$ _____。

③ 确定各触发器的状态方程，并设初始状态 $Q_3Q_2Q_1 = 000$，分析给定时序逻辑电路的状态，填入表 6-35 中。

$Q_1^{n+1} =$ _____; $Q_2^{n+1} =$ _____; $Q_3^{n+1} =$ _____。

表 6-35　同步时序逻辑电路的状态表

时钟脉冲	Q_3^n	Q_2^n	Q_1^n	Q_3^{n+1}	Q_2^{n+1}	Q_1^{n+1}

注：请根据实际的测试结果增加表格的行数。

④ 根据表 6-35 中的逻辑关系画出状态循环图和输出波形图，说明实验电路的逻辑功能。

2）电路功能的实现：

① 选择两片 CC4027B 芯片和一片 CC4011B 芯片正确安装到集成电路插座上，接入电源和接地，按图 6-92 接好实验电路。

② 经检查无误后接通电源开关，先在 R 端送入一个高电平信号，电路输出清零；在 CP 端送入单次脉冲，观察并列表记录 Q_3、Q_2、Q_1 状态，记录表格与表 6-35 相同。

③ 把单次脉冲改为 1Hz 的连续脉冲，观察并记录 Q_3、Q_2、Q_1 的状态。

④ 把 1Hz 的连续脉冲改为 1kHz，用双踪示波器观察 Q_3、Q_2、Q_1 的波形与 CP 脉冲的关系。

（2）**异步时序逻辑电路的分析与测试**

图 6-93 所示为一个异步时序逻辑电路。电路由三个 JK 触发器构成，S_1、S_2 和 S_3 接在一起作为 S 端；R_1、R_2 和 R_3 接在一起作为 R 端；输出为 $Q_3Q_2Q_1$。

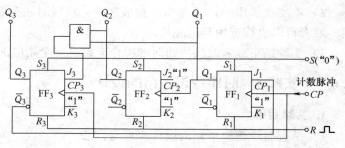

图 6-93　异步时序逻辑电路

1）根据图 6-93 所示电路图分析电路：

① 说明图 6-93 所示电路是异步逻辑电路的原因：_____

_____。

② 列出各触发器输入端的驱动方程和时钟脉冲方程。

$J_1 =$ _____, $K_1 =$ _____, $CP_1 =$ _____;

$J_2 =$ _____, $K_2 =$ _____, $CP_2 =$ _____;

$J_3 =$ _____, $K_3 =$ _____, $CP_3 =$ _____;

$R_1 = R_2 = R_3 =$ _____, $S_1 = S_2 = S_3 =$ _____。

③ 确定各触发器的状态方程，并设初始状态 $Q_3Q_2Q_1 = 000$，分析给定时序逻辑电路的状态（表明每个触发器的实际时钟脉冲），填入表 6-36 中。

$Q_1^{n+1} = \underline{\hspace{3cm}}$；$Q_2^{n+1} = \underline{\hspace{3cm}}$；$Q_3^{n+1} = \underline{\hspace{3cm}}$。

表 6-36　异步时序逻辑电路的状态表

时钟脉冲	Q_3^n	Q_2^n	Q_1^n	Q_3^{n+1}	Q_2^{n+1}	Q_1^{n+1}

注：请根据实际的测试结果增加表格的行数。

④ 根据表 6-36 中的逻辑关系画出状态循环图和输出波形图，说明实验电路的逻辑功能。

2）电路功能的实现：

① 选择两片 CC4027B 芯片和一片 CC4011B 芯片正确安装到集成电路插座上，接入电源和接地，按图 6-93 接好实验电路。

② 经检查无误后接通电源开关，先在 R 端送入一个高电平信号，电路输出清零；在 CP 端送入单次脉冲，观察并列表记录 Q_3、Q_2、Q_1 状态，记录表格与表 6-36 相同。

③ 把单次脉冲改为 1Hz 的连续脉冲，观察并记录 Q_3、Q_2、Q_1 的状态。

④ 把 1Hz 的连续脉冲改为 1kHz，用双踪示波器观察 Q_3、Q_2、Q_1 的波形与 CP 脉冲的关系。

4. 实验注意事项

1）集成芯片的安装方向一定要正确，电源的接入极性也要正确，否则通电后会烧毁芯片。

2）本实验选用的是"与非"集成芯片，接线时注意要将电路中的与门电路转换成与非门，或者可以直接选用与门芯片。

3）实验结束或者改接线路时的操作应符合安全用电的要求。

6.6.4　实验 4　时序逻辑电路的设计

1. 实验目的

1）掌握时序逻辑电路的设计原理与方法。

2）掌握时序逻辑电路的实验测试方法。

2. 实验设备与仪器

1）数字电路实验板（箱）。

2）集成芯片：CC4027B、74LS00、74LS20。

3）逻辑开关信号。

4）逻辑电平显示装置（一组发光二极管指示灯）。

3. 实验内容与步骤

设计要求：一组彩灯循环显示如图 6-94 所示。图中，"○"表示灯灭状态，"●"表示灯亮状态。

设计步骤如下：

1）由图 6-94 可知，由红、绿、黄三盏灯进行循环工作，则定义红灯为

图 6-94 彩灯循环显示示意图

Q_3、绿灯为 Q_2、黄灯为 Q_1。由于有三个输出端，故选用两片 CC4027B 芯片。列出逻辑状态表，填入满足 $Q_3Q_2Q_1$ 要求的状态循环的输入端 JK 的值，结果不唯一，但要求尽量简单，参考数据见表 6-37，表中的 "×" 表示任意态。该表的分析填写方法在 6.2.2 节中有详细的讲解。

表 6-37 电路工作逻辑状态表及输入端 JK 的值

计数脉冲数	Q_3	Q_2	Q_1	J_3	K_3	J_2	K_2	J_1	K_1
0	0	0	0	1	×	0	×	0	×
1	1	0	0	×	0	1	×	0	×
2	1	1	0	×	1	×	0	1	×
3	0	1	1	1	×	×	1	×	0
4	1	0	1	×	1	0	×	×	1
5	0	0	0						

2）用卡诺图方法确定输入端 JK 的驱动方程，如图 6-95 所示。

经化简可得，各触发器的驱动方程如下：

红灯为 Q_3：$J_3 = 1$，$K_3 = Q_1 + Q_2 = \overline{\overline{Q_1} \cdot \overline{Q_2}}$。

绿灯为 Q_2：$J_2 = \overline{Q_1} Q_3$，$K_2 = Q_1$。

黄灯为 Q_1：$J_1 = Q_2$，$K_1 = Q_3$。

3）设计的满足彩灯循环显示的时序逻辑电路如图 6-96 所示。

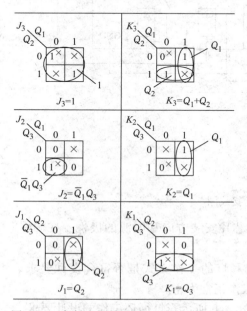

图 6-95 各触发器输入端 JK 的卡诺图化简

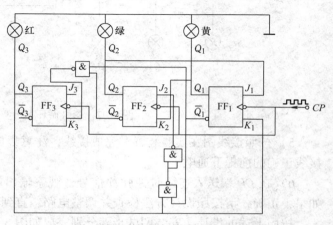

图 6-96 彩灯闪烁时序逻辑电路图

247

4）根据图 6-96 所示电路，完成实验接线图（芯片：CC4027 和 74LS00），如图 6-97 所示。

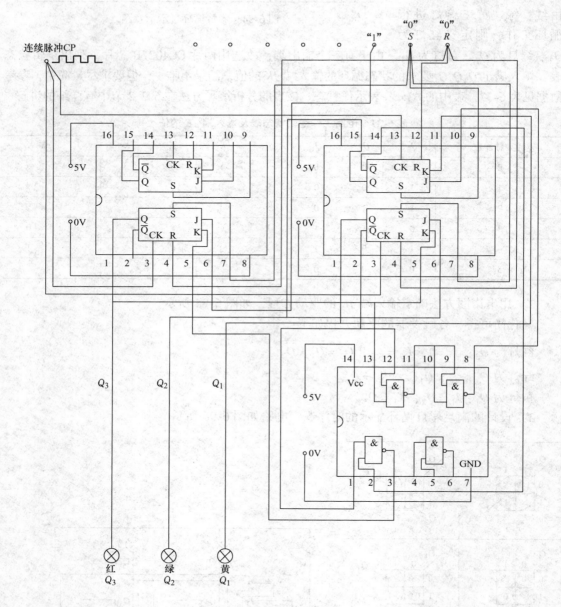

图 6-97 彩灯循环显示实验接线图

5）按照接线图在实验装置上完成接线，注意集成芯片安装方向和电源的极性。在确保接线正确的前提下通电。

6）在 CP 端送入连续时钟脉冲信号，观察输出端彩灯的工作方式是否符合设计要求。如果不正确，请按照设计方法检查并调整电路，直到工作正常为止。

按照上述的设计、安装调试步骤分别完成如图 6-98a ~ h 所示彩灯循环工作的设计要求。

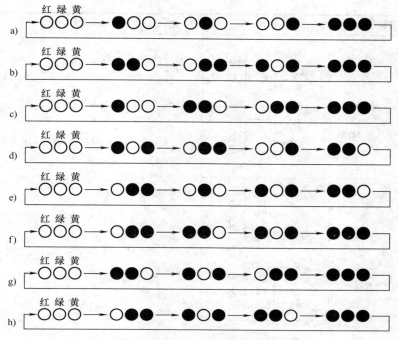

图 6-98 彩灯循环工作的设计要求

4. 实验注意事项

1）集成芯片的安装方向一定要正确，电源的接入极性也要正确，否则通电后会烧毁芯片。

2）使用 CMOS 芯片时，不使用的引脚不能处于悬空状态，要给其提供高电平信号。

3）实验结束或者改接线路时的操作应符合安全用电的要求。

知识点梳理与总结

1）时序逻辑电路就是电路的输出状态不仅与输入状态有关，还与电路输出端原来的状态有关。触发器是时序逻辑电路的一个重要构成部分。

2）常用触发器的符号及状态方程见表 6-38。

表 6-38　常用触发器的对比

触发器名称	逻 辑 符 号	状 态 方 程
基本 RS 触发器	$\overline{S}$—S　Q $\overline{R}$—R　$\overline{Q}$	$\begin{cases} Q^{n+1} = \overline{\overline{S}} + \overline{R}Q^n = S + \overline{R}Q^n \\ \overline{R} + \overline{S} = 1 \end{cases}$　　　（约束条件）
同步 RS 触发器	$\overline{S}_D$—S S—1S　Q CP—C1 R—1R　$\overline{Q}$ $\overline{R}_D$—R	$\begin{cases} Q^{n+1} = \overline{R} \cdot \overline{S} \cdot Q^n + S = S + \overline{R}Q^n　（CP=1 时有效） \\ RS = 0 \end{cases}$　（约束条件）

249

触发器名称	逻辑符号	状态方程
同步 JK 触发器	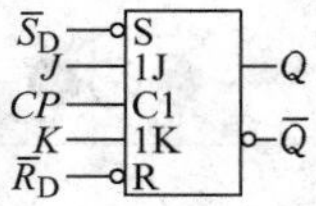 $\overline{S}_D$—S J—1J　Q CP—C1 K—1K　$\overline{Q}$ $\overline{R}_D$—R	
下降沿翻转的主从型 JK 触发器	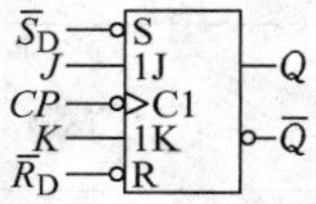 $\overline{S}_D$—S J—1J　Q CP—C1 K—1K　$\overline{Q}$ $\overline{R}_D$—R	$Q^{n+1} = J\,\overline{Q^n} + \overline{K}Q^n$
上升沿翻转的主从型 JK 触发器	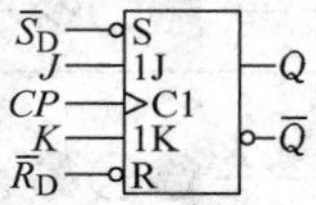 $\overline{S}_D$—S J—1J　Q CP—>C1 K—1K　$\overline{Q}$ $\overline{R}_D$—R	
D 触发器（上升沿有效）	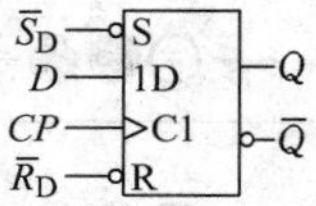 $\overline{S}_D$—S D—1D　Q CP—>C1 $\overline{R}_D$—R　$\overline{Q}$	
D 触发器（下降沿有效）	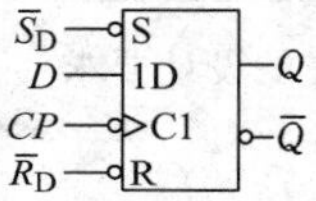 $\overline{S}_D$—S D—1D　Q CP—>C1 $\overline{R}_D$—R　$\overline{Q}$	$Q^{n+1} = D$
T 触发器（下降沿有效）	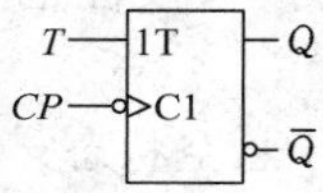 T—1T　Q CP—C1　$\overline{Q}$	$Q^{n+1} = T\,\overline{Q^n} + \overline{T}Q^n$
T′触发器（下降沿有效）	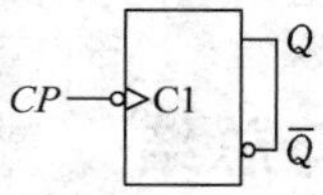 CP—C1　Q $\overline{Q}$	$Q^{n+1} = \overline{Q^n}$

3）根据时钟脉冲加入方式的不同，时序逻辑电路分为同步时序逻辑电路和异步时序逻辑电路。

4）所有触发器的时钟脉冲输入端（CP 端）共用一个时钟脉冲源，电路中所有触发器的状态变化与时钟脉冲信号同步，称为同步逻辑时序电路。在电路中，加入触发器时钟脉冲输入端（CP 端）信号不共用同一个脉冲信号，触发器动作与时钟脉冲不再同步，称为异步时序逻辑电路。

5）时序电路的逻辑功能可用逻辑表达式、状态表、卡诺图、状态图、时序图和逻辑图 6 种方式表示。

6）在数字电路中，用来存放二进制数据或代码的电路称为寄存器。寄存器是由具有存储功能的触发器组合起来构成的。一个触发器可以存储 1 位二进制数码，存放 n 位二进制数码的寄存器，需用 n 个触发器来构成。按照功能的不同，可将寄存器分为数据寄存器和移位寄存器两大类。

7）在数组系统中，用来暂时存放数码的寄存器称为数据寄存器，在数据寄存器中，数据输入和输出都只能是并行状态，按其接收数据的方式又分为双拍式和单拍式两种。

8）移位寄存器中的数据可以在移位脉冲作用下依次逐位右移或左移，数据既可以并行输入、并行输出，也可以串行输入、串行输出，还可以并行输入、串行输出，串行输入、并行输出。

9）在数字电路中，能够记忆输入脉冲个数的电路称为计数器。按计数规律可分为加法计数器、减法计数器和可逆计数器（可加、可减）；按 CP 信号输入方式可分为异步计数器和同步计数器；按计数进制可分为二进制计数器、十进制（BCD）计数器和任意进制计数器。

10）按自然态序进行计数的 N 进制计数器的构成方法：归零法（利用清零端构造 N 进制计数器）；置位法（利用置位端构造 N 进制计数器）。注意：置位法只适合具有置位功能的集成计数器芯片。

11）555 定时器是一种多用途的集成电路。555 定时器只要其外部配接少量阻容元件就可构成施密特触发器、单稳态触发器和多谐振荡器。

12）单稳态触发器电路有一个稳态和一个暂稳态；在触发脉冲作用下，由稳态翻转到暂稳态；暂稳状态维持一段时间后，自动返回到稳态。多谐振荡器是指能产生矩形脉冲波的自激振荡器。施密特触发器具有回差电压特性，能将边沿变化缓慢的电压波形整形为边沿陡峭的矩形脉冲。

思考与练习 6

一、选择题（请将唯一正确选项的字母填入对应的括号内）

6.1 某同步 RS 触发器的输入端 CP、S 和 R 的波形如图 6-99 所示，则输出端 Q 波形正确的是（　　）。

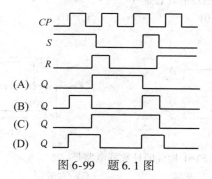

图 6-99 题 6.1 图

6.2 下列由 D 触发器构成的电路中，具有计数功能的是（　　）。

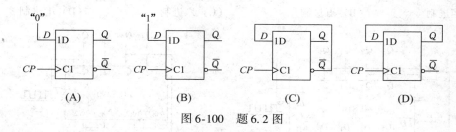

图 6-100 题 6.2 图

6.3 在下列由 D 触发器构成的时序电路中，具有保持（记忆）功能的是（　　）。

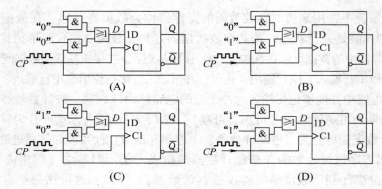

图 6-101　题 6.3 图

6.4　下列由 JK 触发器构成的电路中，能实现 $Q^{n+1} = \overline{Q^n}$ 功能的是（　　）。

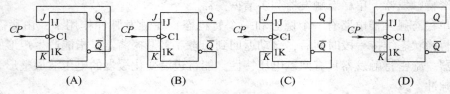

图 6-102　题 6.4 图

6.5　如图 6-103 所示，由 JK 触发器构成的时序逻辑电路中，已知 CP 为连续的时钟脉冲，那么当 $X = 1$、$Y = 0$ 时，该时序逻辑电路实现的功能是（　　）。

（A）保持（记忆）　　（B）复位（置"0"）　　（C）置位（置"1"）　　（D）计数（翻转）

6.6　由 JK 触发器构成的时序电路如图 6-104 所示，如果 $Q_2 Q_1$ 的初始状态为"00"，则当时钟脉冲 CP 的下一个脉冲到来之后，$Q_2 Q_1$ 将出现的状态是（　　）。

（A）11　　　　　（B）01　　　　　（C）10　　　　　（D）00

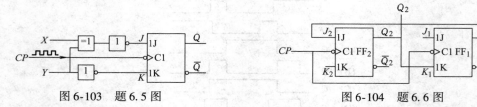

图 6-103　题 6.5 图　　　　　　　　　　图 6-104　题 6.6 图

6.7　如图 6-105 所示，用 74LS161 构成的计数器电路是（　　）。

（A）四进制　　　　（B）五进制　　　　（C）六进制　　　　（D）七进制

6.8　如图 6-106 所示，用 74LS290 构成的计数器电路是（　　）。

（A）四进制　　　　（B）五进制　　　　（C）六进制　　　　（D）七进制

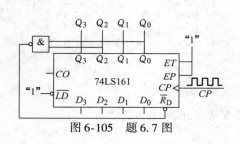
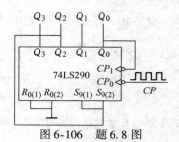

图 6-105　题 6.7 图　　　　　　　　图 6-106　题 6.8 图

252

6.9 图 6-107 所示为由芯片 74LS161 构成的时序电路，则该电路构成的是（ ）计数器。

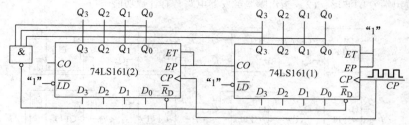

图 6-107 题 6.9 图

（A）十八进制　　　　（B）十九进制　　　　（C）二十八进制　　　　（D）二十五进制

6.10 图 6-108 所示为由芯片 74LS290 构成的时序电路，则该电路构成的是（ ）计数器。

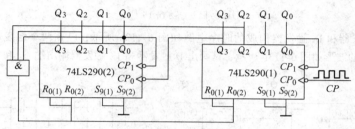

图 6-108 题 6.10 图

（A）五十四进制　　　（B）五十三进制　　　（C）四十三进制　　　（D）四十四进制

二、解答题

6.11 某同步 RS 触发器的输入端 CP、R 和 S 的波形如图 6-109 所示，设触发器的初始状态为 "0"，试画出同步 RS 触发器输出端 Q 的波形图。

6.12 某 JK 触发器电路如图 6-110a 所示，其输入端 $\overline{R}_D$、CP、J 和 K 的波形如图 6-110b 所示，试画出 JK 触发器输出端 Q 的波形图。

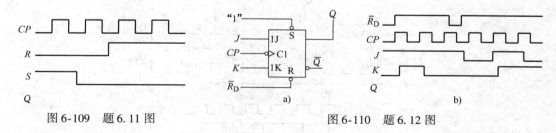

图 6-109 题 6.11 图

图 6-110 题 6.12 图

6.13 某 D 触发器电路如图 6-111a 所示，其输入端 CP、A 和 B 的波形如图 6-111b 所示，试画出 D 触发器输出端 Q 和输出量 Y 的波形图。

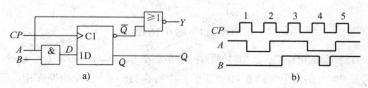

图 6-111 题 6.13 图

6.14 已知时钟脉冲 CP 的波形如图 6-112 所示，设它们初始状态均为 "0"。试求：（1）试分别画出图中各触发器输出端 Q 的波形；（2）指出哪些触发器电路具有计数功能。

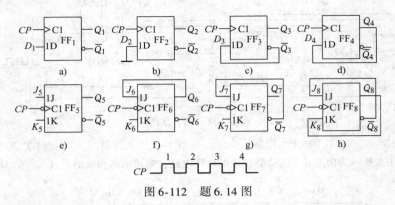

图 6-112 题 6.14 图

6.15 由 D 触发器和 JK 触发器构成的时序电路如图 6-113a 所示，已知两个触发器的初始状态均为 "00" 时钟脉冲 CP 的波形如图 6-113b 所示，试画出 D 触发器和 JK 触发器输出端 Q_2 和 Q_1 的波形图。

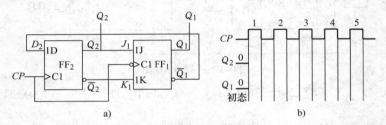

图 6-113 题 6.15 图

6.16 由 JK 触发器构成的时序逻辑电路如图 6-114 所示，已知时钟脉冲 CP 和输入变量 A 的波形，试画出各触发器输出端 $Q_3 \sim Q_1$ 的波形。设各触发器的初始状态为 "000"。

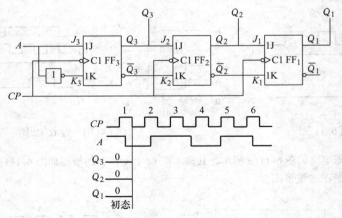

图 6-114 题 6.16 图

6.17 在如图 6-115 所示的电路中，已知时钟脉冲 CP 的频率 $f_{CP}=1\text{kHz}$，试求 Q_3、Q_2 和 Q_1 波形的频率。

6.18 已知时钟脉冲 CP 的波形如图 6-116d 所示，在图 6-116a ~ c 三个电路图中，假设所有 D 触发器的初始状态均为 "0"。试求：（1）试分别画出图 6-116a ~ c 中各触发器输出端 $Q_0 \sim Q_5$ 的波形；（2）分析图 6-116c 所示时序电路实现何种逻辑功能，是否具有自启动功能。

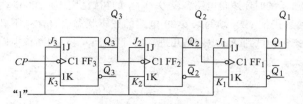

图 6-115　题 6.17 图

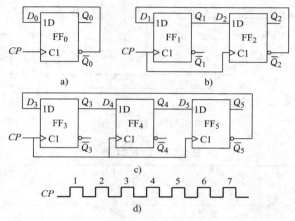

图 6-116　题 6.18 图

6.19　试分析图6-117所示电路实现何种逻辑功能，其中 X 是控制端，对 $X=0$ 和 $X=1$ 分别分析。设所有 JK 触发器的初始状态为 "11"。

6.20　图 6-118 所示为由 D 触发器构成的时序逻辑电路，设 $Q_3Q_2Q_1$ 的初始状态为 "000"。试求：（1）各触发器输入端 D 的逻辑关系式；（2）画出该电路的 $Q_3Q_2Q_1$ 的波形图；（3）根据所得的波形图，试判断该电路是几进制的计数器；（4）判断该电路是同步计数器还是异步计数器。

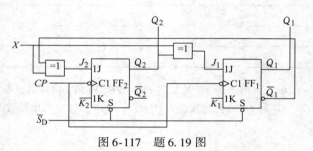

图 6-117　题 6.19 图

图 6-118　题 6.20 图

6.21　分析图 6-119 所示的时序逻辑电路，设 $Q_3Q_2Q_1$ 的初始状态为 "000"。试求：（1）写出各触发器输入端 J 和 K 的逻辑关系式；（2）填写表 6-39 电路的逻辑状态表（注：不必填满，出现状态重复即可）；（3）根据所得的状态表，试判断该电路是几进制的计数器；（4）判断该电路是同步计数器还是异步计数器。

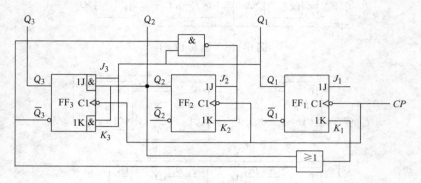

图 6-119　题 6.21 图

表 6-39　题 6.21 表

CP 顺序	Q_3	Q_2	Q_1	J_3	K_3	J_2	K_2	J_1	K_1
0	0	0	0						

6.22　由三个 JK 触发器 FF_3、FF_2 和 FF_1 构成的计数器电路如图 6-120 所示，假设触发器的输出端 Q_1、Q_2 和 Q_3 的初始状态为 "000"。试求：（1）列出计数器的状态表（2）该计数器是否具有自启动功能？

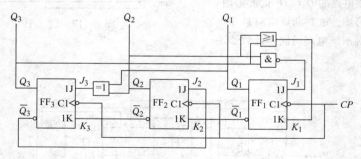

图 6-120　题 6.22 图

6.23　图 6-121 所示为某一计数器电路。设各触发器的初始状态为 "000"。试求：（1）判断此电路是同步计数器还是异步计数器；（2）写出各触发器输入端的逻辑关系式；（3）写出该计数器输出端 $Q_2Q_1Q_0$ 的状态表。

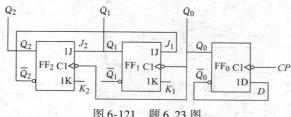

图 6-121　题 6.23 图

6.24　分析图 6-122 所示的时序逻辑电路，设 $Q_3Q_2Q_1$ 的初始状态为 "000"。试求：（1）各 JK 触发器输入端 J 和 K 的逻辑关系式；（2）根据 M 的取值，完成该电路的逻辑状态表（见表 6-40）；（3）根据所得的状态表，试判断该电路当 $M=0$ 和 $M=1$ 分别是几进制的计数器。

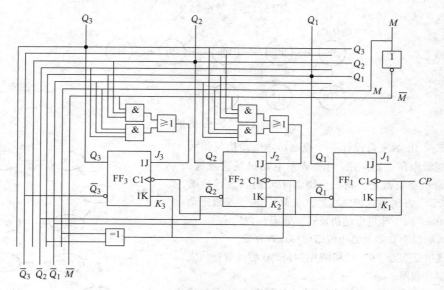

图 6-122　题 6.24 图

表 6-40　题 7.24 状态表

	$M=0$									$M=1$								
CP 顺序	Q_3	Q_2	Q_1	J_3	K_3	J_2	K_2	J_1	K_1	CP 顺序	Q_3	Q_2	Q_1	J_3	K_3	J_2	K_2	J_1	K_1
0	0	0	0							0	0	0	0						

6.25　分析图 6-123 所示的时序逻辑电路，该电路通过直接置位端 $\overline{S}_D$ 和直接复位端 $\overline{R}_D$ 可以设置 $Q_3Q_2Q_1$ 的初始状态。试求：（1）当设置 $Q_3Q_2Q_1$ 的初始状态为 "111" 时，写出该时序电路的逻辑状态表；（2）当设置 $Q_3Q_2Q_1$ 的初始状态为 "000" 时，写出该时序电路的逻辑状态表。

6.26　试用 JK 触发器设计一个满足图 6-124 图所示的状态循环图的同步时序逻辑电路。

257

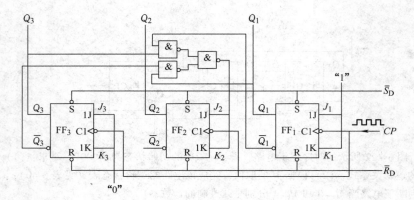

图 6-123　题 6.25 图

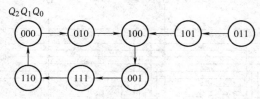

图 6-124　题 6.26 图

6.27　试用 JK 触发器设计一个控制步进电动机三相六状态工作的逻辑电路。如果用"1"表示电动机绕组导通，"0"表示电动机绕组截止，则三个绕组 ABC 的状态转换图如图 6-125 所示。M 为输入控制变量，当 $M=1$ 时，步进电动机正转；当 $M=0$ 时，步进电动机反转，如图 6-125 所示。

6.28　试用四个 D 触发器组成四位移位寄存器。

6.29　试用反馈置"9"法将两片 74LS290 型计数器构成一个十七进制计数器。

6.30　试用两片 74LS161 分别组成十八进制和二十四进制计数器。

6.31　试用两个 D 触发器和两个 JK 触发器组成四位二进制异步加法计数器。

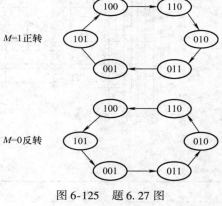

图 6-125　题 6.27 图

6.32　由两片 74LS194 构成的分频器如图 6-126 所示，已知时钟脉冲 CP 的波形，试求：（1）输出端 Q_2 的波形；（2）判断该电路的输出端 Q_2 构成了几分频电路。

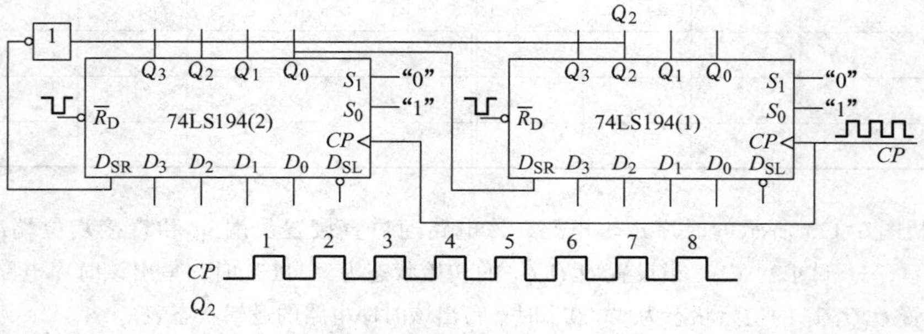

图 6-126　题 6.32 图

6.33 某同学设计了一个如图 6-127 所示的序列脉冲检测器，试分析一下，该电路能检测何种序列脉冲？试画出状态转换图。

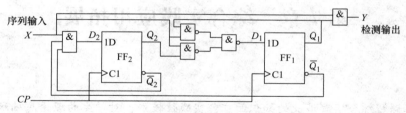

图 6-127 题 6.33 图

6.34 用 555 定时器构成单稳态触发器，如图 6-128 所示。输入电压 U_i 为 1kHz 的方波信号，幅度为 5V。试求：（1）画出 U_i、U_2、U_C 和 U_O 的波形；（2）估算输出脉冲的宽度 t_W。

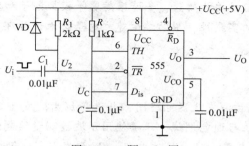

图 6-128 题 6.34 图

第 7 章　综合实践应用拓展

教学导航

电子技术课程综合实践涉及的知识面广，实践性较强，对学生的理论基础和实践能力要求都比较高，要求学生对各种电子元器件有较全面的了解，具有初步设计电路、安装调试的能力。本章的三个综合实践课题分别涉及了半导体器件、运算放大器的线性和非线性应用、电路反馈、按钮防抖电路、按钮控制电路、计数器、译码器、双向移位电路、JK 触发器组成的计数电路、D 触发器组成的计数器、多谐振荡器等模拟电子和数字电子的内容。课题选择力求突出电子技术应用的实践性，帮助学生建立电子技术设计理念，使学生掌握一定的电子线路的装调方法和能力。

教学目标

1）能够阅读、分析锯齿波发生器电路图，并进行锯齿波发生器电路的安装接线；能进行锯齿波发生器电路的安装与通电调试，正确使用示波器测量绘制波形。

2）能分析由按钮防抖电路、双向移位电路、JK 触发器、D 触发器、多谐振荡器组成的"单脉冲控制移位寄存器构成的环形计数器"的工作原理，能够独立完成电路的安装、调试。

3）能分析由按钮控制电路、计数器、译码器、多谐振荡器构成的"脉冲顺序控制器"的原理，能够独立完成电路的安装、调试。

4）进一步熟练掌握电子仪器、仪表的使用维护方法。

7.1　综合实践 1　锯齿波发生器的组装与测试

7.1.1　实践要求

实践要求如下：
1）掌握集成运算放大器的实际应用电路，包括线性和非线性的应用。
2）理解、分析由集成运算放大器组成的各类电路的原理。
3）会使用各种仪器仪表，能对电路中的关键点进行测试，并对测试数据进行分析、判断。

7.1.2　锯齿波发生器的工作原理

锯齿波发生器电路原理图如图 7-1 所示。图中，以运算放大器 N_1 为核心组成一个滞回特性比较器，输出矩形波；VZ 为双向稳压管，对输出电压 u_{o1} 进行双向限幅；以运算放大器 N_2 为核心组成一个积分器，输出锯齿波。比较器输出的矩形波经积分器积分可得到锯齿波，锯齿波又触发比较器自动翻转形成矩形波，这样即可构成锯齿波、矩形波发生器。图 7-2

所示为锯齿波、矩形波发生器输出波形图。

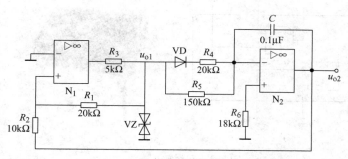

图 7-1　锯齿波发生器电路原理图

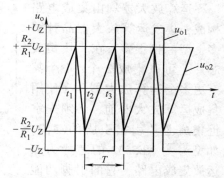

图 7-2　锯齿波、矩形波发生器输出波形图

1. 知识点回顾

锯齿波发生器电路涉及的关键知识点包括运算放大器的特性、积分电路和滞回比较器，其具体内容见表 7-1。

表 7-1　电路主要环节的工作原理

知识点	原理图或符号	主 要 内 容	特 性
运算放大器		1. $U_+ - U_- \approx 0$。即 $U_+ \approx U_-$，称为"虚短" 2. 流进运放两个输入端的电流可视为零，称为"虚断"	—
积分电路		输入与输出的关系为 $$u_o = -\frac{1}{R_1 C_f}\int u_i \mathrm{d}t$$	积分运算电路的阶跃响应：
滞回比较器		当 $u_o = +U_o$ 时： $$u_+ = U'_+ = \frac{R_2}{R_2 + R_f}U_o$$ 当 $u_o = -U_o$ 时： $$u_+ = U''_+ = -\frac{R_2}{R_2 + R_f}U_o$$ 设某一瞬间 $u_o = +U_o$，当输入电压 u_i 增大到 $u_i \geq U'_+$ 时，输出电压 u_o 转变为 $-U_o$，发生负向跃变。当输入电压 u_i 减小到 $u_i \leq U''_+$ 时，输出电压 u_o 转变为 $+U_o$，发生正向跃变	滞回比较器的传输特性：

2. 运算放大器选用

运算放大器均由集成电路构成，集成运算放大器品种繁多，型号也很多，在一块集成芯片上可以集成2个、4个甚至更多个运算放大器。在使用集成运算放大器前，必须先掌握集成芯片引出引脚的功能。如型号为 NE5532 的芯片为双运放集成电路，它的引脚功能与运算放大器电路对应关系如

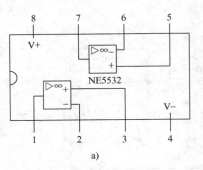

图 7-3 双运放

图 7-3 所示，其中，图 7-3a 为引脚排列图，图 7-3b 为双运算放大器实物。型号为 LM324N 的芯片为四运放集成电路，它的引脚功能与运算放大器电路对应关系如图 7-4 所示。

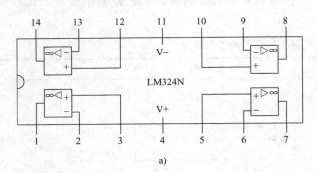

图 7-4 四运放

3. 锯齿波发生电路的工作原理

设比较器在初始时输出电压 u_{o1} 为正电压 U_Z，这时二极管 VD 处于正向导通，电压通过 R_5 和 R_4 对积分器电容 C 进行充电，如图 7-5 所示，虚线为电容 C 的充电电流。积分器的输出电压 u_{o2} 为线性下降负电压，如图 7-2 中 $t_1 \sim t_2$ 时间段。积分器输出负电压 u_{o2} 与

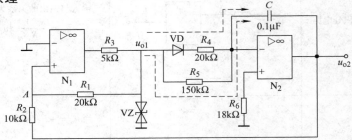

图 7-5 电容 C 的充电电流

比较器输出正电压 U_Z 在比较器的正相输入端 A 点进行叠加，当比较器的正相输入端 A 点电压小于零时，比较器输出翻转。

当输出的 u_{o1} 为 $-U_Z$ 时，二极管 VD 反向截止，积分器电容通过电阻 R_5 进行放电，如图 7-6 所示，虚线为电容 C 的放电电流。此时，积分器输出电压 u_{o2} 上升，如图 7-2 中 $t_2 \sim t_3$ 时间段。当上升到一定数值使比较器的正相输入端 A 点电压大于零时，比较器输出再次翻转，输出正电压。

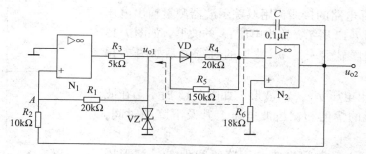

图 7-6 电容 C 的放电电流

二极管 VD 的单向导电性，使积分电路的充放电回路不同，造成积分电路输出波形为锯齿波。同时由于采用了运算放大器组成的积分电路，故可实现恒流充电，使三角波线性大大改善。

7.1.3 锯齿波发生器安装调试步骤及实测波形记录

1）图 7-7 所示电路为电压跟随器电路，可利用该电路测试运算放大器的好坏。如输出能跟随输入变化，则说明该运放完好，否则说明该运放损坏。对于有运算放大器的电路，在安装之前都需要对运算放大器进行测试以确定其能否正常使用。

2）如图 7-8 所示，完成运放 N_1 部分电路的接线。

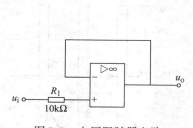

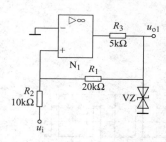

图 7-7　电压跟随器电路　　　　　图 7-8　运放 N_1 部分电路的接线图

3）通过函数发生器产生频率为 50Hz、峰值为 6V 的正弦波，在运放 N_1 的输入端（R_2 前）输入该波形，用双踪示波器测量并同时显示输入电压及输出电压 u_{o1} 的波形，如图 7-9 所示。

4）按下双踪示波器"X－Y"键，测量显示传输特性波形如图 7-10 所示。在图 7-11 中记录传输特性。

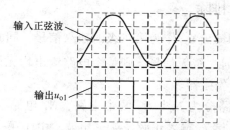

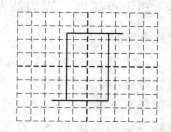

图 7-9　双踪示波器显示的输入电压及输出电压 u_{o1} 波形　　　图 7-10　测量显示传输特性波形

5）完成全部电路的接线，用双踪示波器测量输出电压 u_{o1} 的波形，如图 7-12 所示，输出电压 u_{o2} 的波形，如图 7-13 所示。双踪示波器显示 u_{o1}、u_{o2} 波形的对应关系如图 7-14 所示。

6）记录输出电压 u_{o1}、u_{o2} 波形，如图 7-15 所示。在波形图中标出波形的幅度和锯齿波电压上升及下降的时间，计算频率。

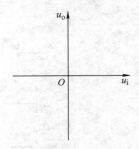

图 7-11   记录传输特性

图 7-15 中，上升时间为 T_1、下降时间为 T_2，波形周期 $T = T_1 + T_2$，其频率 $f = \dfrac{1}{T}$。

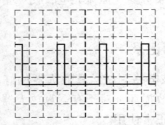

图 7-12   双踪示波器输出电压 u_{o1} 的波形

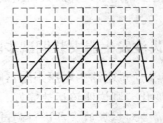

图 7-13   双踪示波器输出电压 u_{o2} 的波形

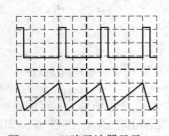

图 7-14   双踪示波器显示 u_{o1}、u_{o2} 波形的对应关系

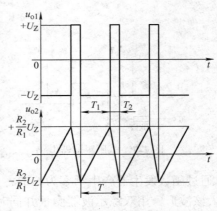

图 7-15   记录输出电压 u_{o1}、u_{o2} 波形

7.1.4   知识点拓展：锯齿波发生器故障排除

运放电路前后两级互为输入，即第一级的输出 u_{o1} 作为第二级的输入信号，同时第二级的输出 u_{o2} 又作为第一级的输入信号。通常任何一级无信号，则整个电路输出均无信号。运放电路如遇到故障，要排除故障必须借助信号发生器。

以信号发生器作为输入信号，将整个电路分为 N_1、N_2 两个电路，N_1 电路（滞回比较器电路）如图 7-16 所示。在第一级的输入端 u_i 输入正弦波或三角波，由于第一级为滞回比较器电路，若其输出应为方波，则说明第一级电路正常，否则说明故障出在第一级，可进一步排查故障。若输出电压超过稳压二极管 VZ 稳压值，则通常是稳压二极管支路出现断路。

N_2 电路如图 7-17 所示。在第二级的输入端 u_i 输入方波，由于第二级是积分电路，且由于二极管 VD 的作用造成电容 C 充放电时间常数不同，故第二级输出应为锯齿波。若第二级输出为锯齿波，则说明第二级电路工作正常，否则说明故障出在第二级，可进一步排查故障。如出现波形为三角波，而非锯齿波，则说明充放电时间常数相同，造成此故障的原因通常是二极管 VD 支路断路或二极管短路。

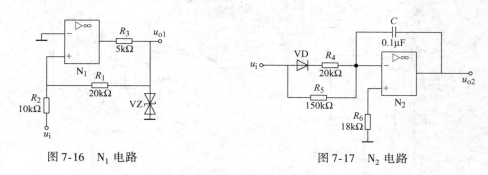

图 7-16　N_1 电路　　　　　　　　图 7-17　N_2 电路

注意：无论排查哪一级故障，首先应确定运算放大器工作电源是否正常，这也是测试各级电路的先决条件。

7.2　综合实践 2　单脉冲控制移位寄存器构成的环形计数器组装与调试

7.2.1　实践要求

实践要求如下：

1）掌握集成电路的实际应用电路，本课题涉及 CC4011B、CC4013B、CC40194、CC4027B、555 等 CMOS 集成芯片的实际应用。

2）能分析由按钮防抖电路、双向移位电路、JK 触发器组成的计数电路、D 触发器组成的计数器、多谐振荡器各单元电路的原理。

3）掌握上述单元电路的安装、调试。

4）掌握各单元电路组合后的系统调试。

5）能使用各种仪器仪表，对电路中的关键点进行测试，对测试的数据进行分析、判断，能分析并排除电路中设置的故障。

7.2.2　各单元电路的工作原理

单脉冲控制移位寄存器电路如图 7-18 所示，移位寄存器型环形计数器电路如图 7-19 所示。

1. 555 时基集成电路构成的多谐振荡器

555 定时器是一种应用广泛的电子器件，多采用集成芯片，其引脚图和各引脚功能请参照 6.5.1 节相关内容。图 7-20a 所示为 555 集成电路组成的多谐振荡器，图 7-20b 所示为多

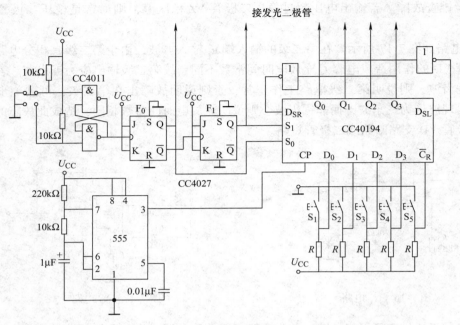

图 7-18　单脉冲控制移位寄存器电路

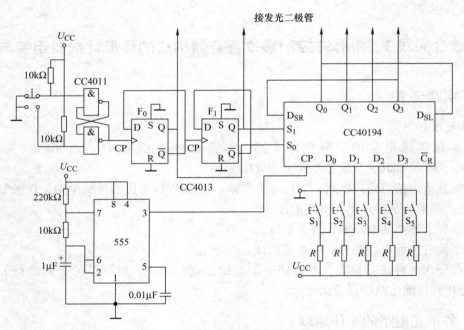

图 7-19　移位寄存器型环形计数器电路

谐振荡器输出波形图。555 定时器的工作原理和由 555 集成电路组成的多谐振荡器的工作原理请参考第 6 章相关内容，在此不再赘述。

2. CC40194 双向移位寄存集成电路

图 7-21 所示为 CC40194 双向移位寄存集成电路的引脚图。

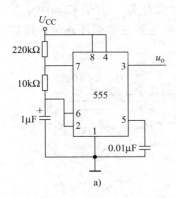
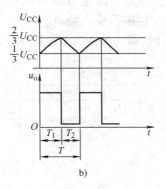
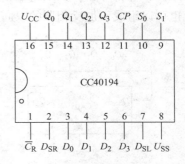

图 7-20 555 集成电路组成的
多谐振荡器及输出波形图

图 7-21 CC40194 双向移位寄存
集成电路的引脚图

其中，D_0、D_1、D_2、D_3 为并行输入端；Q_0、Q_1、Q_2、Q_3 为并行输出端；D_{SR} 为右移串行输入端；D_{SL} 为左移串行输入端；S_1、S_0 为操作模式控制端；$\overline{C}_R$ 为直接无条件清零端；CP 为时钟脉冲输入端。

移位寄存器是一个具有移位功能的寄存器，即寄存器中所存的代码能够在移位脉冲的作用下依次左移或右移，既能左移又能右移的寄存器称为双向移位寄存器，只需要改变它的左、右移控制信号便可实现双向移位要求。根据移位寄存器存取信息方式的不同，可分为串入串出、串入并出、并入串出、并入并出四种形式。

CC40194 有并行送数寄存、右移（方向由 $Q_0 \rightarrow Q_3$）、左移（方向由 $Q_3 \rightarrow Q_0$）和保持四种不同操作模式。S_1、S_0 端口的控制作用见表 7-2。

表 7-2 S_1、S_0 端口的控制作用

功　能	输　　　　入									输　　出			
	CP	$\overline{C}_R$	S_1	S_0	S_R	S_L	D_0	D_1	D_2	D_3	Q_0	Q_1	Q_2	Q_3
清除	×	0	×	×	×	×	×	×	×	×	0	0	0	0
送数	↑	1	1	1	×	×	a	b	c	d	a	b	c	d
右移	↑	1	0	1	D_{SR}	×	×	×	×	×	D_{SR}	Q_0	Q_1	Q_2
左移	↑	1	1	0	×	D_{SL}	×	×	×	×	Q_1	Q_2	Q_3	D_{SL}
保持	↑	1	0	0	×	×	×	×	×	×	Q_0^n	Q_1^n	Q_2^n	Q_3^n
保持	↓	1	×	×	×	×	×	×	×	×	Q_0^n	Q_1^n	Q_2^n	Q_3^n

移位寄存器应用很广，可构成移位寄存器型计数器、顺序脉冲发生器、串行累加器，还可用作数据转换，即把串行数据转换为并行数据，或把并行数据转换为串行数据等。本实训研究移位寄存器用作环形计数器。

把移位寄存器的输出反馈到它的串行输入端，就可以进行循环右移位，如图 7-22 所示。把输出端 Q_3 和右移串行输入端 D_{SR} 相连，设初始状态 $Q_0Q_1Q_2Q_3 = 1000$，则在时钟脉冲作用下 $Q_0Q_1Q_2Q_3$ 将依次变为 0100→0010→0001→1000……，见表 7-3，可见它是一个具有 4 个有效状态的计数器，这种类型的计数器通常称为环形计数器。环形计数器电路各个输出端可

以输出在时间上有先后顺序的脉冲，因此，其也可作为顺序脉冲发生器。由于 CC40194 是双向移位寄存器，如果将输出 Q_0 与左移串行输入端 D_{SL} 相连，即可达到左移循环移位，所以也可以组成不加反相器的双向环形计数器，如图 7-23a 所示。

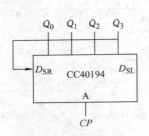

图 7-22　环形计数器

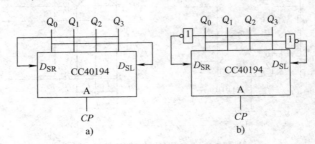

图 7-23　双向环形计数器

表 7-3　环形计数器的输出状态

CP	Q_0	Q_1	Q_2	Q_3
0	1	0	0	0
1	0	1	0	0
2	0	0	1	0
3	0	0	0	1

如果计数器的初始状态 $Q_0Q_1Q_2Q_3=0000$，要形成双向环形计数，仅需在图 7-23a 的基础上加两个反相器，如图 7-23b 所示。当计数器进入循环左移位时，计数器 Q_0 端通过反相器与左移串行输入端 D_{SL} 相连，计数器的设初始状态 $Q_0Q_1Q_2Q_3=0000$，则在时钟脉冲作用下，$Q_0Q_1Q_2Q_3$ 将依次变为 0001→0011→0111→1111→1110→1100→1000→0000……

3. CC4011 四与非门构成的防抖电路

CC4011 四与非门集成电路的引脚图如图 7-24 所示，显然其含有 4 个两端输入的与非门，它们可以分别使用。图 7-25 所示为一个键盘防抖电路，其工作原理是利用与非门的快速翻转，抑制按钮在接通、断开瞬间，触点似通、非通的抖动。按钮没有按下时，输出 u_o 为 "0"；按钮按下时，输出 u_o 为 "1"，故在输出端只有 "1" "0" 电平信号，防止了杂波的产生。

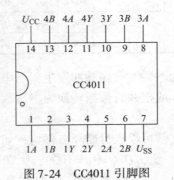

图 7-24　CC4011 引脚图　　　　图 7-25　键盘防抖电路

4. CC4027B 双 JK 触发器构成的计数电路

CC4027B 双 JK 触发器集成电路的引脚图参见图 6-82，其含有两个 JK 触发器。JK 触发器是一种多功能触发器，它不仅具有 RS－FF 的功能，还具有 T－FF 的计数功能，本课题就是将 JK 触发器接成计数器。图 7-27 所示为一个两位的二进制计数器，其电路的特点就是将所有的 R 端接 "0"，所有的 S 端置 "1"，将 JK 触发器接成计数器状态。下降沿触发的 JK 触发器的功能见表 7-4。

表 7-4　下降沿触发的 JK 触发器的功能

输　　入					输　　出
S	R	CP	J	K	Q^{n+1}
1	0	×	×	×	1
0	1	×	×	×	0
1	1	×	×	×	φ
0	0	↑	0	0	Q^n
0	0	↑	1	0	1
0	0	↑	0	1	0
0	0	↑	1	1	$\overline{Q^n}$
0	0	↓	×	×	Q^n

注：×——任意状态；↓——高电平到低电平跳变；↑——低电平到高电平跳变；

$Q^n(\overline{Q^n})$——现态；$Q^{n+1}(\overline{Q^{n+1}})$——次态；$\varphi$——不稳定态。

由 JK 触发器的状态图可看出 JK 触发器的特征方程为

$$Q^{n+1} = J\,\overline{Q^n} + \overline{K}Q^n$$

如将 $J=1$、$K=1$ 代入特征方程，则当原 Q^n 为 "0" 时，在 CP 作用下，输出翻转。在输入信号为双端的情况下，JK 触发器是功能完善、使用灵活和通用性较强的一种触发器。本实践课题采用 CC4027B 双 JK 触发器，是下降沿触发的边沿触发器。

J 和 K 是数据输入端，是触发器状态更新的依据，若 J、K 有两个或两个以上输入端时，即组成 "与" 的关系，Q 与 $\overline{Q}$ 为两个互补输出端。通常把 $Q=0$、$\overline{Q}=1$ 的状态定为触发器 "0" 状态，而把 $Q=1$、$\overline{Q}=0$ 定为 "1" 状态。

JK 触发器常被用作缓冲存储器、移位寄存器和计数器。

CMOS 触发器的直接置位、复位输入端 S 和 R 是高电平有效，当 $S=1$（或 $R=1$）时，触发器将不受其他输入端所处状态的影响，使触发器直接置 "1"（或置 "0"）。但直接置位、复位输入端 S 和 R 必须遵守 $RS=0$ 的约束条件。而 CMOS 触发器在按逻辑功能工作时，S 和 R 必须均置 "0"。

图 7-26 所示为由 CC4027B 双 JK 触发器组成的两位二进制计数器，JK 触发器作为计数器时，必须将 $J=K=1 \to U_{DD}$，$R=S=0 \to U_{SS}$。

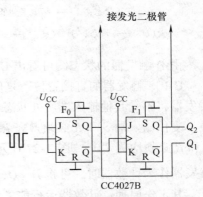

图 7-26　双 JK 触发器组成的两位二进制计数器电路

其工作原理：计数器运行前，先清零，则 $Q_1Q_2=00$，当第一个脉冲送入计数器时，第一级 JK 触发器翻转，Q_1 由原来的"0"变为"1"，则 $Q_1Q_2=10$；当第二个脉冲送入计数器时，第一级 JK 触发器再次翻转，Q_1 由原来的"1"变为"0"，同时，由于第一级 JK 触发器输出 Q_1 是由"1"变为"0"，即由高电平下跳为低电平，相当于脉冲的下降沿，触发第二级 JK 触发器翻转，Q_2 由原来的"0"变为"1"，则 $Q_1Q_2=01$；当第三个脉冲送入计数器时，第一级 JK 触发器再次翻转，计数器的输出状态 $Q_1Q_2=00 \rightarrow Q_1Q_2=10 \rightarrow Q_1Q_2=11 \rightarrow Q_1Q_2=00 \rightarrow$ 不断循环。

5. CC4013B 双 D 触发器组成的计数器

CC4013B 双 D 触发器集成电路的引脚图参见图 6-85，其含有两个 D 触发器。D 触发器的逻辑功能是在时钟脉冲的上升沿到来时，触发器的状态与时钟脉冲到来前 D 端的状态一致。即 $D=1$，$Q^{n+1}=1$；$D=0$，$Q^{n+1}=0$。D 触发器可接成计数器，图 7-27 所示为一个两位的二进制计数器电路，电路的特点就是将所有的 R 端接"0"，所有的 S 端置"1"，将 D 触发器接成计数器状态。上升沿触发的 D 触发器的功能见表 7-5。

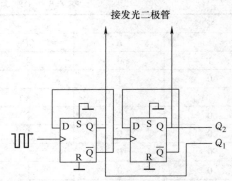

接发光二极管

图 7-27　D 触发器组成的两位二进制计数器电路

表 7-5　上升沿触发的 D 触发器的功能

输　　入				输　　出
S	R	CP	D	Q^{n+1}
0	0	↑	0	0
0	0	↑	1	1
0	0	↓	×	Q^n
0	1	×	×	0
1	0	×	×	1
1	1	×	×	1

注：×——任意状态；↓——高电平到低电平跳变；↑——低电平到高电平跳变；

$Q^n(\overline{Q^n})$——现态；$Q^{n+1}(\overline{Q^{n+1}})$——次态。

由 D 触发器的状态图可看出 D 触发器的特征方程为 $Q^{n+1}=D$。

CMOS 触发器的直接置位、复位输入端 S 和 R 是高电平有效，当 $S=1$（或 $R=1$）时，触发器将不受其他输入端所处状态的影响，使触发器直接置"1"（或置"0"）。但直接置位、复位输入端 S 和 R 必须遵守 $RS=0$ 的约束条件。而 CMOS 触发器在按逻辑功能工作时，S 和 R 必须均置"0"。图 7-27 所示为由 CC4013B 双 D 触发器组成的两位二进制计数器，D 触发器作为计数器时，可将 $D=\overline{Q}$，$R=S=0$。

其工作原理：计数器运行前，先清零，则 $Q_1Q_2=00$，当第一个脉冲送入计数器时，第一级 D 触发器翻转，Q_1 由原来的"0"变为"1"，则 $Q_1Q_2=10$；当第二个脉冲送入计数器时，第一级 D 触发器再次翻转，Q_1 由原来的"1"变为"0"，同时，由于第一级 D 触发器输出 Q_1 是由"1"变为"0"，即由高电平下跳为低电平，相当于脉冲的下降沿，触发第二级 D 触发器翻转，Q_2 由原来的"0"变为"1"，则 $Q_1 Q_2 = 01$；当第三个脉冲送入计数器时，第一级 D 触发器再次翻转，计数器的输出状态 $Q_1 Q_2 = 00 \to Q_1 Q_2 = 10 \to Q_1 Q_2 = 11 \to Q_1 Q_2 = 00 \to$ 不断循环。

由于 JK 触发器与 D 触发器之间可以相互转换，因此，JK 触发器和 D 触发器都有上升沿触发和下降沿触发。

7.2.3 移位寄存器控制安装调试步骤及实测波形记录

1）按实践电路（见图 7-18 或图 7-19）在实验装置上进行电路的连接，先接振荡器电路。

2）用示波器调试振荡器，为了便于测试，在调试时可提高频率，将电容器 $1\mu F$ 换成 $0.01\mu F$（调试结束后把电容器再换回来）。

3）按实践电路中的按钮防抖电路接线，用万用表进行调试。

4）按实践电路中的触发器组成的计数器接线，用按钮防抖电路作为脉冲，对计数器进行调试，观察发光二极管的状态，判断线路运行是否正常。

5）按实践电路中的移位寄存器电路进行接线，包括将输出电路接成双相环形计数器，分别送入 D_{SR} 和 D_{SL} 输入端，加入已调好的脉冲即可进行调试，调试时可人为地把 S_1、S_2 置成"1""0"或"0""1"或"1""1"或"0""0"状态，分别调试移位寄存器的左移、右移、保持、并行置数功能。

6）对电路完整地进行总调试。

7）断开振荡器与移位寄存器之间的电路连接，用示波器测量并记录振荡电路输出波形的幅度以及周期的调节范围，将测得波形在图 7-28 中进行绘制，并计算振荡频率（如波形无法稳定，可把振荡电容改为 $0.01\mu F$ 测量，测完后再把电容复原）。

图 7-28 记录波形

振荡频率 $f =$ _____。

8）排除故障：由实训教师为实践电路设置故障，共两次，每次出一个故障点，学生首先写出故障的现象，并根据故障的现象分析其原因，然后根据故障现象进行排除。

7.2.4 知识点拓展：两片 CC40194 实现数据串、并行转换

1. 串行/并行转换器

串行/并行转换是指串行输入的数码，经转换电路之后变换成并行输出。图 7-29 所示为用两片 CC40194 四位双向移位寄存器（74LS194）组成的七位串行/并行转换器电路。

电路中 S_0 端接高电平"1"，S_1 受 Q_7 控制，两片寄存器连接成串行输入右移工作模式。Q_7 是转换结束标志。当 $Q_7 = 1$ 时，S_1 为"0"，使之成为 $S_1 S_0 = 01$ 的串入右移工作方式，当 $Q_7 = 0$ 时，$S_1 = 1$，有 $S_1 S_0 = 10$，则串行送数结束，标志着串行输入的数据已转换成并行输出。

串行/并行转换的具体过程如下：

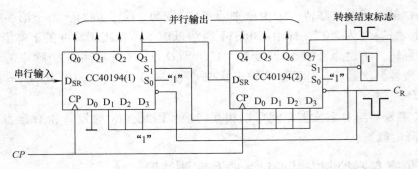

图 7-29 七位串行/并行转换器电路

转换前，$\overline{C_R}$端加低电平，使两片寄存器的内容清零，此时 $S_1S_0 = 11$，寄存器执行并行输入工作方式。当第一个脉冲到来后，寄存器的输出状态 $Q_0 \sim Q_7$ 为 "01111111"，与此同时，S_1S_0 变为 "01"，转换电路变为执行串入右移工作方式，串行输入数据由 CC40194（1）的 D_{SR} 端加入。随着 CP 的依次加入，输出状态的变化见表 7-6。

表 7-6　七位串行/并行转换器的输出状态

CP	Q_0	Q_1	Q_2	Q_3	Q_4	Q_5	Q_6	Q_7	说　　明
0	0	0	0	0	0	0	0	0	清零
1	0	1	1	1	1	1	1	1	送数
2	d_0	0	1	1	1	1	1	1	右移操作七次
3	d_1	d_0	0	1	1	1	1	1	
4	d_2	d_1	d_0	0	1	1	1	1	
5	d_3	d_2	d_1	d_0	0	1	1	1	
6	d_4	d_3	d_2	d_1	d_0	0	1	1	
7	d_5	d_4	d_3	d_2	d_1	d_0	0	1	
8	d_6	d_5	d_4	d_3	d_2	d_1	d_0	0	
9	0	1	1	1	1	1	1	1	送数

由表 7-6 可知，右移操作七次之后，Q_7 变为 "0"，S_1S_0 又变为 "11"，这说明串行输入结束。这时，串行输入的数码已经转换成了并行输出。当又一个脉冲来到时，电路重新执行一次并行输入，为第二组串行数码转换做好准备。

2. 并行/串行转换器

并行/串行转换器是指并行输入的数码经转换电路之后，转换成串行输出。

图 7-30 所示为用两片 CC40194 四位双向移位寄存器（74LS194）组成的七位并行/串行转换器电路，它比七位串行/并行转换器电路（见图 7-29）多了两只与非门 G_1 和 G_2，电路工作方式同样为右移。

寄存器清零后，加一个转换启动信号（负脉冲或低电平），此时，由于方式控制 S_1S_0 为 "11"，转换器电路执行并行输入操作。当第一个脉冲到来时，$Q_0Q_1Q_2Q_3Q_4Q_5Q_6Q_7$ 的状态为 $0D_1D_2D_3D_4D_5D_6D_7$，并行输入数码存入寄存器。从而使得 G_1 输出为 "1"，G_2 输出为 "0"，结果 S_1S_2 变为 "01"，转换电路随着 CP 的加入，开始执行右移串行输出。随着 CP 的依次加入，输出状态依次右移，待右移操作七次后，$Q_0 \sim Q_6$ 的状态都为高电平，与非门 G_1 输出

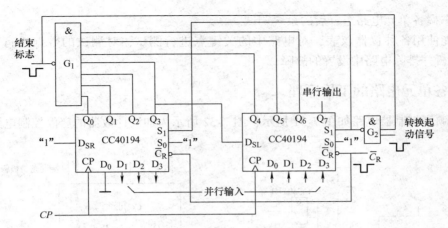

图 7-30　七位并行/串行转换器电路

为低电平，G_2 输出为高电平，S_1S_2 又变为 "11"，表示并/串转换结束，且为第二次并行输入创造了条件。转换过程见表 7-7。

表 7-7　七位并行/串行转换器的转换过程

CP	Q_0	Q_1	Q_2	Q_3	Q_4	Q_5	Q_6	Q_7	串 行 输 出						
0	0	0	0	0	0	0	0	0							
1	0	D_1	D_2	D_3	D_4	D_5	D_6	D_7							
2	1	0	D_1	D_2	D_3	D_4	D_5	D_6	D_7						
3	1	1	0	D_1	D_2	D_3	D_4	D_5	D_6	D_7					
4	1	1	1	0	D_1	D_2	D_3	D_4	D_5	D_6	D_7				
5	1	1	1	1	0	D_1	D_2	D_3	D_4	D_5	D_6	D_7			
6	1	1	1	1	1	0	D_1	D_2	D_3	D_4	D_5	D_6	D_7		
7	1	1	1	1	1	1	0	D_1	D_2	D_3	D_4	D_5	D_6	D_7	
8	1	1	1	1	1	1	1	0	D_1	D_2	D_3	D_4	D_5	D_6	D_7
9	0	D_1	D_2	D_3	D_4	D_5	D_6	D_7							

中规模集成移位寄存器的位数往往以四位居多，当需要的位数多于四位时，可把几片移位寄存器用级联的方法来扩展其位数。

7.3　综合实践 3　脉冲顺序控制器的组装与调试

7.3.1　实践要求

实践要求如下：

1）掌握集成电路的实际应用电路，本课题涉及 CC4011B、CC40192B、CC4028B、555 等 CMOS 集成芯片的实际应用。

2）能分析按钮控制电路、计数器应用电路、译码器应用电路、多谐振荡器各单元电路的原理。

3）掌握上述单元电路的安装、调试。

4）掌握各单元电路组合后的系统调试。

5）能使用各种仪器仪表，对电路中的关键点进行测试，对测试的数据进行分析、判断，能分析并排除电路中设置的故障。

7.3.2 各单元电路的工作原理

脉冲顺序控制器电路如图 7-31 所示，图 7-32 所示为加法计数器的启停控制电路。

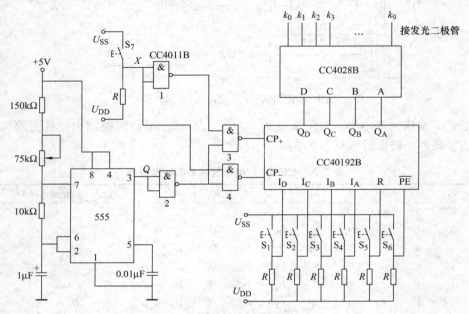

图 7-31 脉冲顺序控制器电路

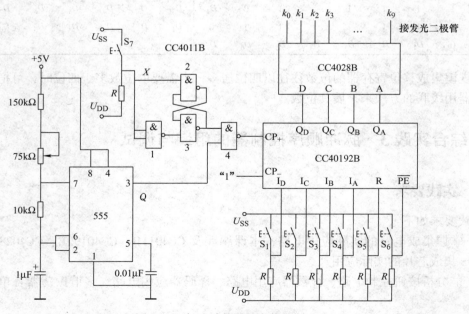

图 7-32 加法计数器的启停控制电路

1. 555 时基集成电路构成输出频率可调的多谐振荡器

本实践电路中由 555 时基集成电路构成的多谐振荡器电路在 7.2 节中的多谐振荡器的基础上，增加了调节频率的可变电阻，使输出的矩形波频率在一定范围内可调。如图 7-33 所示，图中的电阻 75kΩ 和可变电阻 150kΩ 之和相当于原理图中的 R_1，电阻 10kΩ 相当于 R_2。

该多谐振荡器的频率调节范围为

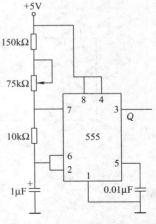

图 7-33 多谐振荡器电路

$$f_1 = \frac{1}{0.7 \times (75 + 150 + 2 \times 10) \times 1 \times 10^{-3}} \mathrm{Hz} \approx 5.8 \mathrm{Hz}$$

$$f_2 = \frac{1}{0.7 \times (150 + 2 \times 10) \times 1 \times 10^{-3}} \mathrm{Hz} \approx 8.4 \mathrm{Hz}$$

通过计算可得，图 7-33 所示振荡器电路的频率可调范围为 5.8 ~ 8.4Hz。

2. CC40192B 同步十进制可逆计数器

CC40192B 是同步十进制可逆计数器，具有双时钟输入、清除和置数等功能，其引脚图参见图 6-88，引脚功能参见表 6-31，逻辑状态表见表 6-32。

需要注意的是，当 CC40192B 清零端为高电平 "1" 时，计数器直接清零；清零端置低电平，则执行其他功能。当清零端为低电平、置数端也为低电平时，数据直接从置数输入端置入计数器。当清零端为低电平、置数端为高电平时，执行计数功能。在执行加计数时，减法计数脉冲输入端接高电平，计数脉冲由加法计数脉冲输入端输入；在计数脉冲上升沿进行 8421 码十进制加法计数。在执行减计数时，加法计数脉冲输入端接高电平，计数脉冲由减法计数脉冲输入端输入，表 7-8 为 8421 码十进制加、减计数器的状态转换表。

表 7-8　8421 码十进制加、减计数器的状态转换表

加法计数—————————————————————————————————————→

	输入脉冲数	0	1	2	3	4	5	6	7	8	9
置数输出	Q_D	0	0	0	0	0	0	0	0	1	1
	Q_C	0	0	0	0	1	1	1	1	0	0
	Q_B	0	0	1	1	0	0	1	1	0	0
	Q_A	0	1	0	1	0	1	0	1	0	1

←————————————————————————————————————— 减法计数

3. CC4028B 集成 4 线-10 线译码器

CC4028B 集成 4 线-10 线译码器引脚图如图 7-34a 所示。图 7-34b 所示为 4 线-10 线译码器的应用接线图。

由于 4 线-10 线译码器每次输出只有一位是高电平，所以电路中只用一个限流电阻 R，计算公式为

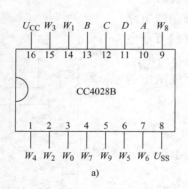 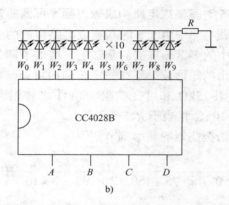

图 7-34　4 线-10 线译码器引脚图及应用接线图

$$R = \frac{V_{DD} - V_D}{I_D}$$

式中，I_D 为发光二极管的额定电流（mA）；V_D 为发光二极管的管压降（V）。

CC4028B 译码器输入端的每一个状态对应一个输出状态，表 7-9 为 CC4028B 译码器的真值表，表明其输入端与输出端的对应关系。

例如，输入端 $ABCD = 0000$，则输出端 W_0 为高电平，其他输出端均为低电平；又如，输入端 $ABCD = 1001$，则输出端的 W_9 为高电平，其他输出端均为低电平。4 线-10 线译码器的输出端通常与发光二极管相连，主要用来显示译码器的工作状态。

表 7-9　CC4028B 译码器的真值表

D	C	B	A	W_0	W_1	W_2	W_3	W_4	W_5	W_6	W_7	W_8	W_9
0	0	0	0	1	0	0	0	0	0	0	0	0	0
0	0	0	1	0	1	0	0	0	0	0	0	0	0
0	0	1	0	0	0	1	0	0	0	0	0	0	0
0	0	1	1	0	0	0	1	0	0	0	0	0	0
0	1	0	0	0	0	0	0	1	0	0	0	0	0
0	1	0	1	0	0	0	0	0	1	0	0	0	0
0	1	1	0	0	0	0	0	0	0	1	0	0	0
0	1	1	1	0	0	0	0	0	0	0	1	0	0
1	0	0	0	0	0	0	0	0	0	0	0	1	0
1	0	0	1	0	0	0	0	0	0	0	0	0	1

4. CC4011B 与非门构成的控制电路

（1）CC4011B 构成的顺序控制电路

顺序控制电路主要用于控制计数器加、减计数功能的转换。电路由一片 CC4011B 组成，一片 CC4011B 含有 4 个两端输入的与非门，其中 2 个与非门改接成非门，如图 7-35a 所示。开关 S_{10} 可改变 1 号非门输入端的逻辑电平，假设某一时刻为"1"，即高电平，按与非门口诀"有 0 出 1，全 1 出 0"，可得到图 7-35b 标注的电平和脉冲波形图，这时 CP_+ 为脉冲，

CP_- 为 "1" (高电平), 可使计数器进入加法计数; 当开关 S_{10} 使 1 号非门输入端为低电平时, 分析后得 CP_+ 为 "1", CP_- 为脉冲, 使计数器进入减法计数。图示电路起到计数器加、减计数功能的转换。

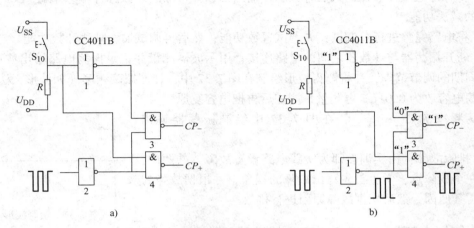

图 7-35　顺序控制电路

（2）CC4011B 构成的计数器启停控制电路

CC4011B 构成的计数器启停控制电路如图 7-36 所示, 电路由一片 CC4011B 组成, 一片 CC4011B 含有 4 个两端输入的与非门, 其中 1 个与非门改接成非门, 两个与非门构成 RS 触发器, 其输出控制脉冲是否能通过与非门。如图 7-36a 所示, 开关 S_7 未接通, 则触发器输出为 "0", 封锁脉冲。接通开关 S_7 后, 脉冲可送至计数器, 如图 7-36b 所示。

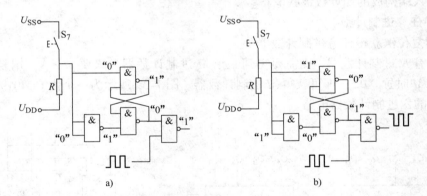

图 7-36　CC4011B 构成的计数器启停控制电路

7.3.3　脉冲顺序控制电路安装调试步骤及实测波形记录

1）选择相关的集成芯片和电子元器件、并判断其好坏。按实践电路原理图在实训装置进行电路的连接, 先接振荡器电路。

2）用示波器调试振荡器, 为了便于测试, 在调试时可提高频率, 将电容器的电容值 1μF 换成 0.01μF（调试结束后把电容器再换回来）。

3）按实践电路原理图中的计数器、译码、显示、包括预置数输入端以及功能端进行接线。

4）调试预制数功能，设置$\overline{\text{Preset}}=0$（图7-31和图7-32中的$\overline{\text{PE}}$端），$\text{Clear}=0$（图7-31和图7-32中的R端），拨动预制数开关，观察显示端是否与预制数开关状态相符。

5）将脉冲送入计数器的减法计数脉冲输入端，并将加法计数脉冲输入端置"1"，调试计数器的减法功能。

6）将电路完整进行总调试，先调试置数功能，然后再调试加、减法计数功能。

7）断开振荡器与计数器之间的电路连接，用示波器测量并记录振荡电路输出波形的幅度以及周期的调节范围，并将测得波形绘制在图7-37中，计算振荡频率（如波形无法稳定，可把振荡电容改为$0.01\mu\text{F}$再测量，测完后再把电容复原）。

振荡频率 $f=$ _____，在图7-37中绘制振荡器输出波形。

8）排除故障：由实训教师为实践电路设置故障，共两次，每次出一个故障点，学生首先写出故障的现象，并根据故障的现象分析其原因，然后根据故障原因进行排故。

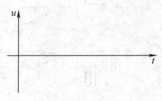

图7-37　绘制波形

7.3.4　知识点拓展：CC40192B功能拓展

1. 计数器的级联使用

一个十进制计数器只能表示 $0\sim9$ 十个数，为了扩大计数器范围，常将多个十进制计数器级联使用。同步计数器往往设有进位（或借位）输出端，故可选用其进位（或借位）输出信号驱动下一级计数器。图7-38所示为由CC40192B利用进位输出$\overline{CO}$控制高一位的加法计数脉冲输入端构成的加计数级联电路。

2. 实现任意进制计数

（1）用复位法获得任意进制计数器

假定已有N进制计数器，而需要得到一个M进制计数器，只要$M<N$，用复位法使计数器计数到M时置"0"，即可获得M进制计数器。图7-39所示为一个由CC40192B十进制计数器接成的六进制计数器电路。

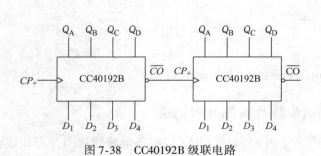

图7-38　CC40192B级联电路

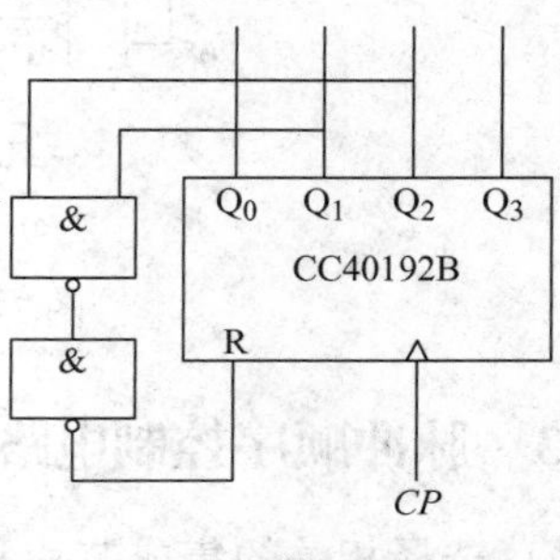

图7-39　六进制计数器电路

（2）利用预置功能获得M进制计数器

图7-40所示为用三个CC40192B组成的421进制计数器电路。外加的由与非门构成的锁存器可以克服器件计数速度的离散性，保证在反馈置"0"信号作用下计数器可靠置"0"。

278

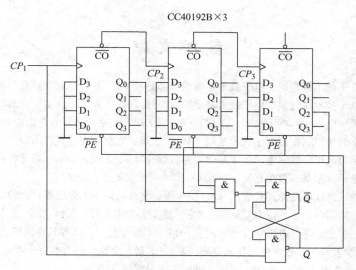

图 7-40   421 进制计数器电路

图 7-41 所示为一个特殊十二进制的计数器电路方案。在数字时钟里，对时个位的计数序列是 1、2、…、11、12、1、…（是十二进制的，且无数 0）。当计数到"13"时，通过与非门产生一个复位信号，使 CC40192B（时十位）直接置成"0000"，而 CC40192B（时个位）直接置成"0001"，从而实现了 1～12 计数。

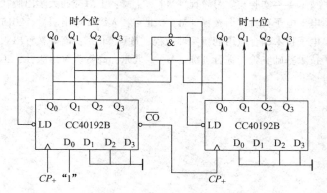

图 7-41   特殊十二进制计数器电路

参 考 文 献

[1] 华中科技大学电子技术课程组. 电子技术基础模拟部分 [M]. 6 版. 北京：高等教育出版社，2013.

[2] 华中科技大学电子技术课程组. 电子技术基础数字部分 [M]. 6 版. 北京：高等教育出版社，2014.

[3] 秦曾煌，姜三勇. 电工学：电子技术（下册）[M]. 7 版. 北京：高等教育出版社，2011.

[4] 清华大学电子学教研组. 模拟电子技术基础 [M]. 5 版. 北京：高等教育出版社，2015.

[5] 清华大学电子学教研组. 数字电子技术基础简明教程 [M]. 3 版. 北京：高等教育出版社，2006.

[6] 华成英. 模拟电子技术基本教程 [M]. 北京：清华大学出版社，2006.

[7] 谭博学，苗汇静. 集成电路原理及应用 [M]. 3 版. 北京：电子工业出版社，2011.

[8] 汪敬华，章伟，陈国明. 电子技术 [M]. 北京：清华大学出版社，2014.

[9] 唐介，刘蕴红，王宁，等. 电工学（少学时）[M]. 4 版. 北京：高等教育出版社，2014.

[10] 清华大学电子学教研组. 数字电子技术基础 [M]. 6 版. 北京：高等教育出版社，2016.

[11] 王远. 模拟电子技术 [M]. 2 版. 北京：机械工业出版社，2006.

[12] 陈大钦. 电子技术基础（模拟部分）重点难点·解题指导·考研指南 [M]. 北京：高等教育出版社，2006.

[13] 聂典，肖红军，郑学瑜. 电子技术基础（模拟部分）辅导及习题精解 [M]. 西安：陕西师范大学出版社，2004.

[14] 范小兰. 电工电子技术——电子技术与计算机仿真 [M]. 上海：上海交通大学出版社，2007.

[15] 王艳新. 电工电子技术——实验与实习教程 [M]. 上海：上海交通大学出版社，2009.

[16] 赵春锋，汪敬华. 电工电子实验实训教程 [M]. 北京：人民邮电出版社，2015.

[17] 孔凡才，周良权. 电子技术综合应用创新实训教程 [M]. 北京：高等教育出版社，2008.

[18] 卢庆林. 数字电子技术基础实验与综合训练 [M]. 北京：高等教育出版社，2007.